高等职业教育机电工程类系列教材

传感器应用技术

主　编　赵　静

副主编　梁　宸　杨　薇

郭　明　胡晓玮

西安电子科技大学出版社

内容简介

本书从实用角度出发，以项目为载体，介绍了传感器的基本结构、工作原理、测量电路及应用等。全书共九个项目，分别为传感器概述、基于电阻式传感器的电子秤的设计与制作、基于电容式传感器的湿度计的设计与制作、基于电感式传感器的接近开关的设计与制作、基于霍尔传感器的车速测量仪的设计与制作、基于热电式传感器的测温电路的设计与制作、基于压电陶瓷传感器的声波检测仪的设计与制作、基于光电传感器的倒车雷达的设计与制作、基于数字式传感器的位置检测仪的设计与制作。每个项目均由项目描述、项目目标、知识准备、任务实施、考核评价、拓展训练六个部分组成。每个项目中的典型工作任务将相关知识和实践过程相结合，力求体现理论与实践一体化的教学理念。本书结构合理，脉络清晰，内容安排循序渐进，通俗易懂。

本书既可作为高等职业院校机电一体化、电子信息、自动化、智能医疗装备技术、物联网等专业的教学用书，也可作为从事传感器技术研究与开发、生产与应用的科技工作者和工程技术人员的参考用书。

图书在版编目(CIP)数据

传感器应用技术 / 赵静主编. -- 西安：西安电子科技大学出版社，2024.1
ISBN 978 - 7 - 5606 - 7093 - 5

Ⅰ. ①传… Ⅱ. ①赵… Ⅲ. ①传感器—高等职业教育—教材 Ⅳ. ①TP212

中国国家版本馆 CIP 数据核字(2023)第 213255 号

策　　划　刘小莉
责任编辑　刘小莉
出版发行　西安电子科技大学出版社(西安市太白南路 2 号)
电　　话　(029)88202421　88201467　　邮　编　710071
网　　址　www. xduph. com　　　　电子邮箱　xdupfxb001@163.com
经　　销　新华书店
印刷单位　陕西天意印务有限责任公司
版　　次　2024 年 1 月第 1 版　2024 年 1 月第 1 次印刷
开　　本　787 毫米×1092 毫米　1/16　印张　16
字　　数　377 千字
定　　价　41.00 元
ISBN 978 - 7 - 5606 - 7093 - 5/TP
XDUP 7395001 - 1

＊＊＊如有印装问题可调换＊＊＊

前　言

　　传感器是各种测控、检测系统获取信息的第一道"门槛"，它的性能对这些系统的功能起决定性作用，而且，这些系统的自动化程度越高，对传感器的依赖性就越大。现代技术的发展促进了传感器向小型化、高准确度、集成化和智能化方向发展，新工艺、新材料的应用也使传感器的制造成本不断降低，性能指标不断提高。目前，传感器已经在国民经济的各个领域发挥着越来越重要的作用，传感器技术也成为测量技术、半导体技术、计算机技术、信息处理技术、微电子学、光学、声学、精密器械、仿生学和材料科学等众多学科相互交叉的综合性和高新技术密集型前沿技术之一，是现代新技术革命和信息社会的重要基础。

　　随着高等职业教育改革的不断深入，高职教材也在进行相应的调整。本书在编写时打破了原来各学科的框架，将各学科的内容按项目进行了合理整合，结合课程改革成果，采用了综合化、项目化的编写思路，以培养学生在实践工作中观察问题和独立分析、解决问题的综合能力，并注重拓宽学生的知识面，提高学生的综合素质。

　　为贯彻二十大精神，本书在各章节的"读一读"模块中，引入了先进传感器在我国农业、军事、科学研究、航空航天等方面应用，同时也介绍了我国在脱贫攻坚、全面建成小康社会的过程中取得的成果。传感器在众多领域发挥着极其重要的作用，其将继续在我国全面建设社会主义现代化国家、实现第二个百年奋斗目标、全面推进中华民族伟大复兴的进程中起着举足轻重的作用。

　　本书顺应当今信息化教学趋势，配有丰富的数字化教学资源，是一本与"互联网＋"时代相适应的教材。本书配套资源已经在智慧树网站上线，读者可以登录网站进行学习，也可以通过扫描书中的二维码观看微课。此外，本书还为教师提供了一些数字化课程教学资源，包括制作精良的电子课件、动画、教学文本等。本书的相关讲义资料和多媒体课件在淄博职业学院"传感器应用技术"课程中已经连续使用多年，该课程于2018年被评为山东省精品资源共享课。在此基础上，本书几位作者结合多年来从事传感器与检测技术教学、科研和生产的实践与体会，学习、吸收了国内外文献资料的精华，共同编写了本书，编写过程中尽可能地紧密结合生产实践和日常生活，突出应用，满足高职教育的需求。

　　本书项目一、二、三由赵静、胡晓玮编写，项目四由赵焓、张振远编写，项目五由梁宸、魏昂编写，项目六由华能辛店发电有限公司郭明编写，项目七、八、九由内蒙古化工职业学院杨薇编写。作者在编写本书的过程中，参阅了相关教材和专著，在此向各位原编著者致谢。

　　本书涉及的知识面非常广泛，而且传感器技术本身也处在飞速发展过程中，由于编者水平有限，书中难免有不足之处，恳请读者批评指正。我们热诚希望本书能对学习和从事传感器技术的广大读者有所帮助。

编　者

2023 年 4 月

目 录

项目一
传感器概述

项目描述

传感器是一种检测装置，是实现自动检测和自动控制的首要环节。通常根据基本感知功能的不同，传感器可分为热敏元件、光敏元件、气敏元件、力敏元件、磁敏元件、湿敏元件、声敏元件、放射性敏感元件、色敏元件和味敏元件等十大类。传感器在工业、消费等领域均有着广泛的应用。

本项目主要学习传感器的相关概念与基础知识。通过本项目的学习，能够了解传感器的定义、组成，掌握传感器的静态特性指标，了解传感器的动态特性，了解传感器在现代测控系统中的地位、作用及其发展趋势，并能够根据传感器的性能指标合理地选择传感器。本项目完成对光敏电阻、热敏电阻等几种传感元件的认知，实现传感器功能与特性参数的测试工作。

项目目标

1. 知识目标

（1）了解传感器的定义、组成。

（2）掌握传感器的静态指标。

（3）了解传感器的动态特性。

2. 能力目标

（1）能正确识别各种常见类型的传感器。

（2）能根据传感器的性能指标合理地选择传感器。

（3）能正确选择仪表进行传感器参数测量。

3. 思政目标

（1）培养学生的民族自豪感。

（2）培养学生精益求实、脚踏实地、具有定力的学习精神。

（3）训练和培养学生获取信息的能力。

（4）培养学生团结协作、交流协调的能力。

（5）培养学生注重安全生产、遵守操作规程等良好职业素养。

```
知 识 准 备
```

传感器的基本概念

1.1 传感器的概念

传感器的命名及代号

1.1.1 传感器的定义

国际电工委员会（International Electrotechnical Commission，IEC）对传感器的定义是："传感器是测量系统中的一种基本部件（primary element），它将输入量转换成可供测量的电信号。"

在国外，如美国，transducer 和 sensor 是通用的，均称为传感器；英国则称 sensor 为传感器、敏感元件，而将 transducer 称为变换器、换能器。在我国，通常将传感器（sensor）定义为接收信号或激励并以电信号进行响应的装置，而将变换器（transducer）定义为把一种能量转换成另一种能量的转换器。不过，实际上这两个术语常常交替使用。

根据我国 2005 年 7 月 29 日发布的《传感器通用术语》国家标准（GB/T 7665—2005），对传感器（transducer/sensor）的定义为：能感受被测量并按照一定的规律转换成可用输出信号的器件或装置，通常由敏感元件和转换元件组成。

在《传感器通用术语》（GB/T 7665—2005）中，同时附有 3 条注释：

（1）敏感元件（sensing element），指传感器中能直接感受或响应被测量的部分。

（2）转换元件（transducing element），指传感器中能将敏感元件感受或响应的被测量转换成适于传输或测量的电信号部分。

（3）当输出为规定的标准信号时，则称为变送器（transmitter）。

根据《传感器通用术语》（GB/T 7665—2005）中的定义，可获得关于传感器以下几方面的信息：

（1）传感器是一种测量"器件或装置"，能完成检测任务。

（2）传感器的输入量是某一"被测量"，它可能是物理量，也可能是化学量、生物量等。

（3）传感器的输出量是"可用的信号"，便于传输、转换、处理和显示等，这种信号可以是气、光、电等物理量，但主要是易于处理的电物理量，如电压、电流、频率等。

（4）传感器输出、输入之间的对应关系应具有"一定的规律"，且应有一定的精确程度，可以用确定的数学模型来描述。

（5）应将传感器和变送器的概念明确区分开，当传感器的输出为"规定的标准信号"时，则将传感器称为变送器。所谓"规定的标准信号"，是指 4~20 mA 的标准电流信号或 1~5 V 的标准电压信号。

1.1.2 传感器的功能

由传感器的定义可知，传感器的基本功能是检测被测量信号并进行信号的转换，它总是处于检测系统的源头，是获取信息的"先行官"，对于整个检测系统尤为重要。

对现有的以及正在发展的检测系统来说，如果说电子计算机相当于人的大脑，那么相应于人的感官部分、接收外界信息的装置就是传感器。传感器是人类感官的扩展和延伸，传感器的功能可与人类五大感官器官相比拟：光敏传感器可类比于视觉器官；声敏传感器可类比于听觉器官；气敏传感器可类比于嗅觉器官；化学传感器、微生物传感器可类比于味觉器官；力敏、温敏、流体传感器可类比于触觉器官。因此，传感器又可称为"电五官"。系统的自动化程度愈高，对传感器的依赖性就愈大，传感器对自动化系统的性能起着决定性的作用，即没有"电五官"就不可能实现自动化。

现代信息技术的基础是信息采集、信息传输与信息处理，与之对应的是传感器技术、通信技术和计算机技术。传感器在信息采集系统中处于前端，其性能将会影响整个系统的工作状况。

📖 **读一读**

"没有调查，没有发言权。"科学研究和技术进步总是离不开调查，传感器的信息采集就是开展"调查"的重要手段之一。"科学是实事求是的学问，来不得半点虚假。"调查研究既是"从物到感觉和思想"的唯物主义认识路线的具体体现，也是发挥人的主观能动性，把握客观规律的具体途径，是一切从实际出发的根本方法，是贯彻实事求是思想路线的必然要求。

正所谓要扑下身子沉到一线调研，扑下身子方能接地气、得实情。习近平总书记曾深刻指出："调查研究不仅是一种工作方法，而且是关系党和人民事业得失成败的大问题。"可见调查研究本身是一种方法论，其蕴含的求实精神价值观是何等重要！

1.2 传感器的基本特性

1.2.1 传感器的静态特性

传感器的静态特性所表征的是测量装置在被测量处于稳定状态时的输出-输入特性。衡量传感器静态特性的指标有以下几个。

传感器的静态特性

1. 线性度

线性度是用来说明输出量与输入量的实际关系曲线偏离直线的程度。通常总是希望测量装置的输出与输入之间呈线性关系，因为在线性情况下，模拟式仪表的刻度就可以做成均匀刻度。此外，当线性测量装置作为控制系统的一个组成部分时，它的线性性质可使整个系统的设计、分析得到简化。

线性度通常用实际测得的输出-输入特性曲线（称为标定曲线）和其理论拟合直线之间的最大偏差与测量装置满量程输出范围之比来表示，即

$$\gamma_L = \pm \frac{\Delta L_{\max}}{y_{FS}} \qquad (1-1)$$

式中，γ_L 为线性度（又称非线性误差）；$\Delta L_{\max}$ 为标定曲线与其理论拟合直线之间的最大偏差（以输出量的单位计算）；y_{FS} 为测量装置的满量程输出范围（输出平均值）。图1-1 给出了理论线性度示意图。

图1-2 表示出了同一特性曲线在选取不同基准线时所得出的误差值。由于非线性误差的大小是以一定的拟合直线或理论直线为基准线计算出来的，因此，基准线不同，所得的线性度就不同。例如，以理论直线为基准计算出来的线性度，称为理论线性度；以连接零点输出和

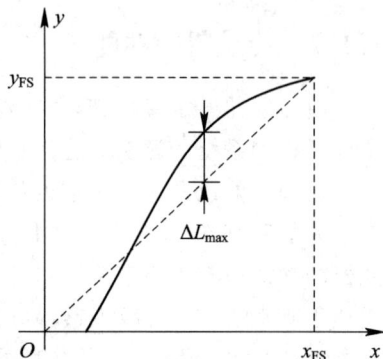

图1-1　理论线性度示意图

满量程输出的直线为基准计算出来的线性度，称为端基线性度；以平均选点法获得的拟合直线为基准计算出来的线性度，称为平均选点线性度；以最小二乘法拟合直线作基准计算出来的线性度，称为最小二乘法线性度。在上述几种线性度的表示方法中，最小二乘法线性度的拟合精度最高，平均选点线性度次之，端基线性度最低，但最小二乘法线性度的计算最烦琐。

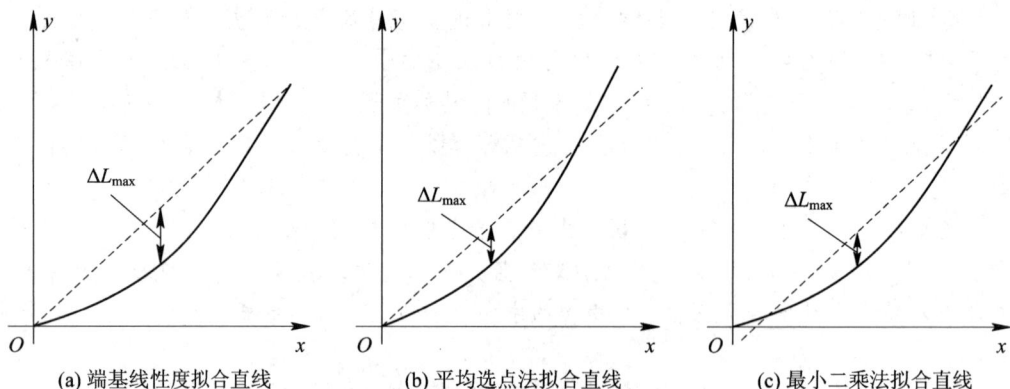

(a) 端基线性度拟合直线　　　(b) 平均选点法拟合直线　　　(c) 最小二乘法拟合直线

图1-2　不同拟合方法的基准线

2. 灵敏度

灵敏度是指测量装置在稳定状态下输出量的变化量与输入量的变化量的比值，可用式(1-2)表示，即

$$k = \frac{\Delta y}{\Delta x} = \frac{\mathrm{d}y}{\mathrm{d}x} = \frac{\text{输出量的变化量}}{\text{输入量的变化量}} \qquad (1-2)$$

对于线性测量装置，其灵敏度 k 是一个常数，可直接表示为 $k=\Delta y/\Delta x$，如图1-3(a)所示；对于非线性测量装置，其灵敏度 k 是一个变量，可表示为 $k=\mathrm{d}y/\mathrm{d}x$，如图1-3(b)所示。式(1-2)中的输出量是指测量装置的实际输出信号，而不是它所表征的物理量。例如，某位移传感器在位移变化 1 mm（输入信号的变化量）时，输出电压变化有 300 mV（输出信号的变化量），则其灵敏度为 300 mV/mm。

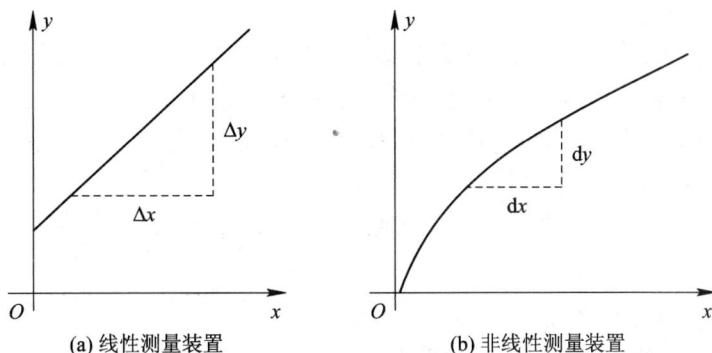

(a) 线性测量装置　　　　　　　(b) 非线性测量装置

图 1-3　灵敏度的定义

3. 迟滞(滞后)

迟滞又称滞后,它表征了在正向(输入量增大)和反向(输入量减小)行程期间,测量装置的输出-输入特性曲线不重合的程度。即在外界条件不变的情况下,对应于同一大小的输入信号,测量装置在正、反行程时输出信号的数值不相等。例如,弹簧管压力表的输入压力缓慢而平稳地从零上升到最大值,然后再降回到零,在没有机械摩擦的情况下,其输出-输入特性可能如图 1-4 所示的那样,加载与卸载过程的曲线不重合。

迟滞现象的产生,主要是由于测量装置内有吸收能量的元件(如弹性元件等),存在着间隙、内摩擦和滞后阻尼效应,使得加载时进入这些元件的全部能量在卸载时不能完全恢复。迟滞的大小一般由实验确定,其值以输出值在正、反行程间的最大差值除以满量程输出 y_{FS} 的百分数表示,即

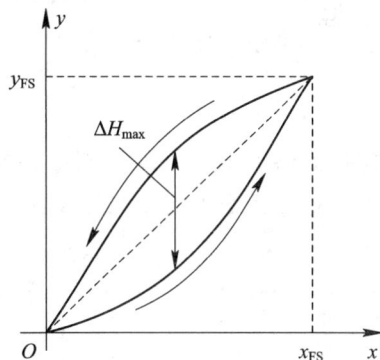

图 1-4　迟滞特性

$$\gamma_{H} = \frac{\Delta H_{\max}}{y_{FS}} \times 100\% \tag{1-3}$$

式中,γ_{H} 为迟滞;$\Delta H_{\max}$ 为输出值在正反行程间的最大差值。

4. 重复性

重复性表示测量装置在输入量按同一方向做全量程连续多次变动时,所得特性曲线不一致的程度。若特性曲线一致,则说明重复性好,重复性误差小。如图 1-5 所示,分别求出沿正、反行程多次循环测量的各个测试点输出值之间的最大偏差 $\Delta R_{1\max}$、$\Delta R_{2\max}$,再取这两个最大偏差中的较大者为 $\Delta R_{\max}$(极限误差),然后根据 $\Delta R_{\max}$ 与满量程 y_{FS} 之比来计算重复性误差,即有

$$\gamma_{R} = \pm \frac{\Delta R_{\max}}{y_{FS}} \times 100\% \tag{1-4}$$

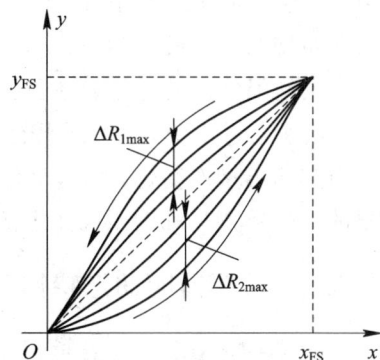

图 1-5　重复性

式中，γ_R 为重复性误差。

重复性误差属于随机性误差。由于重复测量的次数不同，其各个测试点输出值之间的最大偏差值也不一样，因此，按式（1-4）算出的数据不够可靠。比较合理的计算方法是根据多次循环测量的全部数据求出其相应行程的标准偏差 σ，并将极限误差 $\Delta R_{max}=(2\sim3)\sigma$ 代入式（1-4）中计算重复性误差。

σ 前的系数取 2 时，重复性误差完全服从正态分布，置信概率为 95%；取 3 时，置信概率为 99.7%。

标准偏差 σ 的具体计算方法有标准法与极差法两种。

（1）标准法。标准法是根据均方根误差公式计算 σ，即

$$\sigma=\sqrt{\frac{\sum\limits_{i=1}^{n}(y_i-\overline{y})^2}{n-1}} \tag{1-5}$$

式中，y_i 为测量值；$\overline{y}$ 为测量值的算术平均值；n 为测量次数。

（2）极差法。所谓极差，是指某一测量点校准数据的最大值与最小值之差。根据极差计算标准偏差 σ 的公式为

$$\sigma=\frac{w_n}{d_n} \tag{1-6}$$

式中，w_n 为极差；d_n 为极差系数。

极差系数的大小与测量次数有关，其对应关系如表 1-1 所示。

表 1-1　级差系数与测量次数的对应关系

n	2	3	4	5	6	7	8	9	10
d_n	1.41	1.91	2.24	2.48	2.67	2.88	2.96	3.08	3.18

由极差和极差系数求得标准偏差 σ 后，即可计算出重复性误差。这种方法的计算工作量较少。

5. 分辨率和灵敏限

分辨率表征的是测量装置可检测出被测信号的最小变化的能力，有时又称为分辨能力。当输入量从某个任意值（非零值）缓慢增加，直至可以观测到输出量的变化时，此输入增量即为测量装置的分辨率。分辨率可用绝对值表示，也可用满量程的百分比表示。

灵敏限的定义与分辨率很接近，但有区别。如果测量装置的输入量从零起缓慢地增加，当输入量小于某个最小限值时不会引起输出量的变化，一旦超过这个最小限值，就会引起输出量的变化，则这个最小限值叫作灵敏限。一般来说，灵敏限的具体数值是难以明确测定的。

1.2.2　传感器的动态特性

传感器的动态特性是指传感器对于随时间变化的输入量的响应特性。在研究传感器动态特性时，通常根据标准输入特性来考虑传感

传感器的动态特性

器的响应特性。标准输入信号有两种，即正弦变化的输入信号和阶跃变化的输入信号。传感器的动态特性分析和动态标定都以这两种标准输入状态为依据。对于任一传感器，只要输入量是时间的函数，则其输出量也应是时间的函数。

1. 动态特性的一般数学模型

实际的测量装置一般都能在一定程度和一定范围内看成是常系数线性系统。因此，通常认为可以用常系数线性微分方程来描述输入与输出的关系。对于任意线性系统，其数学模型的一般表达式为

$$a_n\frac{\mathrm{d}^n y}{\mathrm{d}t^n}+a_{n-1}\frac{\mathrm{d}^{n-1}y}{\mathrm{d}t^{n-1}}+\cdots+a_1\frac{\mathrm{d}y}{\mathrm{d}t}+a_0 y=b_m\frac{\mathrm{d}^m x}{\mathrm{d}t^m}+b_{m-1}\frac{\mathrm{d}^{m-1}x}{\mathrm{d}t^{m-1}}+\cdots+b_1\frac{\mathrm{d}x}{\mathrm{d}t}+b_0 x$$

$$(1-7)$$

式中，y 为输出量；x 为输入量；t 为时间；a_0，a_1，$\cdots$，a_n 为仅取决于测量装置本身特性的常数；b_0，b_1，$\cdots$，b_m 也为仅取决于测量装置本身特性的常数；$\frac{\mathrm{d}^n y}{\mathrm{d}t^n}$ 为输出量对时间 t 的 n 阶导数；$\frac{\mathrm{d}^m x}{\mathrm{d}t^m}$ 为输入量对时间 t 的 m 阶导数。

如果用算子 D 代表 $\mathrm{d}/\mathrm{d}t$，则式（1-7）可改写成

$$(a_n D^n+a_{n-1}D^{n-1}+\cdots+a_1 D+a_0)y=(b_m D^m+b_{m-1}D^{m-1}+\cdots+b_1 D+b_0)x$$

$$(1-8)$$

对于此类微分方程式，可用经典的 D 算子方法求解，也可以用拉普拉斯（简称拉氏）变换方法求解。

用 D 算子方法解上述非齐次 n 阶常微分方程式（1-8）时，方程式的解由通解和特解两部分组成，即

$$y=y_1+y_2 \qquad (1-9)$$

式中，y_1 为通解；y_2 为特解。

由特征方程式 $a_n D^n+a_{n-1}D^{n-1}+\cdots+a_1 D+a_0=0$，可以求出通解。其根有下面 4 种情况：

（1）r_1，r_2，$\cdots$，r_n 都是实数，并且无重根，则通解为

$$y_1=k_1\mathrm{e}^{r_1 t}+k_2\mathrm{e}^{r_2 t}+\cdots+k_n\mathrm{e}^{r_n t} \qquad (1-10)$$

（2）根 r_1，r_2，$\cdots$，r_n 都是实数，但其中有 p 个重根，即 $r_1=r_2=\cdots=r_p$，则通解为

$$y_1=(C_1+C_2 t+\cdots+C_p t^{p-1})\mathrm{e}^{r_1 t}+k_{n-p}\mathrm{e}^{r_{n-p}t}+\cdots+k_n\mathrm{e}^{r_n t} \qquad (1-11)$$

（3）根 r_1，r_2，$\cdots$，r_n 中无重根，但有共轭复根，并设 $r_1=a+\mathrm{j}b$，$r_2=a-\mathrm{j}b$，则通解为

$$y_1=k\mathrm{e}^{at}\sin(bt+\varphi)+k_3\mathrm{e}^{r_3 t}+\cdots+k_n\mathrm{e}^{r_n t} \qquad (1-12)$$

其中 φ 为相位比。

（4）含有 p 个共轭复重根，即有 $r_1=r_2=\cdots=r_p=a+\mathrm{j}b$，$r_{p+1}=r_{p+2}=\cdots=r_{2p}=a-\mathrm{j}b$，则通解为

$$y_1=(C_1+C_2 t+\cdots+C_p t^{p-1})\mathrm{e}^{at}\sin(bt+\varphi)+k_{n-2p}\mathrm{e}^{r_{n-2p}t}+\cdots+k_n\mathrm{e}^{r_n t} \qquad (1-13)$$

在上述各种情况下，根据待定系数法就可求出特解 y_2。

2. 传递函数

在分析、设计和应用传感器时，传递函数的概念很有用。传递函数是指传感器初始条

件为零时输出函数的拉氏变换与输入函数的拉氏变换之比,用 $G(s)$ 表示,即

$$G(s) = \frac{y(s)}{x(s)} = \frac{b_m s^m + b_{m-1} s^{m-1} + \cdots + b_1 s + b_0}{a_n s^n + a_{n-1} s^{n-1} + \cdots + a_1 s + a_0} \tag{1-14}$$

式中,s 为拉氏变换中的复变量;$y(s)$ 为初始条件为零时测量装置输出量的拉氏变换式;$x(s)$ 为初始条件为零时测量装置输入量的拉氏变换式。

传递函数 $G(s)$ 表达了测量装置本身固有的动态特性。当知道传递函数之后,就可以由系统的输入量按式(1-14)得出其输出量(动态响应)的拉氏变换,再通过求逆变换可得其输出量 $y(t)$。此外,传递函数并不表明系统的物理性质,许多物理性质不同的测量装置可以有相同的传递函数。因此,通过对传递函数的分析与研究,能统一处理各种物理性质不同的线性测量系统。

3. 动态响应

通常,为了便于研究传感器的动态性能,可以对传感器的输入信号进行适当规定。下面分析在正弦输入信号和阶跃输入信号情况下传感器的动态响应。

1) 正弦输入信号时的频率响应

(1) 频率响应函数。

当输入信号是正弦波 $x(t) = A\sin(\omega t)$(如图 1-6 所示)时,输出信号 $y(t)$ 的模型由于暂态响应的影响,开始并不是正弦波,随着时间的延长,暂态响应部分逐渐衰减直至消失,经过一定时间后,只剩下正弦波。输出量 $y(t)$ 与输入量 $x(t)$ 的频率相同,幅值不等,并有相位差,即 $y(t) = B\sin(\omega t + \varphi)$。因此,即使输入信号振幅 A 一定,只要 ω 有所改变,输出信号的振幅和相位也会发生变化。所谓频率响应,就是在稳定状态下幅值比(B/A)和相位比(φ)随 ω 而变化的状况。

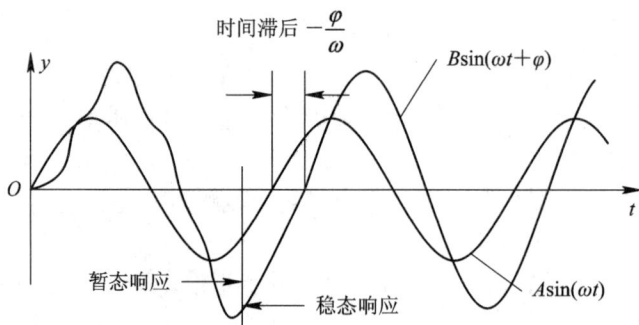

图 1-6　正弦输入时的频率响应

在正弦输入信号情况下用 $j\omega$ 代替式(1-14)中的复变量 s,即可得到传感器的频率传递函数为

$$G(j\omega) = \frac{y(j\omega)}{x(j\omega)} = \frac{b_m(j\omega)^m + b_{m-1}(j\omega)^{m-1} + \cdots + b_1(j\omega) + b_0}{a_n(j\omega)^n + a_{n-1}(j\omega)^{n-1} + \cdots + a_1(j\omega) + a_0} \tag{1-15}$$

式中,j 为 $\sqrt{-1}$,ω 为角频率。

对于任意给定的角频率 ω,式(1-15)具有复数形式。用复数形式来反映频率响应问题时,表达式甚为简单。为此用 $Ae^{j\omega t}$ 代替图 1-6 中的输入信号 $A\sin(\omega t)$,在稳定情况下,输出信号就是 $Be^{j(\omega t + \varphi)}$,可以用极坐标表示这个复数。其中 $Ae^{j\omega t}$ 是大小为 A 的矢量,在复数

平面上以角速度 ω 绕原点旋转；$Be^{j(\omega t+\varphi)}$ 则是大小为 B 的矢量，以相同角速度旋转，但相位差为 φ，如图 $1-7$ 所示。图 $1-7$ 中 $A\sin(\omega t)$ 和 $B\sin(\omega t+\varphi)$ 分别为上述两个矢量在实轴上的投影。

把 $x=Ae^{j\omega t}$，$y=Be^{j(\omega t+\varphi)}$ 代入式 $(1-15)$，便得到频率响应的通式，即

$$G(j\omega) = \frac{Be^{j(\omega t+\varphi)}}{Ae^{j\omega t}}$$

$$= \frac{b_m(j\omega)^m + b_{m-1}(j\omega)^{m-1} + \cdots + b_1(j\omega) + b_0}{a_n(j\omega)^n + a_{n-1}(j\omega)^{n-1} + \cdots + a_1(j\omega) + a_0}$$

$$(1-16)$$

因为

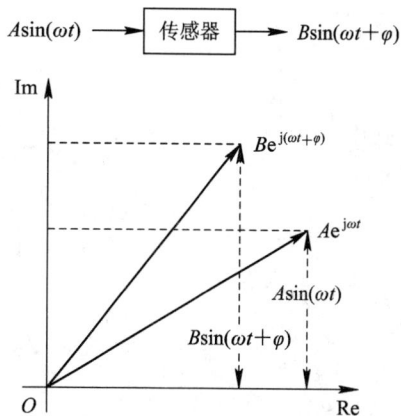

图 $1-7$　输入与输出的复数表示法

$$\frac{Be^{j(\omega t+\varphi)}}{Ae^{j\omega t}} = \frac{B}{A}e^{j\varphi} = \frac{B}{A}(\cos\varphi + j\sin\varphi)$$

以及

$$\cos\varphi + j\sin\varphi = (\sqrt{\cos^2\varphi + \sin^2\varphi})\angle\varphi = \angle\varphi$$

所以

$$G(j\omega) = \frac{y(j\omega)}{x(j\omega)} = \frac{B}{A}\angle\varphi \qquad (1-17)$$

式 $(1-17)$ 说明，在任何角频率 ω 情况下，复数 $G(j\omega)$ 的大小在数值上等于幅值 B/A，幅角 φ（一般为负值）则是输出信号滞后于输入信号的角度。

（2）常见测量装置的频率响应。

一般来说，常见的测量装置经过简化后，大部分都可抽象为理想化的一阶和二阶系统。因此，我们有必要研究这些理想化的系统或环节的动态响应特性。

① 零阶传感器。

对照传递函数方程式 $(1-7)$，零阶传感器的系数只剩下 a_0 与 b_0 两个，于是，式 $(1-7)$ 可变为

$$a_0 y = b_0 x$$

即

$$y = \frac{b_0}{a_0}x = kx \qquad (1-18)$$

在式 $(1-18)$ 中，k 为静态灵敏度。式 $(1-18)$ 表明，零阶系统的输入量无论随时间如何变化，其输出量总是与输入量成确定的比例关系，在时间上也不滞后，即幅角 φ 等于零。电位器式传感器就是零阶传感器的一种。

② 一阶传感器。

对于一阶传感器，由式 $(1-7)$ 可知除系数 a_1、a_0、b_0 外其他系数均为零，因此可写为

$$a_1 \frac{dy}{dt} + a_0 y = b_0 x$$

上式两边各除以 a_0，得到

$$\frac{a_1}{a_0}\frac{dy}{dt} + y = \frac{b_0}{a_0}x$$

或者写成为

$$\frac{y(s)}{x(s)} = \frac{k}{\tau s + 1} \tag{1-19}$$

式中，τ 为时间常数（$\tau = a_1/a_0$），k 为静态灵敏度（$k = b_0/a_0$）。于是，一阶传感器的频率响应方程为

$$\frac{y(j\omega)}{x(j\omega)} = \frac{k}{j\omega\tau + 1} = \frac{k}{\sqrt{(\omega\tau)^2 + 1}}\arctan(-\omega\tau) \tag{1-20}$$

幅值比为

$$\frac{B}{A} = \left|\frac{y(j\omega)}{x(j\omega)}\right| = \frac{k}{\sqrt{(\omega\tau)^2 + 1}} \tag{1-21}$$

相位角为

$$\varphi = \arctan(-\omega\tau t) \tag{1-22}$$

由弹簧和阻尼器组成的机械系统（又称为弹簧-阻尼器系统）是典型的一阶传感器的实例，如图 1-8(a)所示。图 1-8(b)所示是这种系统的幅相特性。幅相比又称为"增益"。

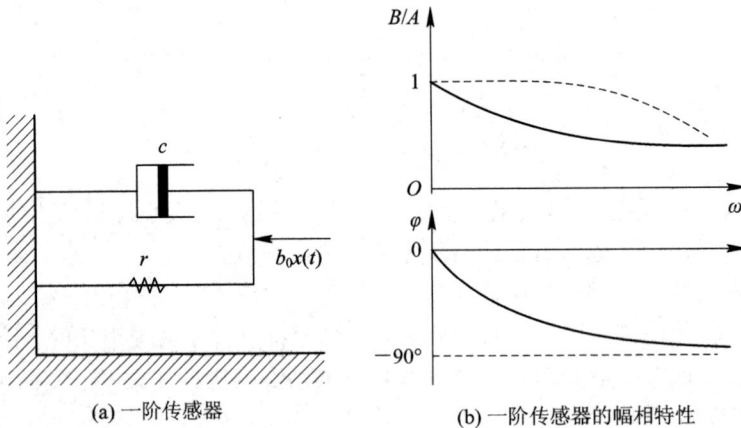

(a) 一阶传感器　　　　　(b) 一阶传感器的幅相特性

图 1-8　弹簧和阻尼组成的机械系统及其幅相特性

此系统的传递函数微分方程为

$$c\frac{\mathrm{d}y}{\mathrm{d}t} + ry = b_0 x$$

式中，c 为阻尼系数，r 为弹簧常数。经过变换就可以得到以下通式，即

$$\tau\frac{\mathrm{d}y}{\mathrm{d}t} + y = kx$$

式中，τ 为时间常数（$\tau = c/r$），k 为静态灵敏度（$k = b_0/r$）。从而可以推导出频率响应方程、幅值比以及相位角表达式，分别为式(1-20)、式(1-21)、式(1-22)。相位角表达式中的负号表示相位滞后。从式(1-20)可以看出，时间常数越小，系统的频率响应特性越好。要使时间常数小一些，就要求系统的阻尼系数小一些，弹簧刚度则适当大一些。

除了弹簧-阻尼器系统外，属于一阶系统的还有 RC 滤波电路、液体温度计等。

③ 二阶传感器。

在式(1-7)中，若除 a_0、a_1、a_2 和 b_0 外，其他系数都等于零，则可得出

$$a_2\frac{\mathrm{d}^2 y}{\mathrm{d}t^2} + a_1\frac{\mathrm{d}y}{\mathrm{d}t} + a_0 y = b_0 x$$

式中，系数 a_0、a_1、a_2、b_0 都是由测量装置本身的参数所确定的常数。由这 4 个系数可以归纳出表征测量装置动态特性的 3 个主要参数：静态灵敏度 $k = \dfrac{b_0}{a_0}$，有输入/输出的量纲；固有频率 $\omega_0 = \sqrt{\dfrac{a_0}{a_2}}$，单位为 $1/\mathrm{s}$；阻尼比 $\xi = \dfrac{a_1}{2\sqrt{a_0 a_2}}$，无量纲。于是，二阶传感器的传递函数为

$$G(s) = \frac{y(s)}{x(s)} = \frac{k}{\dfrac{s^2}{\omega_0^2} + \dfrac{2\xi s}{\omega_0} + 1} \qquad (1-23)$$

将此式中的复变量 s 用纯虚数 $\mathrm{j}\omega$ 代替，即可得到二阶传感器的频率响应为

$$G(\mathrm{j}\omega) = \frac{y(\mathrm{j}\omega)}{x(\mathrm{j}\omega)} = \frac{k}{\left(\dfrac{\mathrm{j}\omega}{\omega_0}\right)^2 + \dfrac{2\xi \mathrm{j}\omega}{\omega_0} + 1} = \frac{k}{1 - \left(\dfrac{\omega}{\omega_0}\right)^2 + 2\xi \mathrm{j}\left(\dfrac{\omega}{\omega_0}\right)} \qquad (1-24)$$

幅频特性为

$$|G(\mathrm{j}\omega)| = \frac{k}{\sqrt{\left[1 - \left(\dfrac{\omega}{\omega_0}\right)^2\right]^2 + \left(\dfrac{2\xi\omega}{\omega_0}\right)^2}} \qquad (1-25)$$

相频特性为

$$\varphi(\omega) = -\arctan \frac{2\xi\left(\dfrac{\omega}{\omega_0}\right)}{1 - \left(\dfrac{\omega}{\omega_0}\right)^2} \qquad (1-26)$$

式(1-25)和式(1-26)所表示的特性曲线族如图 1-9 所示。从图 1-9(a) 可以看出，当 ω/ω_0 的数值较小时，幅频特性曲线比较平坦。若提高测量装置的固有频率 ω_0，则会扩大幅频特性曲线平坦部分的频率范围。因此，一般要求测量装置具有较高的固有频率 ω_0，以便能够精确测量含有较高频率成分的信号。由图 1-9 可以看出，当阻尼比 ξ 取 $0.6 \sim 0.7$ 时，幅频特性曲线平坦部分的频率范围最宽，而相频特性曲线在最宽的频率范围内近似于直线。因此，二阶测量装置 ξ 大多采用 $0.6 \sim 0.7$。当然，也有些例外(如某些压电式传感器的 ξ 值小于 0.01)。

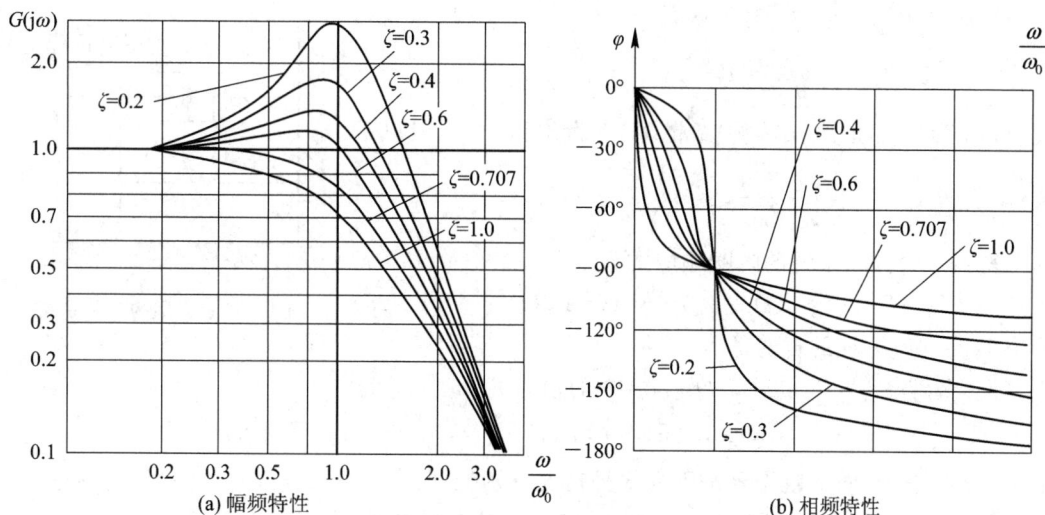

图 1-9　二阶测量装置的频率响应曲线

12 传感器应用技术

2）阶跃输入信号时的时域响应

研究传感器动态特性的另一种方法是输入某些典型的瞬变信号，然后研究传感器对这种输入信号的时域响应，从而确定它的动态特性。

（1）一阶传感器的阶跃响应。

对于一阶系统的传感器，假设在 $t=0$ 时，$x=y=0$；当 $t>0$ 时，输入量瞬间突变到 A 值（如图 1-10(a) 所示），此时可根据式（1-10）得到一阶齐次微分方程的通解为

$$y_1 = k\mathrm{e}^{-\frac{t}{\tau}}$$

而一阶非齐次方程的特解为 $y_2=A$（$t>0$ 时），因此

$$y = y_1 + y_2 = k\mathrm{e}^{-\frac{t}{\tau}} + A$$

以初始条件 $y(0)=0$ 代入上式，即得 $t=0$ 时 $k=-A$，所以

$$y = A(1 - \mathrm{e}^{-\frac{t}{\tau}}) \tag{1-27}$$

与式（1-27）相对应的曲线如图 1-10(b) 所示。从图 1-10(b) 可以看出，随着时间的推移，y 越来越接近 A，当 $t=\tau$ 时，$y=0.632A$。在一阶惯性系统中，时间常数 τ 值是决定响应速度的重要参数。

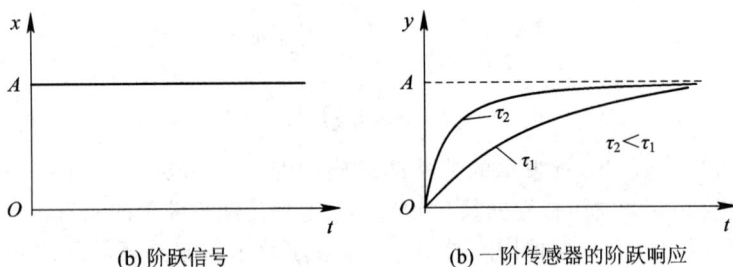

(b) 阶跃信号　　　(b) 一阶传感器的阶跃响应

图 1-10　一阶传感器的阶跃响应

（2）二阶传感器的阶跃响应。

具有惯性质量、弹簧和阻尼器的振动系统是典型的二阶系统，如图 1-11 所示。

根据牛顿第二定律，对于该系统，有

$$m\frac{\mathrm{d}^2 y}{\mathrm{d}t^2} = F - ry - c\frac{\mathrm{d}y}{\mathrm{d}t}$$

式中：m 为惯性质量；r 为弹簧常数；y 为位移；c 为阻尼系数；F 为外力。令 $\xi=\dfrac{c}{2\sqrt{mr}}$，$\omega_0=\sqrt{\dfrac{r}{m}}$，$k=1/r$，$F=AU(t)$，则可得到二阶延迟系统的阶跃响应式为

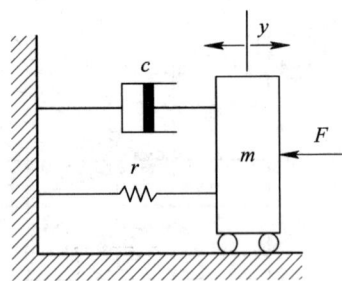

图 1-11　典型的二阶系统

$$(D^2 + 2\xi\omega_0 D + \omega_0^2)y = k\omega_0^2 AU(t) \tag{1-28}$$

其中 D 为二阶方程的自变量。

设二阶方程式 $D^2+2\xi\omega_0 D+\omega_0^2=0$ 的根为 r_1 和 r_2，则

$$r_1 = (-\xi + \sqrt{\xi^2-1})\omega_0, \quad r_2 = (-\xi - \sqrt{\xi^2-1})\omega_0$$

于是，式（1-28）的解就需要按下列 3 种情况分别处理。

① r_1 和 r_2 是实数，即 $\xi>1$。这时，齐次方程的通解为

$$y_1 = k_1\mathrm{e}^{r_1 t} + k_2\mathrm{e}^{r_2 t}$$

取齐次方程的特解 $y_2=c$，并代入式(1-28)，可得 $c=kA$，所以，$y_2=kA$。因此，该方程的解为

$$y = kA + k_1 e^{r_1 t} + k_2 e^{r_2 t}$$

将上式代入式(1-28)，考虑到初始条件，$t=0$ 时 $y=0$，就可求出 k_1 与 k_2，于是其解为

$$y = kA \left[1 - \frac{\xi + \sqrt{\xi^2-1}}{2\sqrt{\xi^2-1}} e^{(-\xi+\sqrt{\xi^2-1})\omega_0 t} + \frac{\xi - \sqrt{\xi^2-1}}{2\sqrt{\xi^2-1}} e^{(-\xi+\sqrt{\xi^2-1})\omega_0 t} \right] \quad (1-29)$$

这表示过阻尼的情况。

② r_1 和 r_2 相等，即 $\xi=1$。这时可按式(1-11)的方法求出 y_1，用上述相同方法推定常数，可得到

$$y = kA \left[1 - (1 + \omega_0 t) e^{-\omega_0 t} \right] \quad (1-30)$$

③ r_1 与 r_2 为共轭复根，即 $\xi<1$。这时可按式(1-12)求 y_1，以 y_2 为待定系数，可得到

$$y = kA \left[1 - \frac{e^{-\xi\omega_0 t}}{\sqrt{1-\xi^2}} \sin(\sqrt{1-\xi^2}\,\omega_0 t + \varphi) \right] \quad (1-31)$$

式中，$\varphi = \arcsin\sqrt{1-\xi^2}$。这表示欠阻尼的情况。

式(1-29)~式(1-31)所代表的响应曲线如图1-12所示。在此图中，纵坐标为 $y/(Ak)$，横坐标为 $\omega_0 t$，均为无量纲参数。由图1-12可以看出，响应曲线的形状取决于阻尼系数。$\xi>1$ 时，$y/(Ak)$ 值逐渐增加到接近于1，而不会大于1；$\xi<1$ 时，$y/(AK)$ 大于1，成为振幅渐趋减小的衰减振动；$\xi=1$ 的情况介于上述两者之间，但也不会产生振动。可见 ξ 体现了阶跃响应曲线衰减的程度。通常将 ξ 称为阻尼比。对二阶传感器而言，ξ 越大，接近稳态的最终值的时间也越长，因此设计时一般取 ξ 为 0.6~0.8。

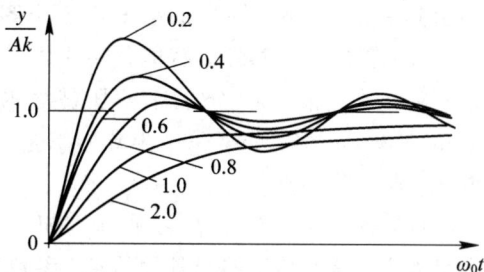

图1-12 二阶延迟系统的阶跃响应曲线

如果把图1-12的横坐标改成 t，则横坐标刻度就需要缩小 $1/\omega_0$。由此可见，对于一定的 ξ，ω_0 越大，响应速度就越高；ω_0 越小，响应速度就越低。因为，ω_0 本身就是 $\xi=0$ 时的角频率，故可称为固有频率。

📖 **读一读**

传感器的动态特性间接反映了传感器的抗干扰能力，对人而言，则是定力，即把握自己、保持内心的意志力，做到"无论风吹浪打，胜似闲庭信步"。

定力源于坚定的信念，是成就自我的关键。正所谓"每临大事有静气"；定力，意味着专注、坚定立场、坚持真理、坚守大义；没有定力，就会摇摆不定，随波逐流，经不起各种风险和诱惑的考验，最终难免偏离目标，误入歧途。在多元文化背景下，如何修炼自身的定力是一种考验。阳光总在风雨后，我们要做的就是保持定力，努力前行！

1.3 传感器的发展趋势

传感器的发展趋势主要有以下几点：

（1）发现新现象。物理现象、化学反应和生物效应是各种传感器工作的基本原理。所

以，发现新现象与新效应是发展传感器技术的重要工作，是研制新型传感器的重要基础，其意义极为深远。例如，日本夏普公司利用超导技术研制成功了高温超导磁传感器，这是传感器技术的重大突破，其灵敏度比霍尔器件高，仅次于超导量子干涉器件，但其制造工艺远比超导量子干涉器件简单，该传感器可用于磁成像技术，具有广泛的推广价值。

（2）开发新材料。传感器材料是传感器技术的重要基础。例如，用半导体氧化物可以制造各种气体传感器，而陶瓷传感器的工作温度远高于半导体；光导纤维的应用是传感器材料的重大突破，用它研制的传感器与传统的传感器相比有突出的优点。关于有机材料作为传感器材料的研究，已引起国内外学者的极大兴趣。

（3）采用微型加工技术。半导体技术中的加工方法，如氧化、光刻、扩散、沉积、平面电子工艺、各向异性腐蚀以及蒸镀、溅射薄膜工艺等，都可以用于传感器制造，因而利用半导体技术中的一些加工技术可制造出各种各样的新型传感器。

（4）研究多功能集成传感器。日本丰田研究所开发出了能同时检测 Na^+、K^+、H^+ 等的多离子传感器，该传感器的芯片尺寸为 2.5 mm×0.5 mm，仅用一滴血液即可同时快速检测出其中 Na^+、K^+、H^+ 的浓度，应用于医院临床非常适用与方便。

（5）智能化传感器。智能化传感器是一种带微处理器的传感器，它兼有检测、判断和信息处理等功能。典型产品有美国霍尼尔公司的 ST - 3000 智能化传感器，其芯片尺寸为 3 mm×4 mm×2 mm，采用半导体工艺，在同一芯片上可制作 CPU、EPPOM，以及静压、差压、温度等敏感元件。

（6）新一代航天传感器。航天飞机一般需要安装约 3500 个传感器，对其指标性能都有严格要求。这些传感器对各种信息、参数进行检测，确保航天飞机按预定程序正常工作。

（7）仿生传感器。仿生传感器是模仿人的感觉器官的传感器，如视觉传感器、听觉传感器、嗅觉传感器、味觉传感器、触觉传感器等。目前只有视觉传感器和触觉传感器技术比较成熟。

📖 读一读

三百六十行，行行出状元。为推动中国制造向中国创造转变、中国速度向中国质量转变、中国产品向中国品牌转变，作为新时代的大学生，更应该厚植工匠精神。工匠精神的第一要素是兴趣和热情，第二要素是坚持不懈，第三要素是坚强和忍耐。"知之者不如好之者，好之者不如乐之者""绳锯木断，水滴石穿""咬定青山不放松，立根原在破岩中"等古训名句诠释的就是工匠精神。千百年来，我们的先辈就是这么做的，这样才有了伟大的四大发明及灿烂的华夏文明。

新型传感器、人工智能、虚拟现实技术等迅速崛起，为工匠精神插上了创新的"翅膀"。面对信息技术的瞬息万变和汹涌而来的新一轮科技革命和产业变革，工匠精神的亮光又被重新点燃。随着一代代的工匠不断涌现，变的是时代的进步与科技的发展，不变的是工匠们踏实肯干、勤奋钻研和持之以恒的可贵品质。高水平的传感器研制，离不开新理念、新姿态、新一代的能工巧匠。作为新时代的大学生，要传承和发扬工匠精神，聚焦传感行业，融合前沿学科知识，用专业的知识和非凡的专注力加强研发设计，通过对质量、规则、标准、流程的执着追求，不断提升传感器的品质。

任务实施

任务一　认识与测试常见传感器

（一）任务描述

认识与测试常见传感器。

（二）实施步骤

1. 材料准备

常见传感器的结构图和电路符号如表 1-2 所示。

表 1-2　常见传感器的结构图和电路符号

名　称	结　构　图	电路符号
光敏传感器 （以光敏电阻为例）		
热敏传感器 （以热敏电阻为例）		
湿敏传感器 （以湿敏电阻为例）		
磁敏传感器 （以干簧管为例）		

名　称	结　构　图	电路符号
气敏传感器		—
声敏传感器		
力敏传感器		—
位移传感器 （以电容式传感器为例）		

（1）传感器：光敏电阻、热敏电阻、动圈式话筒、干簧管等。

（2）测试仪表：模拟或数字式万用电表、示波器、直流稳压电源。

2. 认识与测试光敏电阻

如图1-13所示，光敏电阻由光电导材料硫化镉和电极组成，顶部有一个光感应窗。当光线经光感应窗照射时，其电阻值就减小，其电阻值通常为几百欧至 10 MΩ。

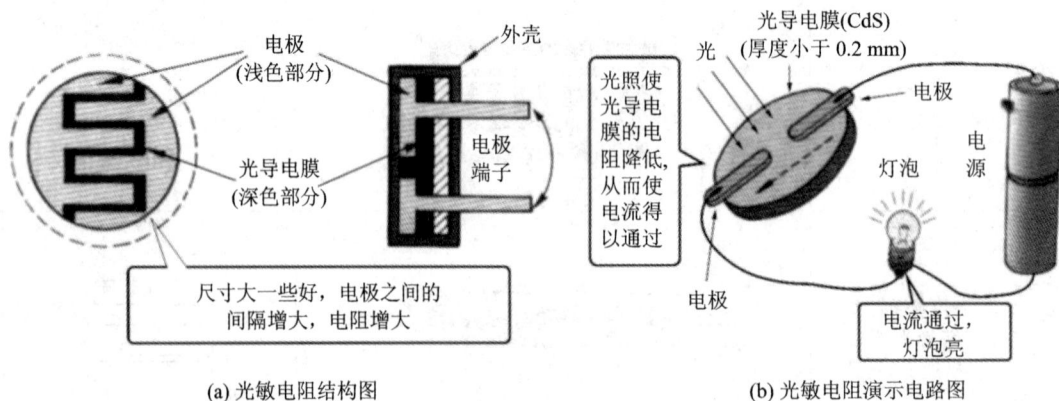

(a) 光敏电阻结构图　　　　(b) 光敏电阻演示电路图

图 1-13　光敏电阻结构图和演示电路图

光敏电阻测试连线示意图如图 1-14 所示。

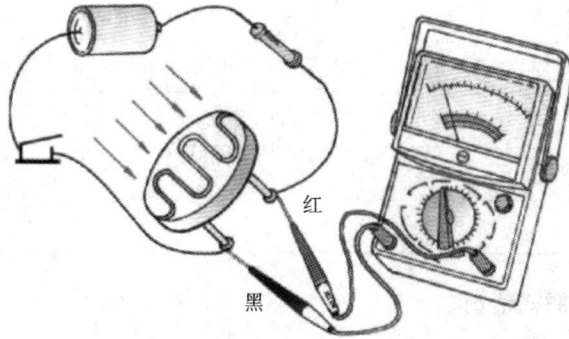

图 1-14 测试光敏电阻连线示意图

测试完毕后,将测试结果记录到表 1-3 中。

表 1-3 光敏电阻测试结果记录表

测试项目	测试条件		
	手遮盖光敏电阻的受光表面	光敏电阻受光表面暴露在日光灯下	手电筒光照射光敏电阻
开关断开时的电阻值			
开关合上时的电阻值			

3. 认识与测试热敏电阻

热敏电阻的测试连线示意图如图 1-15 所示。

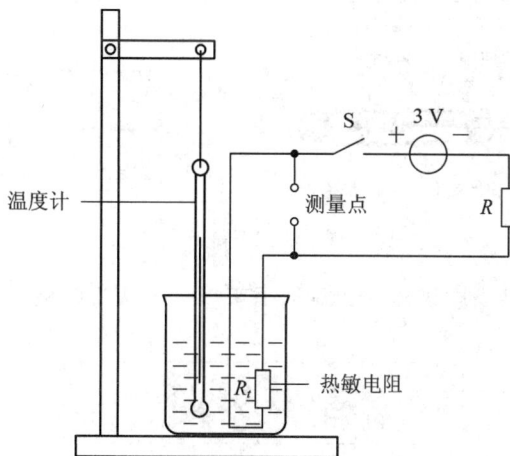

图 1-15 热敏电阻测试连线示意图

测试完毕后,将测试结果记录到表 1-4 中。

表 1-4　热敏电阻测试记录表

测试项目	测试条件			
	冷水	常温	加 50 mL 热水	再加 50 mL 热水
热敏电阻的温度				
开关断开时的电阻值				
开关合上时的电阻值				

4. 认识与测试动圈式话筒

测试动圈式话筒示意图如图 1-16 所示。

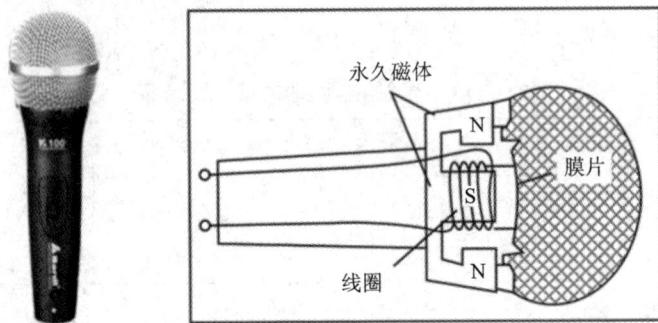

图 1-16　测试动圈式话筒示意图

测试内容主要是测试话筒接收声音时输出的电流信号,并描述其工作原理。

5. 认识与测试干簧管

测试干簧管示意图如图 1-17 所示。

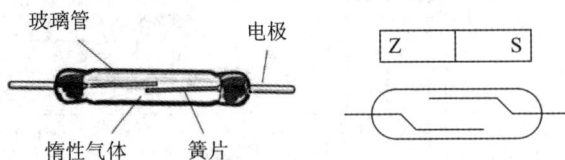

图 1-17　测试干簧管示意图

测试内容主要是测试当磁极离开或靠近干簧管时干簧管两极间的电阻变化情况。

考 核 评 价

本项目采用学生自评与抽查面试相结合的方式进行评价,项目考核评分细则如表 1-5 所示。

表 1-5 项目考核评分细则

评价内容		配分	考核标准	得分
职业素养 （50分）	按原理分类 传感器	15	（1）传感器名称不正确，扣5分； （2）分类不准确，扣5分； （3）不能指出基本应用方向，扣5分	
	传感器的性能 参数	15	（1）描述传感器的主要性能参数不正确，每项扣3分； （2）不能理解传感器性能指标，每项扣3分	
	6S规范	20	（1）工位不整洁，扣5分； （2）工具摆放不整齐，扣5分； （3）没有安全文明生产，扣5分	
操作规范 （50分）	工艺	20	（1）导线零乱、不规范，扣5分； （2）测试连线错误，扣5分/处； （3）仪表操作动作不符合要求，扣5分/处； （4）器件损伤，扣10分/个	
	功能	20	不能正确测试产品基本功能，每项功能扣5分	
	指标	10	不能正确测出主要参数指标，每项扣2分	

拓 展 训 练

（1）结合模拟式仪表和数字式仪表简述分辨力的含义。

（2）说出日常生活中见到、用过的传感器，并说明它们检测的各是什么非电量？

（3）简述传感器与检测技术的发展趋势。

项目二
基于电阻式传感器的电子秤的设计与制作

项 目 描 述

电阻式传感器是一种应用较早的电参数传感器，种类繁多，应用广泛。其基本原理是将被测物理量的变化转换成与之有对应关系的电阻值的变化，再经过相应的测量电路后，反映出被测量的变化。电阻式传感器结构简单，线性和稳定性好，与相应的测量电路可组成测力、测压、称重、测位移、测加速度、测扭矩等检测系统，已成为生产过程检测及实现生产自动化不可缺少的手段之一。

本项目应用电阻应变式传感器设计制作一台电子秤，在满足称重、显示等基本功能的前提下，还可进行拓展开发，实现去皮、超重报警等功能。

项 目 目 标

1. 知识目标

(1) 掌握电阻应变式传感器的工作原理。

(2) 掌握电阻应变片的种类、材料和粘贴，以及其特性。

(3) 掌握并理解电阻的应变效应。

(4) 掌握桥式测量电路的原理。

(5) 掌握电阻应变式传感器的应用。

2. 能力目标

(1) 能正确选择和使用荷重传感器。

(2) 掌握电阻应变片的粘贴工艺，能利用电阻应变片构成电桥电路。

(3) 掌握电桥的调试方法和步骤，能分析和处理信号电路的常见故障。

(4) 会使用电阻应变式传感器设计测量方案并实施测量。

3. 思政目标

(1) 使学生养成严谨的工作作风。

（2）培养学生的民族自豪感。

（3）培养学生敬业、精益求精、专注、创新精神。

（4）训练和培养学生获取信息的能力。

（5）使学生养成勤于动脑及理论联系实际的作风。

（6）培养学生敬业精神及团队协作意识。

电位器式传感器

$$知\ 识\ 准\ 备$$

2.1　电位器式电阻传感器

电位器是一种人们熟知的机电元件，广泛用于各种电气和电子设备中。在仪表与传感器中，它主要是作为一种把机械位移输入转换为与它成一定函数关系的电阻或电压输出的传感元件来使用的。利用电位器作为传感元件可制成各种电位器传感器，用以测定线位移或角位移，以及一切可以转换为位移的其他被测物理量，如压力、加速度等。此外，在伺服式仪器中，它还可用作反馈元件及解算元件，制成各种伺服式仪表。

电位器的优点是：结构简单，尺寸小，质量小，输出特性精度高（可达 0.1% 或更高）且稳定性好，可实现线性及任意函数特性；受环境因素（温度、湿度、电磁干涉、放射性）影响较小；输出信号较大，一般不需要放大。因此，它是最早获得工业应用的传感器之一。但它也存在一些缺点，主要是受到摩擦而容易磨损。因此，电位器在实际应用中要求敏感元件有较大的输出功率，否则传感器精度会降低，而且由于电位器有滑动触点及磨损，它的寿命会受到影响。另外，线绕式电位器分辨率较低也是电位器的一个主要的缺点。目前，电位器围绕着减小或消除摩擦，延长使用寿命，提高可靠性、精度、分辨率等方面在不断提升性能。电位器虽然在不少应用场合已被更可靠的无接触式的传感器元件所替代，但其某些独特的性能仍然不能被完全取代，在同类传感器中仍然占有一席之地。

电位器的种类极其繁多，按其结构形式不同，可分为绕线式、薄膜式、光电式、磁敏式等。在绕线式电位器中，又可分为单圈式和多圈式两种。按其特性曲线不同，还可分为线性电位器和非线性电位器两种。

2.1.1　电位器式电阻传感器的工作原理

常用电位器式电阻传感器的原理如图 2-1 所示。由图可以看出，电位器式电阻传感器由触点机构和电阻器两部分组成。由于电位器式电阻传感器存在触点，为使其工作可靠，要求被测量要有一定的功率输出。对于图 2-1(a)~图 2-1(e) 所示传感器，其触点是滑动的，存在着摩擦力，会影响测量精度。一般来讲，电位器式电阻传感器的电阻都是有级变化的（除图 2-1(a)、图 2-1(b)、图 2-1(g) 外），因此也会影响测量精确度。对于图 2-1(a)、图 2-1(b)、图 2-1(g) 所示传感器，当传感器输出环节的输入电阻与传感器本身电阻相比很大时，传感器的输出电阻和输入位移才是线性关系，否则是非线性关系。

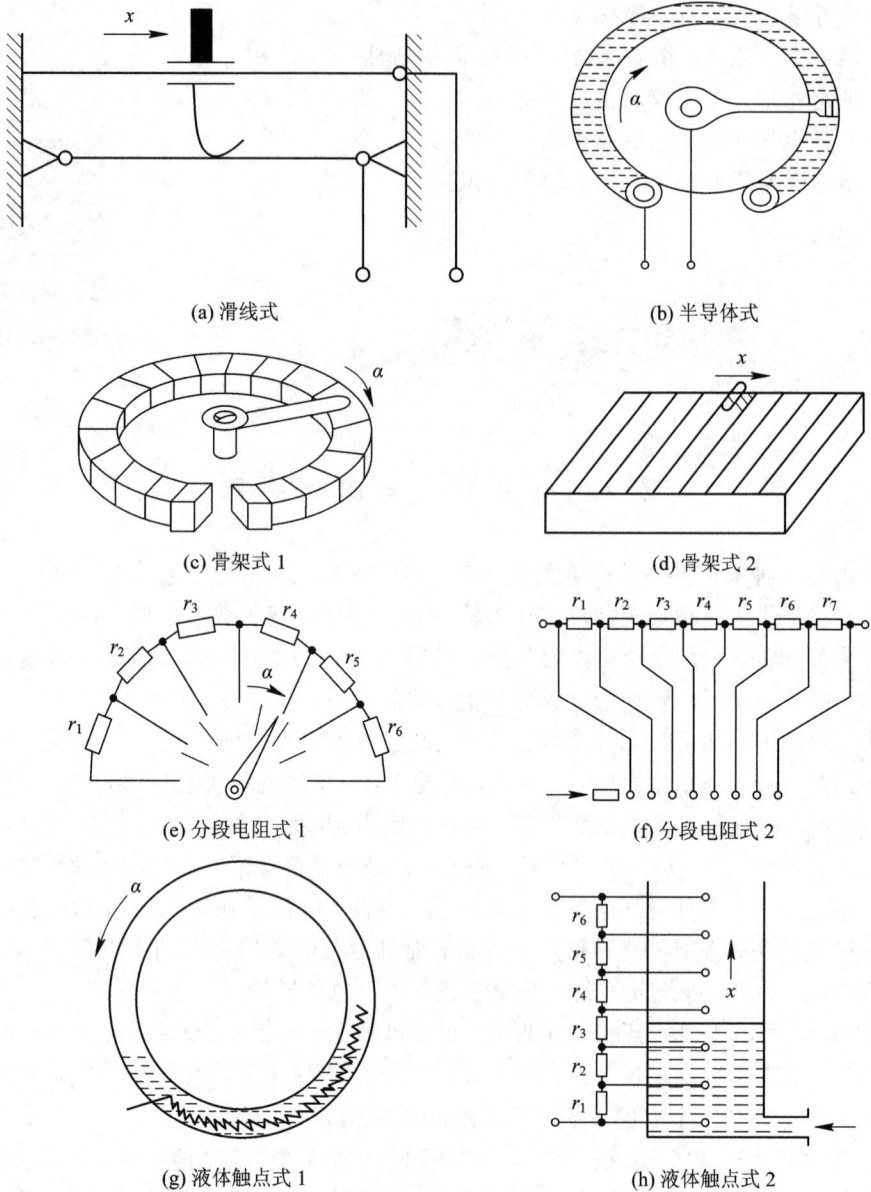

(a) 滑线式

(b) 半导体式

(c) 骨架式 1

(d) 骨架式 2

(e) 分段电阻式 1

(f) 分段电阻式 2

(g) 液体触点式 1

(h) 液体触点式 2

x—直线位移；α—角位移。

图 2-1　常用电位器式电阻传感器原理图

因为电位器式电阻传感器的输出功率较大，在一般场合下，可用指示仪表直接接收电位器式电阻传感器送来的信号，这就大大地简化了测量电路。在图 2-2 中给出了电位器式电阻传感器接不同指示仪表的典型电路。

图 2-2(a)所示电路中采用了电流表，此种接法当输入量为零时，输出信号不为零，但是输入与输出呈非线性。图 2-2(b)所示电路中采用了电压表，此种接法只有在电压表内阻比传感器电阻大很多时，输入与输出才能呈线性关系，此外，该电路还能进行零位测量。图 2-2(c)所示电路采用流比计(LB)接法，其抗干扰能力强，输出可反映输入的极性。图 2-2(d)所示电路为采用电压表的桥形接法，线性输出可反映输出极性。图2-2(e)所示电

路也为桥形线路，但采用了两只角位移输入的电位器式电阻传感器，因此它的灵敏度和测量范围与图 2-2(d)所示的电路相比皆大一倍。

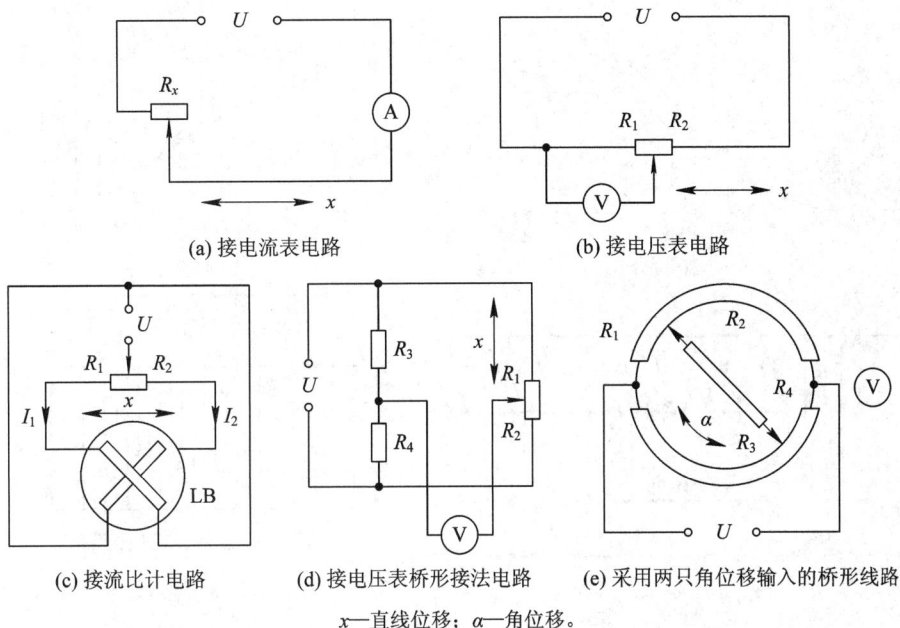

(a) 接电流表电路　　　　　　　　(b) 接电压表电路

(c) 接流比计电路　　　(d) 接电压表桥形接法电路　　(e) 采用两只角位移输入的桥形线路

x—直线位移；α—角位移。

图 2-2　电位器式电阻传感器接不同指示仪表的典型电路

2.1.2　电位器的种类

1. 非线性电位器

非线性电位器是指在空载时其输出电压（或电阻）与电刷行程之间具有非线性函数关系的一种电位器，也称函数电位器。它可以实现指数函数、对数函数、三角函数及其他任意函数功能。

非线性电位器

非线性电位器的主要功能如下：

（1）使传感器获得非线性输出特性，以满足控制系统的各种特殊要求。

（2）使传感器获得线性输出特性。当传感器中有些环节出现非线性时，可把电位器设计成非线性的，从而使传感器最后获得线性输出。

（3）在解算式传感器中，如导航仪、大气数据系统中，可采用非线性电位器来实现各种特定的函数运算。

（4）消除电位器的负载误差，即在有负载情况下，用非线性电位器来实现线性特性。

按照非线性电位器实现非线性特性原理的不同，常用的非线性线绕式电位器可分为变骨架式、变节距式、分路电阻式及电位给定式 4 种。

利用绕线式电位器可以方便地制成函数转换器 $R = f(x)$。例如，欲实现图 2-3(a)中所示的变换，首先，要求将 $R = f(x)$ 曲线在允许误差范围内进行直线逼近，即用 $\overline{01}$、$\overline{12}$、$\overline{23}$、$\overline{34}$ 四段直线代替原来的曲线，然后，按照所选取的方案进行具体计算。实现电位器函数转换的方案有 3 个，分别如图 2-3(b)～图 2-3(d)所示。因为曲线骨架较难制造，所以一般用等截面骨架带有并联电阻的方案实现。

(a) R=f(x) 曲线

(b) 曲线骨架式

(c) 阶梯骨架式

(d) 等截面骨架式

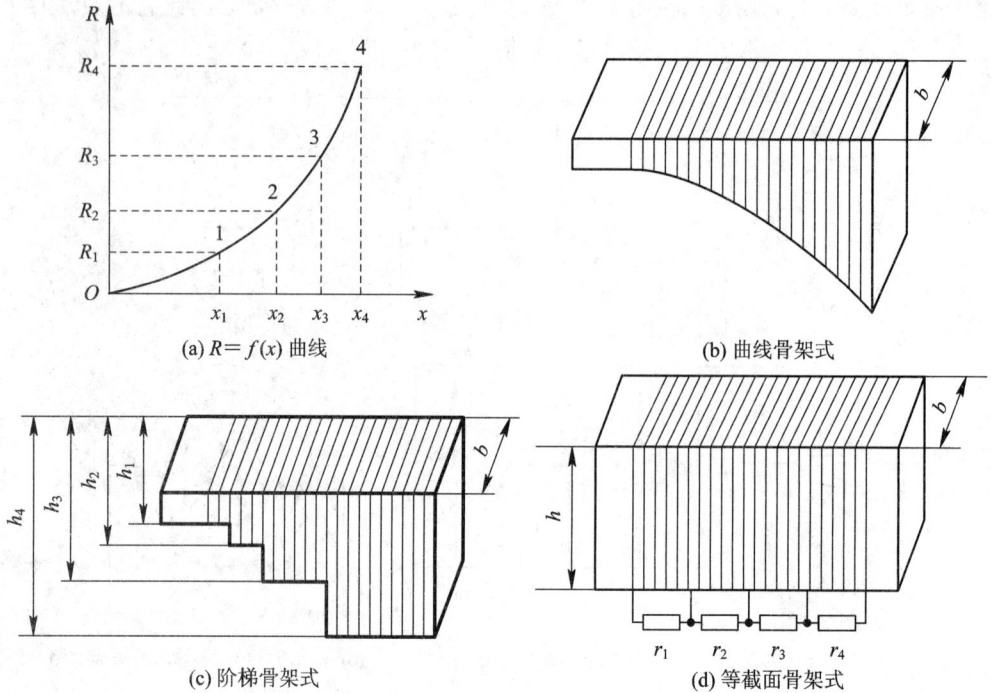

图 2-3　电位器函数转换器示意图

在骨架宽度 b 一定的情况下，骨架高度 h 可按下式计算，即

$$h = \frac{k\pi d^2}{8\rho} \times \frac{R_4 - R_3}{x_4 - x_3} - b \qquad (2-1)$$

式中：d 为电阻丝直径；k 为长度填充系数的倒数；ρ 为电阻系数；R_3 和 R_4 为 3、4 点所对应的电阻值；x_3 和 x_4 为 3、4 点所对应的位移；b 为骨架宽度。

各段并联的电阻值 r_i 可按一般的公式计算，例如

$$r_i = \frac{r_{(i-1)i}(R_i - R_{i-1})}{r_{(i-1)i} - (R_i - R_{i-1})} \qquad (2-2)$$

式中：r_i 为在点$(i-1)$及 i 对应位置所并联的电阻值；$r_{(i-1)i}$为等截面支架上长度为 $x_i - x_{i-1}$ 的电阻值；R_i 和 R_{i-1} 为与点 i、$i-1$ 所对应的电阻值。

由上可见，这种等截面骨架电位器函数转换器虽然易实现，但是它只保证了在 x_1、x_2、x_3 等点处的电阻值符合曲线，而当电刷(活动触点)处在各段中间位置时，由于分流作用而将引起一定的装置误差。

非线性电位器可以实现多种函数的转换，虽然它是属于专用的，但是由于其构造简单，价格便宜，因此多用于要求精度不高的场合。

2. 非绕线式电位器

非线性电位器具有精度高、性能稳定、易于实现线性变化等优点，但也存在很多不足，如分辨率低、耐磨性差、寿命较短等。因此，人们研制出了一些优良的非绕线式电位器，如薄膜电位器、导电塑料电位器、光电电位器等。

1) 薄膜电位器

薄膜电位器有两种：一种是碳膜电位器；另一种是金属膜电位器。

（1）碳膜电位器。碳膜电位器是在绝缘骨架表面上喷涂一层均匀的电阻液（电阻液由石墨、碳墨、树脂材料配置而成），经烘干聚合后制成的。碳膜电位器的优点是分辨率高、耐磨性较好、工艺简单、成本较低、线性度较好，但有接触电阻大、噪声大等缺点。

（2）金属膜电位器。金属膜电位器是在玻璃或胶木基体上用高温蒸镀或电镀方法涂覆一层金属膜而制成的。用于制作金属膜的合金为锗锑、铂铜、铂铑、铂铑锰等。这种电位器的温度系数小，可在高温环境下工作，但仍然存在耐磨性差、功率小、电阻值不高（$1 \sim 2$ kΩ）等缺点。

薄膜电位器的电刷通常采用多指电刷，以减少接触电阻，提高工作的稳定性。

2）导电塑料电位器

导电塑料电位器由塑料粉及导电材料粉（合金、石墨、炭墨等）压制而成，又称为实心电位器。其优点是耐磨性较好、寿命较长、电刷允许的接触压力较大，适用于振动、冲击等恶劣条件下工作，且电阻值范围大，能承受较大的功率；其缺点是温度影响较大、接触电阻大、精度不高。

3）光电电位器

上述两种电位器均为接触式电位器，其共同的缺点是耐磨性较差、寿命较短。光电电位器是一种非接触式电位器，它以光束代替了常规的电刷，有效地克服了上述两种电位器的缺点。

光电电位器的结构如图 2-4 所示。其结构原理是：首先在基体 2（常用材料为氧化铝）上沉积一层硫化镉（CdS）或硒化镉（CdSe）光电导层 1，然后在它的上面沉积一条金属（金或银）导电条作为导电电极 5，最后在导电电极的下面沉积一条薄膜电阻带 3，并在电阻带和导电电极 5 之间形成一很窄的间隙。当无光束照射时，因光电导材料的暗阻极大（暗电阻与亮电阻之比可达 $10^5 \sim 10^8$），可视为电阻带与导电电极之间为断路。而当电刷的窄光束 4 照射在此窄间隙上时，就相当于把电阻带和导电电极接通，这样在外电源 E 的作用下，负载电阻 R_L 上便有电压输出，且随着光束位置的移动而变化，如同电刷移动一样。

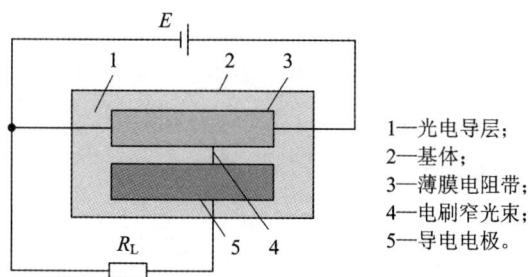

1—光电导层；
2—基体；
3—薄膜电阻带；
4—电刷窄光束；
5—导电电极。

图 2-4　光电电位器结构

光电电位器有耐磨性好，精度、分辨度高，寿命长（可达亿万次循环），可靠性好，电阻值范围宽（500 Ω～15 MΩ）等优点。但也存在不足之处：光电导层虽经窄光束照射而导通，但照射处的电阻还是相当高，因此，光电电位器输出电流较小，需配备高输入阻抗放大器；工作温度的范围比较窄（目前最高达 150℃），线性度也不高。此外，光电电位器需要照明光源和光学系统，因此其结构较复杂，体积和质量较大。随着集成光路器件的发展，可以将有源和无源的光学器件集成在一个光路芯片上，制成集成光路芯片，使光学系统的体积和质量大大减小，这就是集成光电子技术。采用集成电子技术可使光电电位器结构复杂的缺点得以克服，因而其应用就不再受到限制。

2.1.3　电位器式电阻传感器的结构和噪声分析

1. 电阻丝

电位器式传感器对电阻丝的要求是：电阻系数要大，温度系数要小；对铜的热电势应尽可能小；细丝的表面要有防腐蚀措施，且细丝要柔软，强度高。此外，要求电阻丝能方便地锡焊或者点焊，以及在端部容易镀铜、镀银，且熔点要高，以免在高温下发生蠕变。

常用电阻丝材料有以下几种：

（1）铜锰合金类。此类电阻丝温度系数为（0.001%～0.003%）/℃，比铜的热电势小，约为（1～2）μV/℃，其缺点是工作温度低，一般为50～60℃。

（2）铜镍合金类。此类电阻丝温度系数最小，约为±0.002%/℃，电阻率为0.45 μΩ·m，机械强度高，其缺点是比铜的热电势较大。因其含铜镍成分的不同而有各种型号，康铜是这类合金的代表。

（3）铂铱合金类。此类电阻丝具有硬度高、机械强度大、抗腐蚀、耐氧化、耐磨等优点，电阻率为0.23 μΩ·m，可以制成很细的线材，适合做高阻值的电位器。

此外，电阻丝还有镍铬电阻丝、卡玛电阻丝（镍铬铁铝合金）及银钯电阻丝等。

电位器式传感器在裸线绕制时，线间必须有间隔，而经涂漆或氧化处理的电阻丝可以接触绕制，但电刷的轨道上需清除漆皮或氧化层。

2. 电刷

电刷结构往往可以反映电位器的噪声电平。只有当电刷与电阻丝材料配合恰当，触点有良好的抗氧化能力，接触电势小，并有一定的接触压力时，才能使噪声降低。否则，电刷可能成为引起振动噪声的源头。采用高固有频率的电刷结构效果较好。常用电位器的接触压力在0.005～0.05 N之间。

3. 骨架

电位器式传感器对骨架材料要求是：形状稳定，其热膨胀系数和电阻丝相近，表面绝缘电阻高，并且有较好的散热能力。常用的骨架材料有陶瓷、酚醛树脂和工程塑料等，也可以用经绝缘处理的金属材料（这种骨架因传热性能良好，适用于大功率电位器）。

4. 噪声

电位器式传感器的噪声一般分为两类：一类是噪声来自电位器上自由电子的随机运动，这种噪声电子流叠加在电阻的工作电流上；另一类是电刷沿电位器移动时因接触电阻变化而引起的接触噪声。由自由电子的随机运动产生的噪声有均匀的频谱，其幅值取决于电阻和温度以及测试电路的频带宽度，而接触电阻变化引起的噪声取决于接触面积的变化和压力波动。由于轨道和电刷的磨损，以及污物和氧化物的积累，随着作用时间的增加，接触噪声也随着增加，这种噪声也是电位器基本噪声之一。

此外，电位器式传感器的噪声还有摩擦电噪声、振动噪声和高速噪声。摩擦电噪声可通过选择合适的电刷和电阻丝材料来减小。振动噪声和高速噪声可通过改进电刷结构，使之有适当的接触压力和自振频率，在使用时电刷速度不应过大。

2.1.4 电位器式电阻传感器的应用

绕线式电位器角位移传感器工作原理如图 2-5 所示。传感器的转轴跟待测角度的转轴相连，当待测物体转过一个角度时，电刷在电位器上转过一个相应的角位移，于是在输出端就有一个跟转角成比例的输出电压 U_o。图中 U_i 是加在电位器上的电压。

线绕电位器式角位移传感器一般性能如下：

(1) 动态范围：$\pm 10° \sim \pm 165°$。

(2) 线性度：$\pm 0.5\% \sim \pm 3\%$。

(3) 电位器全电阻：$10^2 \sim 10^3 \ \Omega$。

(4) 工作温度：$-50 \sim 150 \ ℃$。

(5) 工作寿命：10^4 次。

因绕线式电位器角位移传感器具有结构简单、体积小、动态范围宽、输出信号大（一般不必放大）、抗干扰性强和精度较高等特点，故广泛用于检测各种回转体的回转角度和角位移。其缺点是：环形电位器各段曲率不一致会产生"曲率误差"；转速较高时，转轴与衬套间的摩擦会导致"卡死"现象。

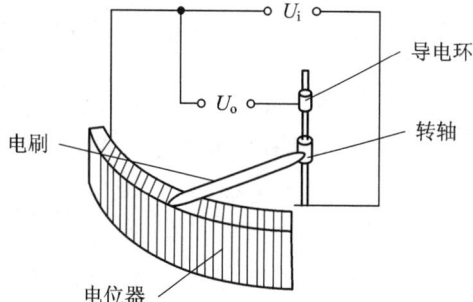

图 2-5 绕线式电位器角位移传感器工作原理

2.2 电阻应变式传感器

电阻应变式传感器是利用电阻应变片（简称应变片）将应变转换为电阻变化的传感器，由在弹性元件上粘贴电阻应变敏感元件构成。目前，应用最广的电阻应变片有电阻丝应变片和半导体应变片两种。当被测物理量作用在弹性元件上时，弹性元件的变形引起应变敏感元件的电阻值发生变化，通过转换电路转变成电量输出，电量变化的大小反映了被测物理量的大小。电阻应变式传感器的主要缺点是输出信号小、线性范围窄，而且动态响应较差。但由于应变片的体积小，商品化的应变片有多种规格可供选择，而且可以灵活设计弹性敏感元件的形式以适应各种应用场合，因此，用应变片制造的应变式传感器在测量力、力矩、压力、加速度、质量等参数方面仍有广泛的应用。

2.2.1 电阻应变效应

金属导体的电阻随着它所受机械变形（伸缩应变）大小而变化的现象，称为金属的电阻应变效应。设有一根长度为 l、截面积为 a、电阻率为 ρ 的金属电阻丝，其电阻值为

$$R = \rho \frac{l}{a} \qquad (2-3)$$

如果该电阻丝在轴向应力作用下，长度变化了 $\mathrm{d}l$、截面积变化了 $\mathrm{d}a$、电阻率变化了 $\mathrm{d}\rho$，则电阻 R 也将随之变化 $\mathrm{d}R$，各变化量之间的对应关系可由式(2-3)微分求得，即

$$\mathrm{d}R = \frac{\rho}{a}\mathrm{d}l - \frac{\rho l}{a^2}\mathrm{d}a + \frac{l}{a}\mathrm{d}\rho \qquad (2-4)$$

应变片的工作原理

用相对变化量表示为

$$\frac{\mathrm{d}R}{R} = \frac{\mathrm{d}l}{l} - \frac{\mathrm{d}a}{a} + \frac{\mathrm{d}\rho}{\rho} \qquad (2-5)$$

由于 $a = \pi r^2$，$\mathrm{d}a = 2\pi r \mathrm{d}r$（$r$ 为金属电阻丝半径），则

$$\frac{\mathrm{d}a}{a} = 2\frac{\mathrm{d}r}{r}$$

电阻丝径向应变 $\mathrm{d}r/r$ 和轴向应变 $\mathrm{d}l/l$ 的比例系数即为泊松比 μ，因此有

$$\frac{\mathrm{d}r}{r} = -\mu\frac{\mathrm{d}l}{l}$$

式中负号表示两种应变的方向相反。

将 $\dfrac{\mathrm{d}a}{a} = \dfrac{2\mathrm{d}r}{r}$、$\dfrac{\mathrm{d}r}{r} = -\mu\dfrac{\mathrm{d}l}{l}$ 代入式(2-5)可得

$$\frac{\mathrm{d}R}{R} = (1+2\mu)\frac{\mathrm{d}l}{l} + \frac{\mathrm{d}\rho}{\rho} = \left(1 + 2\mu + \frac{\mathrm{d}\rho/\rho}{\mathrm{d}l/l}\right) = K\varepsilon \qquad (2-6)$$

式中，$K = \dfrac{\mathrm{d}R/R}{\mathrm{d}l/l} = 1 + 2\mu + \dfrac{\mathrm{d}\rho/\rho}{\mathrm{d}l/l}$ 为应变灵敏系数，$\varepsilon = \mathrm{d}l/l$ 为轴向应变值。

应变灵敏系数受两个因素的影响：一个是 $(1+2\mu)$ 项，它与电阻丝受力后所产生的应变有关，对某种材料来说可能是常数；另一项 $\left(\dfrac{\mathrm{d}\rho/\rho}{\mathrm{d}l/l}\right)$，即电阻丝受力后所引起的电阻率的变化，这种现象称为压阻效应，对于金属电阻丝，此值很小，可以忽略不计。

对于大多数金属材料，泊松比 μ 为 $0.3\sim0.5$，所以 K 的数值在 $1.6\sim2$ 之间。式(2-6)表明金属丝的电阻相对变化与轴向应变呈正比，这就是所谓的电阻应变效应。该式是电阻应变片测量应变的理论基础。

对于每一种电阻丝，在一定的应变范围内，无论受拉或受压，其应变灵敏系数保持不变，即 K 值是恒定的。当应变超过某一范围时，K 值将发生变化。图 2-6 所示为几种冷拉并经退火处理的电阻丝材料的灵敏系数曲线，曲线上的"拐点"表示弹性变形和塑性变形之间的变换点。

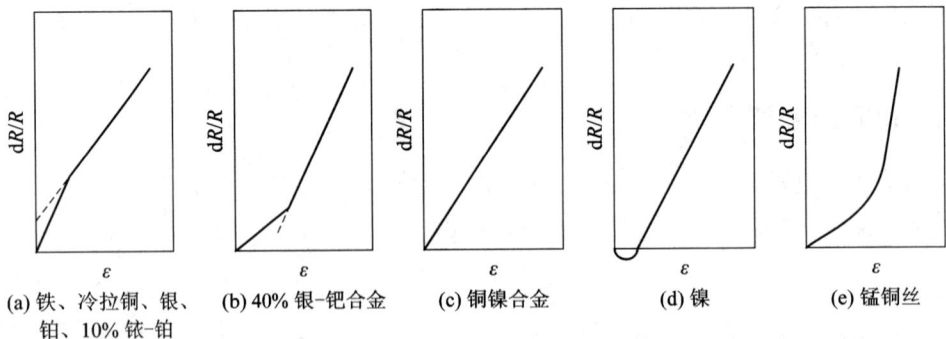

| (a) 铁、冷拉铜、银、铂、10% 铱-铂 | (b) 40% 银-钯合金 | (c) 铜镍合金 | (d) 镍 | (e) 锰铜丝 |

图 2-6 几种典型金属材料的灵敏系数

图 2-6(c) 中的曲线比较理想，它在较大的范围内具有线性特性，且 K 值接近于 2。图 2-6(d) 中的曲线具有一段"负阻"特性，其 K 值先"负"后"正"，存在着从负到正的变换点。图 2-6(e) 中的曲线的拐弯点是渐变的，图 2-6(a)、图 2-6(b) 中的曲线则是骤弯的。

📖 **读一读**

早在 1856 年，人们在轮船上往大海里铺设海底电缆时就发现，电缆的电阻值由于电缆被拉伸而增加，继而对铜丝和铁丝进行拉伸试验，得出了金属丝的电阻与其应变呈函数关系的结论。

1936 年，人们制造出了纸基丝式电阻应变片；1952 年制造出了箔式应变片；1957 年制造出了第一批半导体应变片，并利用这种应变片制作了各种传感器。用这些应变片可测量力、应力、应变、荷重和加速度等物理量。现在，各种电阻应变片和应变传感器的品种规格已达数万种之多。

我国拥有 1.8 万余千米长的海岸线，沿海分布着 6000 多个岛屿，沿海地区又是我国经济发达区域，因此沿海岛屿的发展需要大量用电。由于建设电站成本高、周期长，再加上燃料供应不便且有污染等因素，因此中小型海岛的供电与通信都需要通过海底电缆来解决。

1986 年 9 月 16 日，连接福建省级电网与福建平潭岛的 35 千伏海底电缆正式并网送电。

2019 年 11 月 14 日，我国最长的 35 千伏无接头海底电缆接入浙江温州平阳县南麂岛变电站，标志着南麂岛电网孤网运行画上句号。

温州平阳县南麂岛是我国首批 5 个国家级海洋自然保护区之一，也是浙江省唯一没有接入国家电网的建制镇。长期以来，南麂岛的主要能源是岛外运来的柴油，柴油支撑着岛上的电力供应与机动车运行。南麂岛与温州平阳县的电网联网工程完成后，岛内进一步打造了"联网＋现有微网"的智能电网，彻底解决了制约岛内发展的能源受限问题。

海底电缆如此重要，这些又重又长的"铁索"是如何铺设的呢？这时我们就需要一个神器——电缆施工船。

铺设南麂岛海底电缆的施工船"启帆 9 号"是中国第一艘 5000 吨新型海底电缆施工船，也是世界上可承载海缆最重的施工船。海底电缆铺设步骤可以总结为三步，即"一吊二放三拖曳"。

"一吊"：通过吊运的方式，施工船只装载成盘的海底电缆。

"二放"：施工船在距离岸边一定距离时向海中投放电缆，同时在投放的电缆上每隔一段距离固定上一个类似"救生圈"的浮力装置，使投放的电缆漂浮在海面上。

"三拖曳"：岸上的牵引装置将漂浮的电缆牵引至岸边并固定，在电缆上岸后拆除"救生圈"，使电缆凭借自身重力下沉至海底。

2.2.2　电阻应变片的基本结构

电阻应变片的基本结构如图 2-7 所示。粘贴在绝缘基片 4 上的敏感栅 1 实际上是一个栅状的电阻元件，它是电阻应变片的测量敏感部分，栅的两端焊接有丝状或带状的引出导线，敏感栅上面粘贴有覆盖层 3，起保护作用。

应变片敏感栅的形式较多，这里仅介绍两种形式——金属丝式和金属箔式应变片。

金属丝式应变片的敏感栅由直径为 0.015～0.05 mm 的金属丝制成，它又可分为圆角线栅式和直角线栅式两种形式。圆角线栅式应变片如图 2-8(a)所示，是最常见的一种形式，制造方便，但横向效应较

金属电阻应变片

大；直角线栅式应变片如图 2-8(b)所示，虽然横向效应较小，但制造工艺复杂。在图 2-8 中，l 称为应变片的标距(或工作基长)，b 称为应变片的基宽，$l×b$ 称为应变片的使用面积。应变片的规格一般以使用面积和电阻值来表示(例如，3 mm×10 mm，120 Ω)。

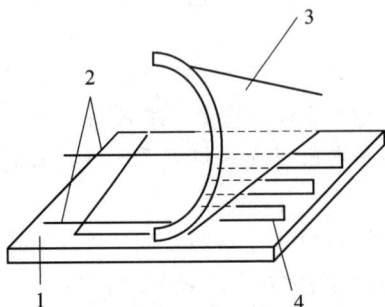

1—绝缘基片；2—引出导线；
3—覆盖层；4—敏感栅。

图 2-7　应变片的基本结构

(a) 圆角线栅式　(b) 直角线栅式

图 2-8　金属丝式应变片的敏感栅

(a) 薄金属箔敏感栅　(b) 框形结构敏感栅

图 2-9　金属箔式应变片的敏感栅

金属箔式应变片的工作原理与金属丝式应变片完全相同，只不过它的电阻敏感元件不是金属丝栅，而是通过丝相制版、光刻、腐蚀等工艺制作而成的一种很薄的金属箔敏感栅，其形状如图 2-9(a)所示。金属箔敏感栅的端部较宽，横向效应相应减小，从而提高了应变测量精度。箔栅的表面积大，散热条件好，故允许通过较大的电流，可以得到较强的输出信号，从而提高了测量灵敏度。此外，由于箔栅采用了半导体器件的制造工艺，因此可根据具体的测量条件，制成任意形状的敏感栅，以适应不同的要求。正因为如此，金属箔式应变片在许多的场合取代了金属丝式应变片，得到了广泛应用。其缺点是制造工艺复杂，引出线的焊点采用锡焊，不宜在高温环境下使用。

当横栅与纵栅的宽度相差太大时，会使应力集中现象更为严重。为解决这个问题，近年来出现了一种端部为框形结构的敏感栅，如图 2-9(b)所示，其横栅为矩形的框，框边的宽度与纵栅相同。

2.2.3　电阻应变片的材料

电阻应变片的特性与所用材料的性能密切相关。因此，了解应变片各部分所用材料及其性能，有助于正确选择和使用电阻应变片。

应变片的粘贴

1. 敏感栅及电阻丝材料

对敏感栅所用材料的一般要求是：灵敏系数高；线性范围宽；电阻率高且稳定，且电阻温度系数的数值要小，分散性小；机械强度高，焊接性能好，易加工；抗氧化，耐腐蚀，蠕变和机械滞后小。此外，还要求与引出线的焊接方便，无电解腐蚀。

对电阻丝材料应有如下要求：

（1）应有较大的应变灵敏系数，并在所测应变范围内保持常数。

（2）具有高且稳定的电阻率，即在同样长度、同样横截面积的电阻丝中具有较大的电阻值，以便制造小栅长的应变片。

（3）电阻温度系数小，否则因环境温度变化也会改变其电阻值。

（4）抗氧化能力高，耐腐蚀性能强。

（5）与铜线的焊接性能好，与其他金属的接触电势小。

（6）机械强度高，具有优良的机械加工性能。

目前，康铜是应用最广泛的应变片的电阻丝材料，这是因为它有如下很多优点：灵敏系数高、稳定性好，不但在弹性变形范围内能保持常数，而且进入塑性变形范围内也能基本保持为常数；电阻温度系数较小且稳定，当采用合适的热处理工艺时，可使用电阻温度系数在 $\pm 50 \times 10^{-6}/℃$ 的范围内；加工性能好，易于焊接。因此，国内外电阻应变片厂商多以康铜作为应变片的电阻丝材料。

2. 基片与覆盖层和粘贴剂材料

基片与覆盖层的材料主要是由薄纸和有机聚合物制成的胶质膜，特殊的也用石棉、云母等作为材料，以满足抗潮湿、绝缘性能好、线膨胀系数小且稳定、易于粘贴等要求。

应变片通常用粘贴剂粘贴到试件上。粘贴剂所形成的胶层要将试件的应变真实地传递给应变片，并且要有高度的稳定性。因此要求粘贴剂的黏结力强、固化收缩小、膨胀系数和试件相近、耐湿性好、化学性能稳定，且有良好的电气绝缘性能和使用工艺性。在粘贴时，必须遵循正确的粘贴工艺，保证粘贴质量，因为这些都与测量精度关系密切。

3. 引出导线材料和连接方式

由于应变片的引出导线很细，特别是引出导线与应变片电阻丝的连接强度很低，极易被拉断，因此需要进行过渡。导线是将应变片的感受信息传递给测试仪器的过渡线，其一端与应变片的引出导线相连，另一端与测试仪（通常为应变仪）相连。应变片的引出导线与接入应变仪的导线一般通过中间接线柱（片）焊接在一起。除注意选择引出导线材料外，还要重视连接方式。如采用双引线、多点焊接、过渡引线等方式，或将应变电阻丝套入镍制空心管子内，挤压管子，使其牢固连接。引出导线多用紫铜制成，为便于焊接，可在表面镀锡或镀银等。

4. 保护材料

应变片在常温下的保护主要是指防潮湿保护。因为应变片受潮会使绝缘电阻降低，导致测量灵敏度降低、零漂增大等，所以防潮保护是应变片进行正常测量所必需的。常用中性凡士林、石蜡、环氧树脂防潮剂等对应变片进行密封保护。

2.2.4 应变片的基本特性

1. 横向效应

将金属丝绕成敏感栅构成应变片后，在轴向单向应力作用下，由 应变片的主要特性
于敏感栅"横栅段"（圆弧或直线）上的应变状态不同于敏感栅"直线段"上的应变状态，应变片敏感栅的电阻变化较相同长度直线金属丝在单向应力作用下的电阻变化小，因此，应变灵敏系数有所降低，这种现象称为应变片的横向效应，如图 2-10 所示。

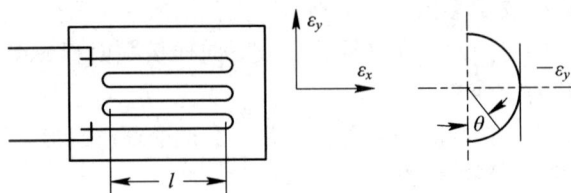

图 2-10 横向效应

应当指出，制造厂商在标定应变片的应变灵敏系数 K 时，是在规定的特定应变场(单向应力场，试件的 $\mu = 0.285$)进行的，标定出的 K 值实际上也将横向效应的影响包括在内，只要应变片在实际使用时符合特定条件(如平面应力状态，或试件的 $\mu \neq 0.285$)，就会引起一定的横向效应误差，需进行修正。

2. 温度特性

电阻应变片的温度特性表现为热输出和热滞后。

安装在可以自由膨胀的试件上的应变片，在试件不受外力作用时，由于环境温度的变化，应变片的输出值也随之变化的现象，称为应变片的热输出。产生热输出的主要原因有两个：一是电阻丝的电阻温度系数在起作用；二是电阻丝材料与试件材料的线膨胀系数不同。

当环境温度变化 Δt 时，应变片电阻的增量 ΔR_t 可用下式来表示，即

$$\Delta R_t = R_0 \alpha \Delta t + R_0 K(\alpha_1 - \alpha_2) \Delta t = R_0 [\alpha + K(\alpha_1 - \alpha_2)] \Delta t$$

令

$$\alpha_t = \alpha + K(\alpha_1 - \alpha_2) \qquad\qquad (2-7)$$

则

$$\Delta R_t = R_0 \alpha_t \Delta t$$

式中：R_0 为 0℃时电阻应变片的电阻值(Ω)；α 为电阻丝材料的电阻温度系数(1/℃)；K 为电阻丝的应变灵敏系数；α_1 为试件材料的膨胀系数(1/℃)；α_2 为电阻丝材料的膨胀系数(1/℃)；α_t 为电阻应变片的电阻温度系数(1/℃)。由式(2-7)可知，α_t 越小，温度影响越小。

当温度循环变化时，粘贴在试件表面上的电阻应变片的热输出曲线可能并不重合。在同一温度下，应变片的热输出值之差称为应变片的热滞后。产生热滞后的主要原因是，在温度变化过程中，由于黏结剂和基底体积变化而留下的残余变形，以及电阻丝的氧化等，造成敏感栅电阻的不可逆变化。

3. 线性度

应变片的线性度是指试件产生的应变和电阻变化之间的直线性。在大应变条件下，非线性较为明显。对一般应变片，非线性限制在 $0.005\% \sim 1.00\%$ 以内，而用于制造传感器的应变片线性度最好小于 0.02%。

4. 零漂和蠕变

零漂和蠕变用来衡量应变片的时间稳定性。

粘贴在试件表面上的应变片在不承受任何载荷的条件下，在恒定的温度环境中，电阻

值随时间变化的特性称为应变片的零漂。

粘贴在试件表面上的应变片，在恒定的载荷作用下和恒定的温度环境中，电阻值随时间变化的特性称为应变片的蠕变。

5. 最大工作电流

最大工作电流是指允许通过应变片敏感栅而不影响工作特性的最大电流值。虽然增大工作电流能增大应变片的输出信号，提高测量灵敏度，但同时也会使应变片温度升高，应变灵敏系数发生变化，零漂和蠕变值明显增加，严重时甚至会烧坏敏感栅。因此，使用应变片时不要超过其最大工作电流。

2.2.5　应变片的温度补偿方法

温度变化会引起应变片电阻发生变化，从而直接影响测量精度，因此必须予以消除或进行修正，这就是温度补偿。温度补偿的方法有很多种，这里仅介绍几种常用的温度补偿方法。

应变片的温度
误差与分析

1. 曲线修正法

在与实测相同或相近的条件下，按工作温度整个变化范围，首先测量出应变片的热输出曲线，然后求出真实应变。在实际测量时，除了要测量指示应变外，还应同时测量被测点的温度，真实应变为指示应变与该温度下的热输出之差，如图 2-11 所示。应注意，这种方法是对同批次应变片进行抽样测试来确定热输出曲线的，因此要求热输出的分散要小。

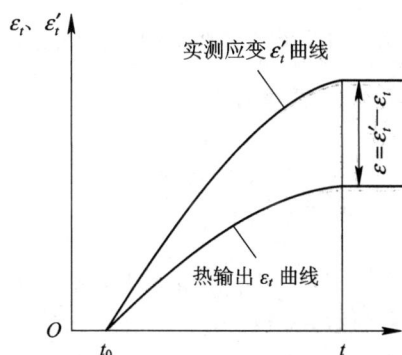

图 2-11　按热输出曲线修正求真实应变

2. 桥路补偿法

桥路补偿法是利用桥路相邻两臂同时产生大小相等、符号相同的电阻增量不会破坏电桥的平衡(无输出)的特性来达到温度补偿。

将两个特性相同的应变片用相同的方法粘贴在同样材料的两个试件上，置于相同的环境温度中，一个承受应力为工作片，另一个不承受应力为补偿片。在测量时，温度变化引起两个应变片的电阻增量不但符号相同，而且大小相等，由于它们接在电桥的相邻两臂上，因此桥路仍然平衡(无输出)。另外应注意，电桥如果有输出，则完全是由应变引起的。

3. 应变片自补偿法

采用一种特殊的应变片，当温度变化时，利用自身具有的温度补偿作用使电阻增量等于零或相互抵消，这种应变片称为温度自补偿应变片。应变片自补偿法有以下 3 种。

（1）选择式自补偿应变片。

由式(2-7)可知，使应变片实现自补偿的条件是 $\alpha_t=0$，即

$$\alpha + K(\alpha_1 - \alpha_2) = 0 \quad 或 \quad \alpha = -K(\alpha_1 - \alpha_2) \tag{2-8}$$

因此只要应变片的敏感栅材料和试件材料的性能满足式(2-8)，应变片就能实现温度自补偿。

（2）组合式自补偿应变片。

图 2-12 给出了组合式自补偿应变片的示意图，即利用某些电阻材料的电阻温度系数有正、负的特性，将这两种不同的电阻丝串联成一个应变片来实现温度补偿。其条件是两段电阻丝形成的敏感栅随温度变化而产生的电阻增量大小相等、符号相反，即

$$\Delta R_1 = -\Delta R_2$$

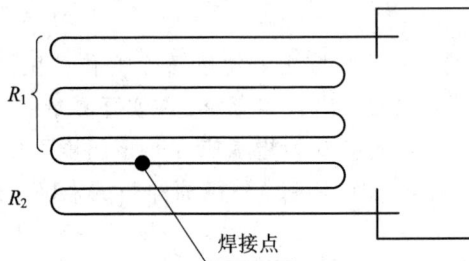

图 2-12 组合式自补偿应变片示意图

两段敏感栅的电阻大小可按下式选择，即有

$$\frac{R_1}{R_2} = -\frac{\left(\dfrac{\Delta R_2}{R_2}\right)}{\left(\dfrac{\Delta R_1}{R_1}\right)} = -\frac{\alpha_2 + K(\alpha_t - \alpha_{c1})}{\alpha_1 + K(\alpha_t - \alpha_{c1})}$$

式中：α_1 与 α_2 分别为敏感栅 R_1、R_2 的电阻温度系数；α_t 为试件的线膨胀系数；α_{c1} 与 α_{c2} 分别为敏感栅丝 R_1、R_2 的线性膨胀系数；K_1 与 K_2 分别为敏感栅丝 R_1、R_2 的应变灵敏系数。

（3）热敏电阻法。

热敏电阻法是指将热敏电阻置于与应变片温度相同的环境中，如图 2-13 所示，通过分流电阻 R_5 与热敏电阻 R_t 使电桥电压随温度增加的值来补偿应变片灵敏系数变化而使电桥输出减少的值。

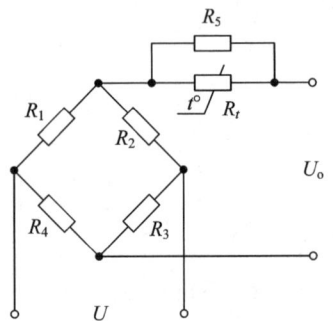

图 2-13 热敏电阻法补偿温度示意图

2.2.6 半导体应变片

金属丝式和金属箔式电阻应变片的性能稳定、精度较高，至今仍在不断地改进和发展中，并在一些高精度应变式传感器中得到了广泛应用。这类传感器的主要缺点是应变丝的灵敏系数小。为了改进这一不足，在 20 世纪 50 年代末出现了半导体应变片。应用半导体

应变片制成的传感器称为固态压阻式传感器。

1. 半导体应变片的特点

半导体应变片具有以下突出优点：灵敏系数高，可测微小应变；机械迟滞小；横向效应小；体积小。它的主要缺点：一是温度稳定性差；二是灵敏系数的非线性大。因此在使用半导体应变片时需采用温度补偿和非线性温度补偿措施。

2. 半导体的压阻效应

对一块半导体的某一轴向施加一定的载荷而产生应力时，它的电阻率会发生一定的变化，这种现象称为半导体的压阻效应。不同类型的半导体，施加载荷方向不同，则压阻效应也不同。压阻效应大小用压阻系数来表示。当半导体压阻元件承受纵向与横向应力时，相对电阻率可用下式表示，即

$$\frac{\Delta\rho}{\rho} = \pi_r\sigma_r + \pi_t\sigma_t \tag{2-9}$$

式中：π_r 和 π_t 分别为纵向、横向压阻系数，此系数与半导体材料种类以及应变方向与各晶轴方向之间的夹角有关；σ_r 和 σ_t 分别为纵向、横向承受的应力。

若半导体小条只沿其纵向受到应力，并令 $\sigma_r = E\varepsilon$，则式（2-9）又可写成

$$\frac{\Delta\rho}{\rho} = \pi_r E\varepsilon \tag{2-10}$$

式中：E 为半导体材料的弹性模量；ε 为沿半导体小条纵向的应变。将式（2-10）代入式（2-6）中，可得到半导体小条电阻变化率，即

$$\frac{\Delta R}{R} = (1+2\mu)\varepsilon + \frac{\Delta\rho}{\rho} = (1+2\mu+\pi_r E)\varepsilon \tag{2-11}$$

式（2-11）右边括号中第一、第二项是几何形状变化对电阻的影响，其值约为 $1 \sim 2$；第三项为压阻效应的影响，其值远大于前两项之和，约为它们的 $50 \sim 70$ 倍。故可略去前两项，因此半导体应变片的应变灵敏系数可表示为

$$K = \pi_r E \tag{2-12}$$

一般来说，杂质半导体的应变灵敏系数随杂质的增加而减少，温度系数也是如此。半导体应变片的应变灵敏系数并不是一个常数，在其他条件不变的情况下，随应变片所承受应变的大小和方向的不同而有所变化，如图 2-14 所示。$\mu\varepsilon$ 在 600 以下时，应变灵敏系数的线性很好，$\mu\varepsilon$ 在 600 以上时，其非线性明显，而且在拉应变方向上翘，在压应变方向下跌。

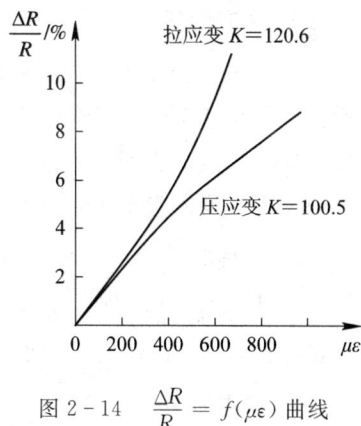

图 2-14　$\dfrac{\Delta R}{R} = f(\mu\varepsilon)$ 曲线

3. 半导体应变片的结构

目前半导体应变片使用最多的是单晶硅半导体。P 型硅在(111)晶轴方向的压阻系数最大，在(100)晶轴方向的压阻系数最小。对 N 型硅来说，正好相反。这两种单晶硅半导体在(110)晶轴方向的压阻系数仅比最大压阻系数稍小些。

在制造半导体应变片时，沿所需的晶轴方向，在硅锭上切出小条作为应变片的电阻材

料,亦有制成栅状的。P型硅半导体应变片的制备示意图如图2-15所示。

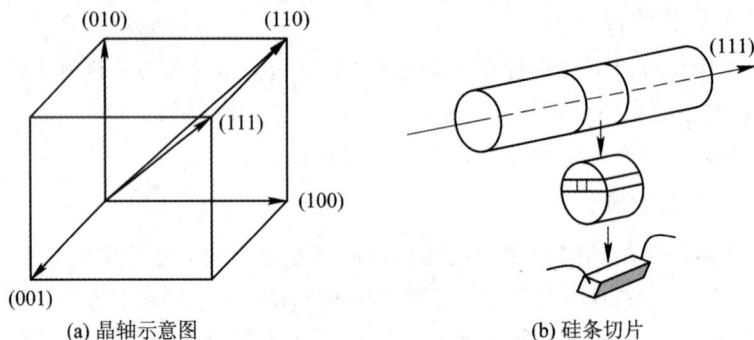

(a) 晶轴示意图	(b) 硅条切片

图 2-15　P 硅半导体应变片的制备示意图

2.2.7　应变片的选择

由于应变片的材料、结构、特性都不一样,其应用范围也各有差异,因此在进行应变测量时,必须根据试件所处的试验环境、应变性质、试件状况及测量精度选择应变片。

1. 试验环境

由于温度对应变片性能的影响很大,因此选用的应变片要在测试温度范围内工作良好。潮湿会使应变片绝缘电阻降低,使应变片和试件间的电容量发生变化,从而使应变片的灵敏度下降,测量信号产生偏移。因此,在潮湿环境中,应选用防潮性能良好的胶膜应变片,并采取适当的防潮措施。在高压、核辐射和强磁场的环境,应选用压力效应小、抗辐射、无磁致伸缩效应(或较小)的应变片。

2. 应变性质

在静态应变测量中,温度的影响最为突出,多选用自补偿应变片。对于动态应变的测量,要考虑应变片频率响应特性和疲劳特性,一般选用阻值大、疲劳寿命长的应变片。当试件的应变梯度较大时,应选用小标距的应变片,同时采用误差补偿。另外,应变片的应变极限要大于应变测量范围,否则会出现严重非线性,甚至损坏敏感栅。

3. 试件状况

试件材料不均匀时,应选用大标距应变片,以反映试件的宏观变形。对薄试件或弹性模量试件,要考虑应变片的加强效应对测量的影响。

4. 测量精度

仅从测量精度考虑,一般认为选择以胶膜为基底,且以康铜或卡玛材料为敏感栅的应变片较好。

📖 读一读

在桥梁工程中经常用电阻应变传感器测量桥梁各个结构的受力情况。

港珠澳大桥的建设创下多项世界之最,非常了不起,体现了中国逢山开路、遇水架桥的奋斗精神,体现了中国综合国力、自主创新能力,也体现了勇创世界一流的民族志气。这是一座圆梦桥、同心桥、自信桥、复兴桥。大桥建成通车，进一步坚定了我们对中国特色社会主义的道路自信、理论自信、制度自信、文化自信，充分说明社会主义是干出来的，新时代中国特色社会主义也是干出来的！港珠澳大桥建成开通，有利于三地人员交流和经贸往来，有利于促进粤港澳大湾区发展，有利于提升珠三角地区综合竞争力，对于支持香港、澳门融入国家发展大局，全面推进内地、香港、澳门互利合作具有重大意义。

2.2.8　电阻应变式传感器测量电路

1. 测量原理

　　桥式测量电路是电阻应变式传感器测量电路其中之一。桥式测量电路(也称为电桥)有 4 个电阻，如图 2-16 所示，其中任一个电阻都可以是电阻应变片电阻，电桥的一条对角线接入工作电压 U，另一条对角线为输出电压 $U_\circ$。桥式测量电路的一个特点是，4 个电阻为某一关系时，电桥输出为零，否则就有电压输出，可利用灵敏检流计来测量。因此桥式测量电路能够精确测量出微小的应变。

应变片的测量电路

　　在一般情况下，输出电压 $U_\circ$ 与 U_{BC}、U_{AC} 的关系为

$$U_\circ = U_{BC} - U_{AC} = \frac{R_1 R_3 - R_2 R_4}{(R_1 + R_2)(R_3 + R_4)} U \qquad (2-13)$$

　　为了使测量前的输出为零(即电桥平衡)，应使

$$R_1 R_3 = R_2 R_4 \qquad (2-14)$$

　　所以，如果能恰当地选用各桥臂的电阻，就可消除电桥的恒定输出，使输出电压只与应变片的电阻变化有关。

　　由式(2-14)知，当每桥臂电阻变化远小于本身电阻值时，

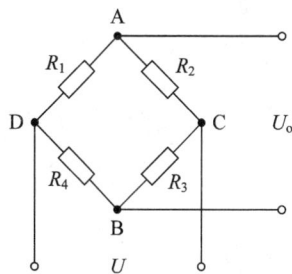

图 2-16　桥式测量电路

即 $\Delta R_i \ll R_i$，电桥负载电阻无限大时，输出电压可近似用下式表示，即

$$U_\circ = \frac{R_1 R_2}{(R_1 + R_2)^2} \left(\frac{\Delta R_1}{R_1} - \frac{\Delta R_2}{R_2} + \frac{\Delta R_3}{R_3} - \frac{\Delta R_4}{R_4} \right) U \qquad (2-15)$$

　　在实际中，可分为以下 3 种情况进行讨论。

　　(1) 非对称情况，即 $R_1 = R_4$，$R_2 = R_3$。如令 $\dfrac{R_2}{R_1} = \dfrac{R_3}{R_4} = \alpha$，则式(2-15)可以写成

$$U_\circ = \frac{\alpha U}{(1+\alpha)^2} \left[\frac{\Delta R_1}{R_1} - \frac{\Delta R_2}{R_2} + \frac{\Delta R_3}{R_3} - \frac{\Delta R_4}{R_4} \right] \qquad (2-16)$$

若 R_1、R_4 为应变片，R_2、R_3 为固定电阻，则 $\Delta R_2 = \Delta R_3 = 0$。

　　(2) 对称情况(即对于电源 U 左右对称)，即 $R_1 = R_2$，$R_3 = R_4$。这时式(2-15)可写成

$$U_\circ = \frac{U}{4} \left(\frac{\Delta R_1}{R_1} - \frac{\Delta R_2}{R_2} + \frac{\Delta R_3}{R_3} - \frac{\Delta R_4}{R_4} \right) \qquad (2-17)$$

若在 R_1、R_2 两臂接入应变片，则 $\Delta R_3 = \Delta R_4 = 0$。

　　(3) 全等情况，即 $R_1 = R_2 = R_3 = R_4$。这时输出电压公式与式(2-17)相同。若 4 个臂都是应变片，则将 $\dfrac{\Delta R_i}{R_i} = K\varepsilon_i$ 代入式(2-17)，得

$$U_\circ = \frac{UK}{4} = (\varepsilon_1 - \varepsilon_2 + \varepsilon_3 - \varepsilon_4) \qquad (2-18)$$

式中，ε_1、ε_2、ε_3、ε_4 分别为各电阻应变片(R_1、R_2、R_3、R_4)的应变值。

在使用上面的公式时，应注意以下两点：① 电阻阻值变化和应变值的符号；② 如果是压应变，则代入负的应变值，如果是拉应变，则代入正的应变值。

2. 电桥调零

使用桥式测量电路进行测量时应先使电桥调零。对于直流电桥只考虑电阻平衡即可。对于交流电桥不仅要对电阻进行平衡，而且对电抗分量也要进行平衡(主要是对连接导线和应变片的分布电容进行平衡)。

1) 电阻调零

电阻调零一般采用串联平衡法和并联平衡法。

串联平衡法如图 2-17(a)所示，在电阻 R_1 与 R_2 之间接入一可变电阻 R_P，用来调节电桥的平衡。R_P 的值可用下式计算，即

$$(R_P)_{max} = |\Delta r_1| + \left|\Delta r_3 \frac{R_1}{R_3}\right|$$

式中，Δr_1 为电阻 R_1 与 R_2 的偏差，Δr_3 为电阻 R_3 与 R_4 的偏差。

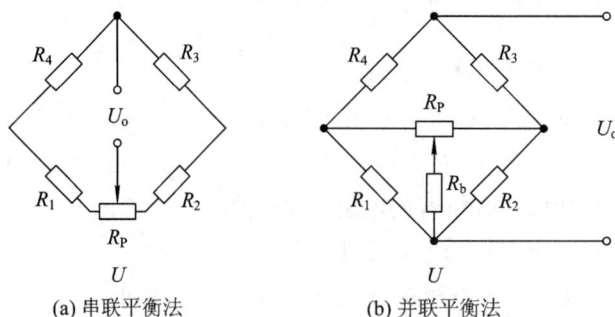

(a) 串联平衡法   (b) 并联平衡法

图 2-17　串联平衡法与并联平衡法

并联平衡法如图 2-17(b)所示，用改变 R_P 的中间触点位置来调节电桥的平衡。此方法调零能力的大小取决于 R_b。R_b 小一些时，调零的能力就大一些，但 R_b 太小时会给测量带来较大的误差，因此只能在保证测量精度的前提下，将 R_b 选得小一点。R_b 可按下式计算，即有

$$(R_b)_{max} = \frac{R_1}{\left|\dfrac{\Delta r_1}{R_1}\right| + \left|\dfrac{\Delta r_3}{R_3}\right|}$$

式中：Δr_1 为电阻 R_1 与 R_2 的偏差；Δr_3 为电阻 R_3 与 R_4 的偏差；R_P 的大小可与 R_b 相同。

2) 电容调零

当电桥用交流电供电时，导线间就会有分布电容的存在，相当于在应变片上并联一电容，如图 2-18(a)所示。此分布电容对电桥性能的影响有以下 3 方面：

(1) 使电桥的输出电压比纯电阻电桥小。

(2) 使电阻调零回路产生一附加的不平衡因素。

(3) 使电桥的输出电压中除了与工作电压同相的分量之外，由于分布电容的影响，输出电压中还有相移 90°或 270°的分量。

在以上 3 方面中，前两项影响甚小，一般可忽略不计。第三项中的 90°或 270°的分量电

压虽在相敏检波器的输出端不显示出来,但是这一电压却依然经放大器进行了放大。如果这一分量比较大,足以使放大器趋于饱和,则放大器增益就会大大降低而影响仪器的正常工作。因此,交流电供电的电桥必须有电容调零装置。

为了使交流电桥零位平衡,各臂阻抗需满足下列条件,即

$$Z_1 Z_3 = Z_2 Z_4$$

式中,$Z_i = R_i + jX_i$,代入上式,经整理得

$$\left.\begin{array}{l} R_1 R_3 - X_1 X_3 = R_2 R_4 - X_2 X_4 \\ R_3 X_1 + R_1 X_3 = R_4 X_2 + R_2 X_4 \end{array}\right\} \quad (2-19)$$

式中,X_i 为各臂的电抗(主要是容抗)。

常用电容调零电路如图 2-18(b)所示,由电位器 R_p 和固定电容器 C 组成。改变电位器上滑动触点的位置,以改变并联到桥臂上的串联电阻、电容而形成的阻抗相角,从而达到平衡条件。

另一种电容调零电路如图 2-18(c)所示,它是直接将一精密差动可变电容 C_2 并联到桥臂,通过改变其值以达到电容调零的目的。如利用 C_2 还不能达到零位平衡,可将固定电容 C_1(1000 pF)的 6 端用短接片接到电桥的 1 或 3 点上。

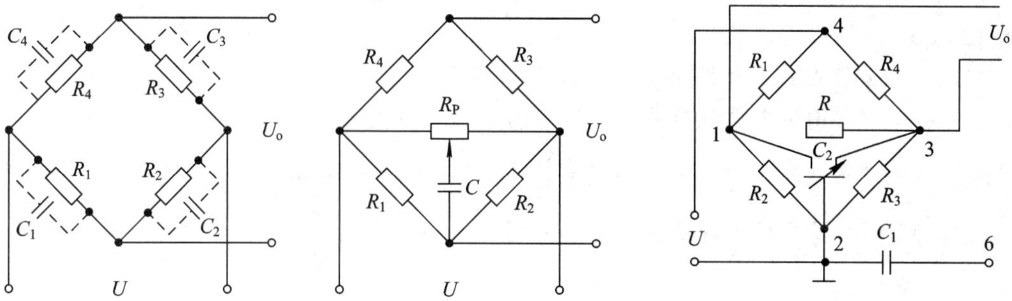

(a) 分布电容   (b) 电容调零电路之一   (b) 电容调零电路之一

图 2-18 电容调零电桥

2.2.9 电阻应变式传感器的应用

电阻应变式传感器是把应变片作为敏感元件来测量应变以外的物理量,如力、扭矩、加速度和压力等。下面简要介绍几种电阻应变式传感器的应用。

1. 测力传感器

测力传感器常用弹性敏感元件将被测力的变化转换为应变量的变化。弹性元件的形式有柱式、悬臂梁式、环式等多种。其中柱式弹性元件可以承受很大载荷。如图 2-19(a)所示,应变片粘贴于圆柱面中部的四等分圆周上,每处粘贴一个纵向应变片和一个横向应变片,并将这 8 个应变片接成如图 2-19(b)所示的全桥线路。当柱式弹性元件承受压力后,圆柱的纵向应变为 ε,则各桥臂的应变分别为

$$\varepsilon_1 = -\varepsilon + \varepsilon_t, \ \varepsilon_2 = \mu\varepsilon + \varepsilon_t, \ \varepsilon_3 = \mu\varepsilon + \varepsilon_t, \ \varepsilon_4 = -\varepsilon + \varepsilon_t$$

式中:ε 为桥臂中两串联应变片的纵向应变的平均值,负号表示压应变,正号表示拉应变;ε_t 为由于温度变化产生的应变。

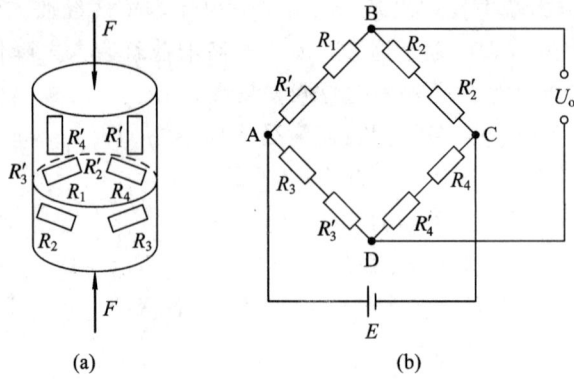

图 2-19 柱式弹性元件

由式(2-18)推知，其输出应变为

$$\varepsilon_0 = \varepsilon_1 - \varepsilon_2 - \varepsilon_3 + \varepsilon_4 = -2(1+\mu)\varepsilon \tag{2-20}$$

式(2-20)表明，采用图 2-19 所示的贴片和接线后，测力传感器的输出应变为纵向应变的 $2(1+\mu)$ 倍。又由于将圆周上相差 $180°$ 的两个应变片接入一个桥臂可以减少载荷偏心造成的误差，同时消除了由于环境温度变化所产生的虚假应变，因此提高了测量的灵敏度和精度。

电阻应变式线性位移传感器的结构原理如图 2-20 所示。其中悬臂梁是等强度的弹性元件。当悬臂梁自由端因承受待测物体的压力 F 而产生位移 δ 时，粘贴在悬臂梁上的应变片产生跟位移 δ 成正比的电阻相对变化 $\left(\dfrac{\Delta R}{R}\right)$，通过桥式检测电路将电阻相对变化转换成电压或电流输出，这样即可检测物体的位移量。这种传感器的优点是精度高，不足之处是动态范围窄。

压力传感器是先利用弹性元件将压力转换成弹性元件的受力，然后转换成应变，从而使应变片电阻发生变化。图 2-21 所示为组合式压力传感器的示意图。应变片粘贴在悬臂梁上，悬臂梁的刚度应比压力敏感元件更高，这样可降低这些元件所固有的不稳定性和迟滞。这种传感器在适当选择尺寸和制作材料后，可测低压力。此种类型的传感器的缺点是自振频率低，因而不适于测量瞬态过程。

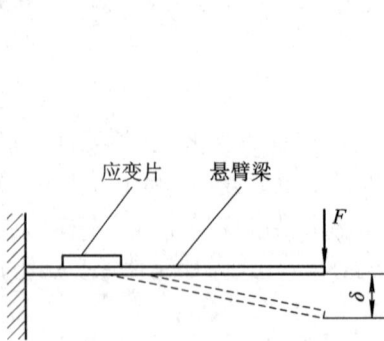

图 2-20 电阻应变式线性位移
传感器的结构原理图

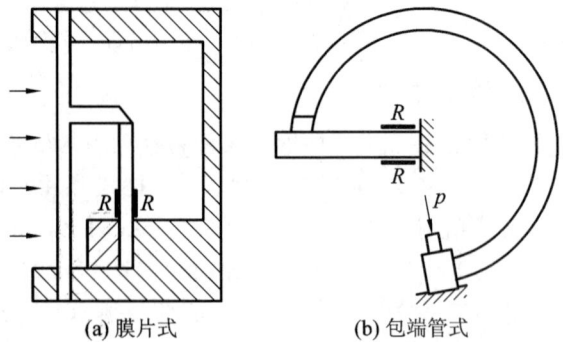

(a) 膜片式   (b) 包端管式

图 2-21 组合式压力传感器示意图

图 2-22 所示为圆筒形压力传感器的原理图和结构图。两个工作用电阻丝线圈(工作线圈)绕在有内部压力作用下的外部管臂上,另外两个电阻丝线圈(补偿线圈)绕在实心杆部分的电阻上,供温度补偿用,并在绕线圈的地方粘贴上应变片。

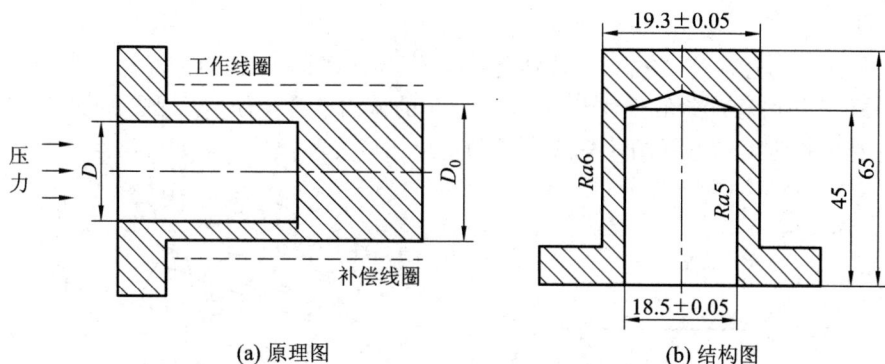

(a) 原理图 (b) 结构图

图 2-22 圆筒形压力传感器原理图和结构图

当圆筒形压力传感器的内腔与被测压力场相通时,圆筒部分外表面上的切向应变(沿着圆周线)为

$$\varepsilon_t = \frac{p(2-\mu)}{E(n^2-1)} \tag{2-21}$$

式中:p 为被测压力;μ 为弹性元件材料的泊松比;E 为弹性元件的弹性模量;n 为圆筒外径 D_0 与内径 D 之比。

对于薄壁筒,可用下式计算,即

$$\varepsilon_t = \frac{pD}{dE}(1-0.5\mu) \tag{2-22}$$

式中,d 为圆筒外内径之差,即 $d = D_0 - D$。

由式(2-21)和式(2-22)可知,圆筒部分外表面上的切向应变与圆筒壁厚呈反比。这种弹性元件可测压力上限值达 1.4×10^2 MPa 或更高。实际上对于孔径为 1.2 cm 的弹性元件,壁厚最小为 0.02 cm。如用钢制成($E=2 \times 10^5$ MPa,$\mu=0.3$),当工作应变为 1000 微应变时,可测压力为 7.8 MPa;如用硬铝制成,E 值较小,可使可测量压力值降低。

图 2-22(b)所示圆筒形压力传感器,经常用以测量机床液压系统的压力。其额定压力为 10 MPa,额定压力时的切向应变 ε_t 为 1000 微应变,用 65 Mn 钢制成。另外还有额定压力为 6.3 MPa、16 MPa、25 MPa 和 32 MPa 的圆筒形压力传感器,只是外径不同,其他尺寸都相同。

2. 面线张力传感器

图 2-23 所示是对缝纫机的面线张力可进行测量的传感器(面线张力传感器)原理图。弹性元件为等强度悬臂梁,材料选用弹性性能良好的铍青铜,在弹性元件上下两表面对称轴线处各粘贴一片应变片,并在弹性元件的一端焊接一个直径为 2 mm 的

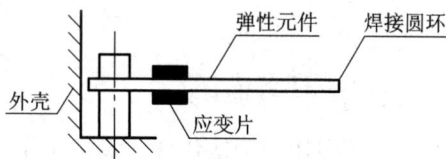

图 2-23 面线张力传感器原理图

圆环,另一端与外壳固定。在测量时,将传感器安放在一排线杆孔和针杆线钩之间,借用夹线器螺孔固定好,面线穿过圆环,其张力便作用在弹性元件上,并使其产生弹性变形,粘贴

在弹性元件上表面的应变片随拉应变作用，阻值增大，下表面应变片承受压应变作用，阻值减小，从而将张力转换成电阻变化量，通过动态电阻应变仪转换成电压并放大，由记录仪显示出测量结果。

3. 转矩传感器

转矩传感器通过应变片检测旋转轴是否变形，从而测量出转矩。如图2-24所示，当旋转轴受转矩 T 作用后，将在相对于轴中心线45°的方向上产生压应力和拉应力。如图2-25所示的应变片式转矩传感器用4只应变片测量出压应力和拉应力，即可测量出转矩。

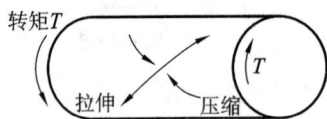

图2-24 转矩产生的应力

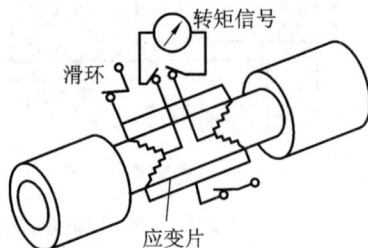

图2-25 应变片式转矩传感器

📖 **读一读**

2022年4月16日9点56分，神舟十三号飞船返回舱在东风着陆场安全着陆，神舟十三号载人飞行任务取得圆满成功。东南大学空间科学与技术研究院团队研制的空间站航天员在轨操作力测量传感器与测量设备，具有便携、固定和常态3种测量功能，是空间站航天医学实验领域平台的重要设备。此次神舟十三号载人飞行任务利用该设备完成了航天员在轨指捏力、手握力、推拉力、双手插拔力、双手旋转力矩、单臂/双臂/手轮旋转力矩、手部多维力和足部多维力的精准测量，获取了微重力环境下人的操作力和生物力学等重要测量数据。航天员在轨操作力测量传感器与测量设备在轨运行效果良好，有力支撑了我国空间站任务航天员长期在轨典型姿态下操作力变化规律的研究。

任 务 实 施

任务二 基于电阻式传感器的电子秤的设计与制作

（一）任务描述

应用电阻应变式传感器设计制作一台电子秤。

1. 基本要求

（1）最大称重5.1 kg，测量精度10 g。

（2）系统采用已有的6 V直流电源供电。

（3）重量显示功能。

2. 发挥部分

（1）具有键盘操作输入价格与计算总价功能。

（2）增加去皮功能。

（3）增加超重报警功能等。

（二）实施步骤

1. 电子秤方案的确定

1）电子秤方案的确定原则

根据任务描述要求，电子秤主要由称重传感器、信号调理与数字化、操作与显示等部分组成。因此需从以下几个方面考虑确定电子秤方案原则。

（1）系统构架。

系统构架可以采用基于单片机控制形式，也可采用基于非单片机（如带 AD 与显示的器件 ICL7107）。后者对人机交互操作存在局限，不便于功能的扩展，而前者可以实现键盘操作，并且可以用液晶或数码管显示等，因此推荐选用基于单片机的构架方案。

（2）功能实现。

① 重量的采集。

按任务基本要求，电子秤选择的电阻应变式传感器应能获得重量电信号，并将信号调理后，还必须进行 A/D 转换或 V/F 转换，才能为系统所采用，因此必须选择合适的传感器，并考虑信号调理以及从模拟量到数字量的实现方式。

根据电子秤的称重要求与精度，可选用 YZ131 电阻应变式传感器。其最大量程为 7.5 kg，输出灵敏度为 2.0 mV/V，由组合式 S 形梁结构及金属箔式应变计构成，具有过载保护装置，且具有抑制温度变化的影响、抑制干扰、补偿方便等优点，其工作原理与接线如图 2 - 26 所示。

信号调理电路主要是完成重量电信号的放大，因此可直接采用 HX711 芯片。HX711 是一款专为高精度电子秤而设计的 24 位 A/D 转换器芯片，与同类型其他芯片相比，该芯片集成了包括稳压电源、片内时钟振荡器等其他同类型芯片所需要的外围电路，具有集成度高、响应速度快、抗干扰性强等优点。

HX711 芯片内提供的稳压电源可以直接向外部传感器和芯片内的 A/D 转换器提供电源，无需另外的模拟电源，而且该芯片内的时钟振荡器不需要任何外接器件。

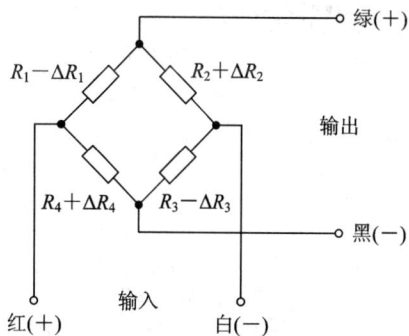

图 2 - 26　YZ131 电阻应变式传感器
工作原理图与接线图

② 人机交互。

人机交互电路主要是指按键电路与显示电路。电子秤的操作功能较多，控制器的 I/O 资源占用较多，因此推荐采用矩阵键盘。对于显示方式，有采用液晶显示，也有采用数码管显示，通常电子秤采用两者结合的显示方式。本任务设计的电子秤采用数码管显示方式。

2）系统方案

按上述电子秤方案原则，电子秤系统可用如图 2 - 27 所示框图来说明。

电子秤工作过程为：采用电阻应变式传感器把重量信号转换成电信号，经 HX711 内置差动放大电路放大及 A/D 转换器转换成数字信号后，串行输入单片机，由编程软件实现重量显示。

该电子秤采用中断扫描查询方式编程实现键盘操作。主程序和中断程序参考流程图如图 2 - 28 所示。

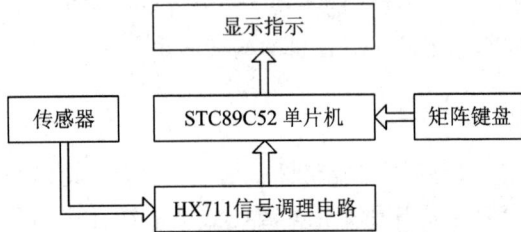

图 2 - 27 电子秤系统组成框图

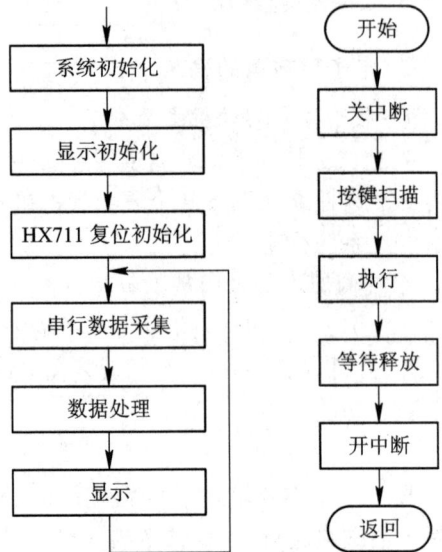

图 2 - 28 主程序和中断程序流程图

2. 电子秤主要电路设计参考

1）信号调理电路设计参考

根据选用运算放大器构成差动放大器作为信号调理的方案，选用 HX711 芯片输入通道内部的差动放大电路进行信号处理，参考电路如图 2 - 29 所示。

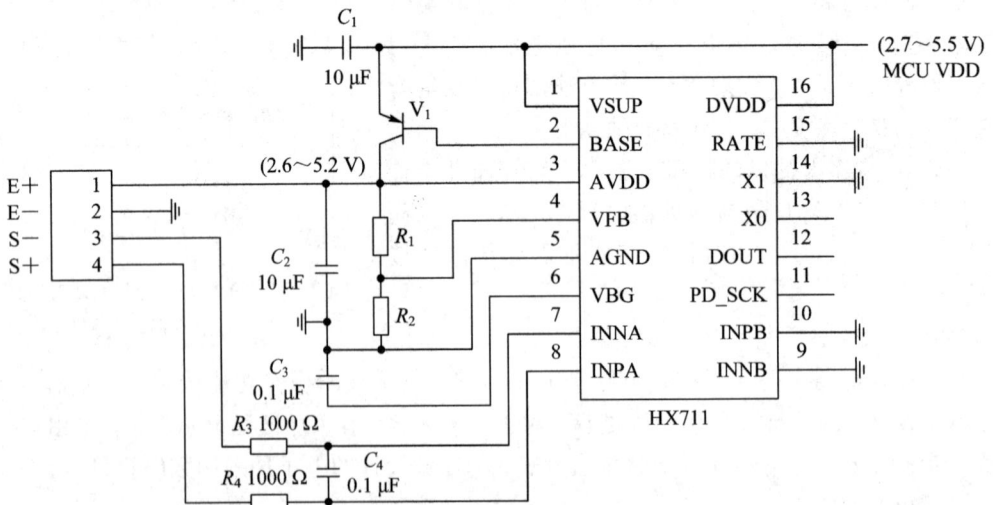

图 2 - 29 电子秤信号调理电路参考电路图

2）系统控制电路设计参考

电子秤系统控制部分采用 STC89C52 单片机进行控制，利用 HX711 进行 A/D 转换并进行差分放大、数码管显示，矩阵键盘采用中断扫描查询方式，参考电路如图 2-30 所示。

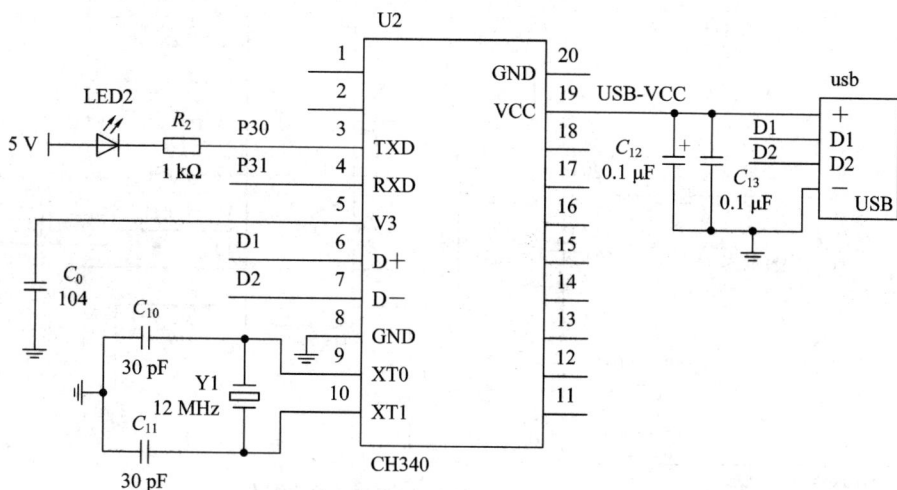

(a) 3 kg 电子秤 51 单片机连接电路图

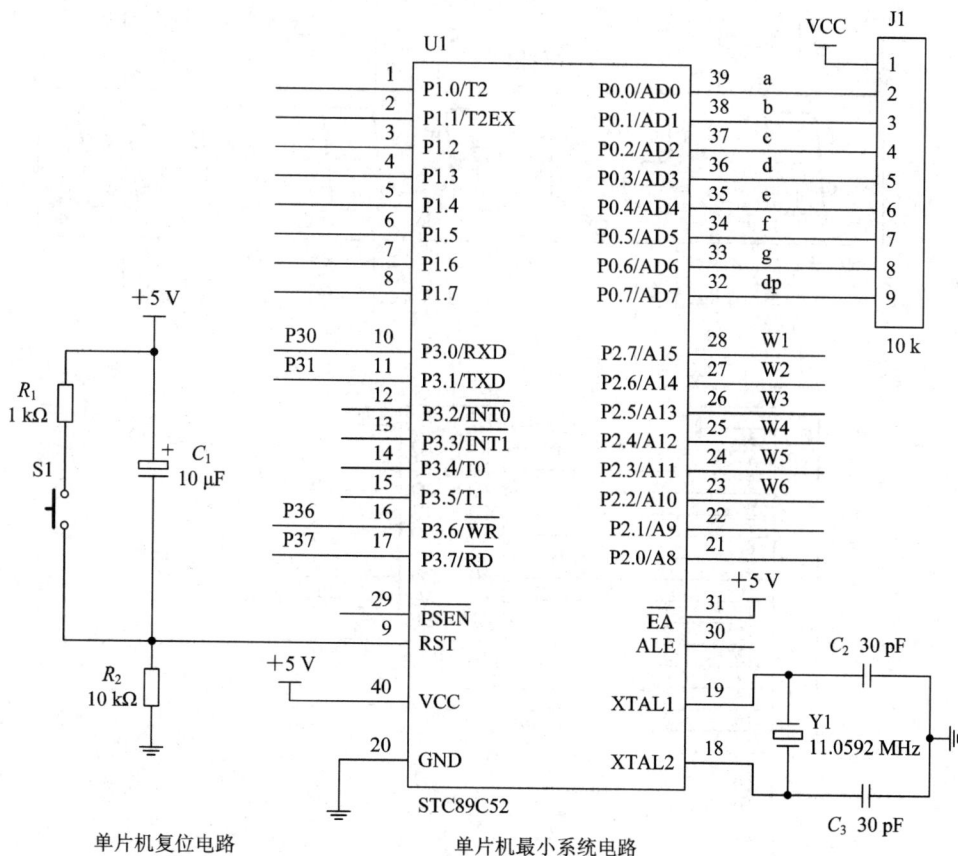

(b) 单片机最小系统电路

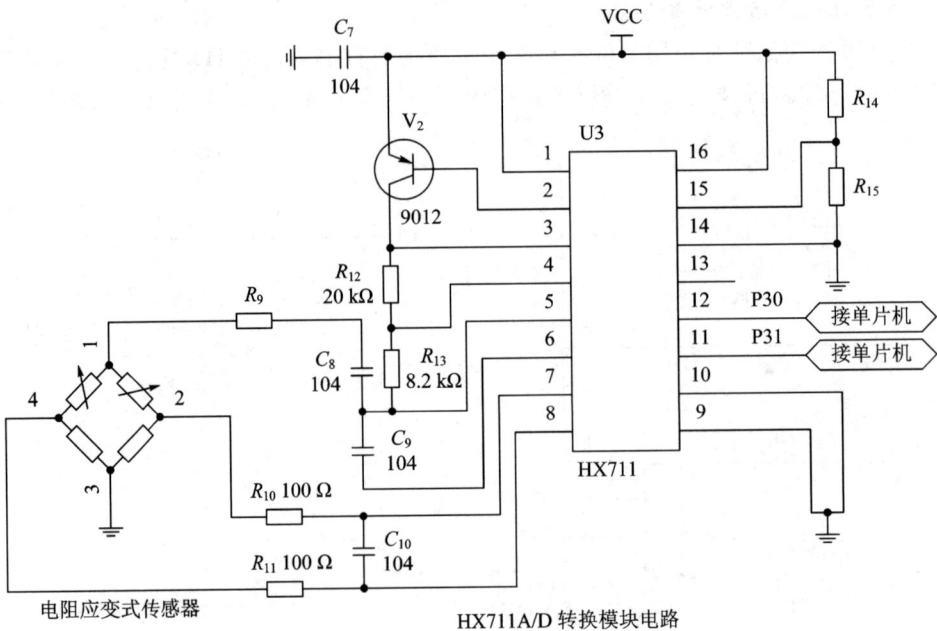

(c) 传感器和 HX711AD 转换部分电路

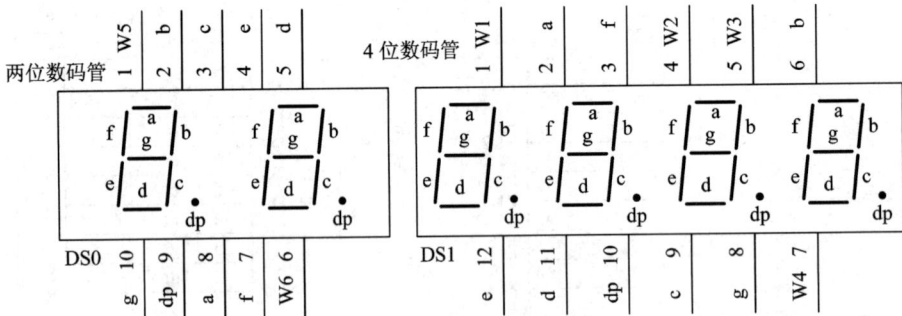

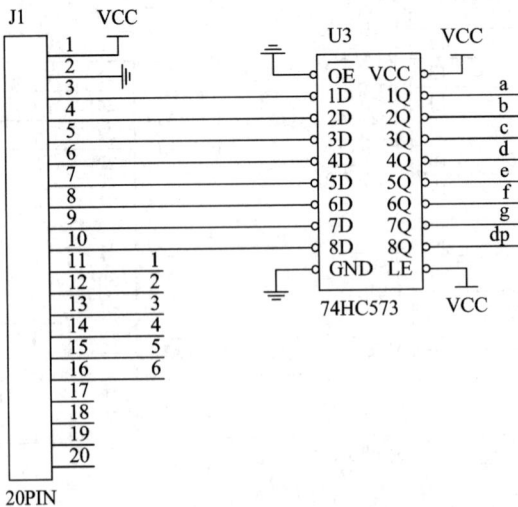

(d) 数码管显示模块电路

图 2-30　系统控制部分参考电路

3. 称重信号的调理与数字化

电阻应变式传感器的输出电量经调理后，采用 24 位串行 HX711 高精度电子秤芯片将模拟信号转换成数字信号，采用串口通信接口方式。参考程序如下：

```
sbit ADDO = P1^5;
sbit ADSK = P0^0;
unsigned long ReadCount(void)
{
    unsigned long Count;
    unsigned char i;
    ADSK=0;                      //使能 A/D(PD_SCK 置低)
    Count=0;
    while(ADDO);                 //A/D 转换未结束则等待,否则开始读取
    for (i=0;i<24;i++)
    {
        ADSK=1;                  //PD_SCK 置高(发送脉冲)
        Count=Count<<1;          //下降沿来时变量 Count 左移一位,右侧补零
        ADSK=0;                  // PD SCK 置低
        if(ADDO)Count++;
    }
    ADSK=1;
    Count=Count^0x800000;        //第 25 个脉冲下降沿来时,转换数据
    ADSK=0;
    return(Count);
}
```

4. 标定与调试

1）标定

电阻应变式传感器满量程输出电压为 2.0 mV/V，采用 5 V 供电时，则输出 10 mV 的差分电压。若调理电路的总增益为 A_U，则理想输入转换电压为 $U_o = 10\ mV \times A_U$。如果让满量程输入电压对应输出最大转换值，则形成了传感器输出差分电压-转换电压-输出-显示重量之间的数量关系。为了减少误差、提高精度，可用标准砝码进行校准和标定，同时也为软件编程与电路设计提供理论依据。

2）调试

调试方法如下：

（1）放置标准重量砝码，观察显示器显示的重量。

（2）调整程序参数减小误差。

（3）在秤体自然下垂无负载时，调整程序参数，使显示器准确显示零。

考 核 评 价

基于电阻式传感器的电子秤设计制作项目考核内容主要是根据任务描述，对项目实施

过程是否规范、项目实施结果是否符合项目要求等进行考核。项目考核标准如表 2 - 1 所示。

表 2 - 1　基于电阻式传感器的电子秤设计与制作考核标准

	评 价 内 容		分值	考 核 标 准	评分
1	传感器选择		10	传感器选择不恰当,适用范围不合适,扣 5 分	
2	硬件设计	运放	10	运放选择不合适,扣 5 分	
3		A/D	10	(1) A/D 转换器分辨率不合适,扣 2 分; (2) A/D 转换器转换速度过慢,扣 2 分; (3) A/D 转换器量化误差与满刻度误差不合适,扣 4 分	
4		键盘	5	键盘电路选用不合适,扣 3 分	
5		显示电路	5	(1) 显示电路显示不全,扣 2 分; (2) 显示电路不能正常显示,扣 5 分	
6		控制部分	5	控制按键无反应,扣 5 分	
7	程序设计	程序设计思路	5	程序设计思路不合理,扣 3 分	
8		程序流程图	5	(1) 流程图不正确,每处扣 2 分; (2) 流程图存在冲突,每处扣 2 分; (3) 流程图缺少标识及不规范,每处扣 1 分	
9		源程序	10	(1) 程序存在定义错误或漏洞,每次扣 1 分; (2) 程序不能运行,扣 5 分	
10	标定调试	标定	5	系统标定存在较大误差,扣 3 分	
11		调试	5	系统调试后仍不能正常运行,扣 5 分	
12	功能指标实现	基本功能	10	(1) 键盘按键操作无反应,扣 3 分; (2) 无法正常显示数值,扣 3 分; (3) 所称重物体显示质量与实际质量相差 10% 以上,扣 5 分	
13		发挥功能	5	在基本功能基础上每多增加一项设计并实现,加 5 分	
14	项目报告		10	要求项目文档完成,格式标准,每处错误扣 2 分	

拓 展 训 练

(1) 除采用 A/D 转换电路外,试采用 V/F 转换电路设计与制作电子秤。

(2) 采用基于非单片机(如带 A/D 与显示的器件 ICL7107)设计与制作电子秤。

(3) 扩展所设计的电子秤,使电子秤具有数据存储功能。

项目三
基于电容式传感器的湿度计的设计与制作

项目描述

　　电容式传感器是指以各种类型的电容器作为传感元件，将被测非电量的变化转换为电容量变化的一种传感器，它广泛应用于位移、振动、角度、压力、液位、成分含量等方面的测量。电容式传感器的特点包括结构简单、体积小、零漂小、动态响应快、灵敏度高、易实现非接触测量、本身发热影响小等。随着电容测量技术的迅速发展，电容式传感器在非电量测量和自动检测中得到了广泛的应用。近年来，随着微电子技术的发展，电容式传感器在自动检测技术中显现出独特的优点。本项目基于电容式湿度传感器采集湿度信号，制作具有测湿功能的湿度计。通过湿度传感器测湿电路的制作和调试，掌握电容式湿度传感器的特性、电路原理和调试技能。

项目目标

1. 知识目标

（1）学习电容式传感器的工作原理、基本结构和工作类型。

（2）学习电容式传感器常用信号处理电路。

（3）掌握湿度传感器测湿度的方法。

（4）掌握测湿电路的原理。

（5）能正确使用湿度传感器。

（6）掌握测湿电路的调试方法。

2. 能力目标

（1）掌握电容式传感器的工作原理、基本结构和工作类型。

（2）掌握电容式传感器常用信号处理电路的特点。

（3）掌握常用信号处理电路的调试方法和步骤。

（4）熟悉电容式传感器的应用。

3. 思政目标

(1) 使学生养成严谨的工作作风。

(2) 培养学生的民族自豪感。

(3) 训练和培养学生获取信息的能力。

(4) 提高学生对传感器资料的查找能力与综合应用能力。

(5) 培养学生注重安全生产、遵守操作规程等良好职业素养。

知 识 准 备

电容式传感器的
工作原理

3.1 电容式传感器的工作原理

电容式传感器的变换元件实质上就是一个电容器，其最简单的形式就是图 3-1 所示的平行板电容器。当忽略边缘效应时，平行板电容器的电容为

$$C = \frac{\varepsilon_0 \varepsilon_r S}{d} = \frac{\varepsilon S}{d} \tag{3-1}$$

式中：C 为电容器的电容，单位为 F；S 为极板相互遮盖面积，单位为 m^2；d 为极板间距离，单位为 m；ε_r 为极板间介质的相对介电常数；ε_0 为真空介电常数，$\varepsilon_0 = 8.85 \times 10^{-12}$ F/m；ε 为极板间介质的介电常数。

由此可见，ε_r、S、d 三个参数都直接影响着电容器电容的大小。只要保持其中两个参数不变，另外一个参数就会随被测量的变化而改变，因此可通过测量电容的变化值，间接知道被测参数的大小。

在大多数实际情况下，电容式传感器可视为一个纯电容。但在严格情况下，就不能忽略电容器的损耗和电感效应，此时电容式传感器的等效电路如图 3-2 所示。图中 C 为传感器电容，R_p 为并联损耗电阻，它代表极板间的泄漏电阻和极板间的介质损耗。在低频时，R_p 的影响较大，随着频率的增高，它的影响将逐渐减弱。在高频情况下，由于电流的趋肤效应，导体电阻增加，因此用图 3-2 中的串联电阻 R_s 来代表导线电阻、金属支座及电容器极板电阻的损耗。R_s 还受到环境高温及湿度的影响，但在一般情况下，即使电容式传感器在几兆赫兹频率下工作时，R_s 的值仍是很小的。因此，电容式传感器只有在很高的工作频率时才考虑 R_s 的影响。另外，在高频情况下，电容式传感器的电感效应不可忽略，在图 3-2 中，以串联电感 L 表示电容器本身和外部连接导线（包括电缆）的总电感。

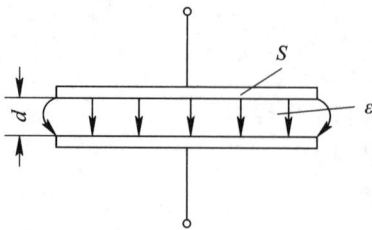

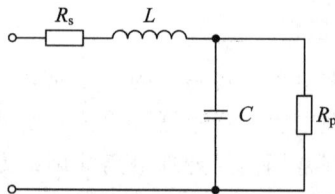

图 3-1 平行板电容器　　　　　图 3-2 电容式传感器的等效电路

3.1.1　电容式传感器的结构类型

电容式传感器在实际应用中有 3 种基本类型，即变极距(或称变间隙)型、变面积型和变介电常数型。电容式传感器的电极形状有平板形、圆柱形和球形(少用)3 种。

图 3-3 所示为一些电容式传感器的原理结构图。其中，图 3-3(a)和图 3-3(b)为变间隙型，图 3-3(c)～图 3-3(f)为变面积型；图 3-3(g)和图 3-3(h)为变介电常数型。变间隙型一般用来测量微小位移(0.01～$100\ \mu m$)，变面积型一般用于测量 $1°$～$100°$ 的角位移或较大的线位移，变介电常数型常用于物位测量及介质温度、密度测量等。进行其他物理量的测量时必须先把这些物理量转换成电容器的 d、S 或 ε 的变化，再进行测量。

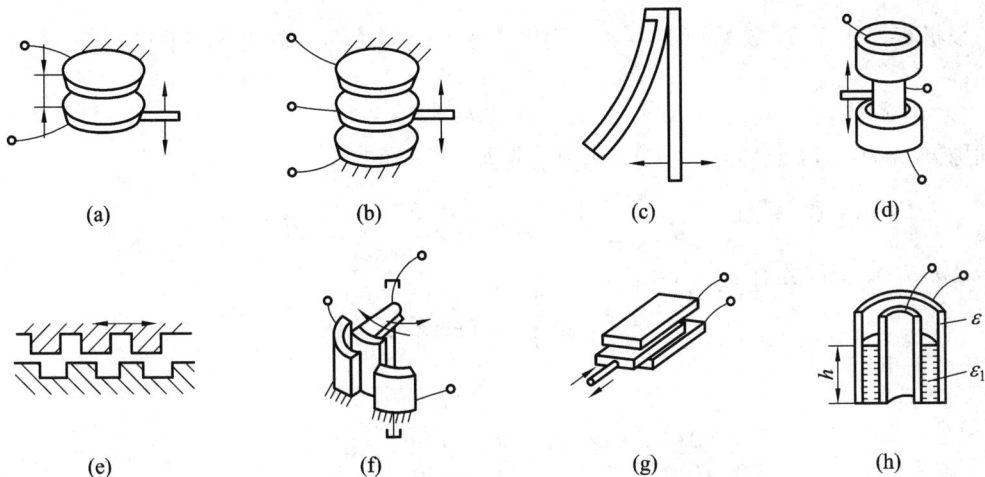

(a)	(b)	(c)	(d)
(e)	(f)	(g)	(h)

图 3-3　几种不同电容式传感器的原理结构图

📖 **读一读**

电阻式传感器和电容式传感器都是相对传统的传感器，尽管出现较早，但在信号检测系统中仍然发挥着非常重要的作用，而且还在不断地发展，如现在广泛使用的智能手机等的触摸屏，就有电容式传感器的存在。传统的不等于过时了，只要是精华的，仍然要坚持，并且要在坚持的基础上不断发展，正所谓守正出新。中华民族几千年发展的历史，留下了许多经典的传统文化，以及底蕴深厚的民族精神，如爱国主义、团结统一、爱好和平、勤劳勇敢、自强不息等，这些都为我国发展、为我们凝聚起文化自信提供着强大的精神动力。

3.1.2　电容式传感器的主要特性

1. 变间隙型电容式传感器

1) 以空气为介质的变间隙型电容式传感器

图 3-4(a)所示是具有空气介质的变间隙型电容式传感器的原理结构图，图中极板 2 为静止极板(定极板)，而极板 1 为与被测体相连的动极板。当极板 1 因被测参数改变而引起移动时，就改变了两极板的距离 d，从而改变了两极板间的电容量 C。C 与 d 的关系曲线(也称为 C-d 特性曲线)如图 3-4(b)所示。

电容式传感器的
主要特性

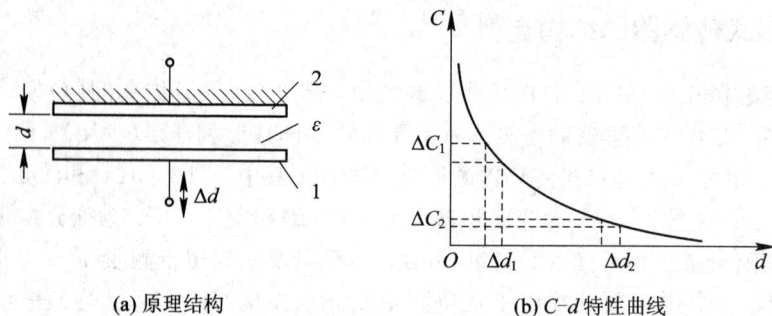

(a) 原理结构　　　　(b) C-d 特性曲线

图 3-4　以空气为介质的变间隙型电容式传感器的原理结构及 C-d 特性曲线

设极板面积为 S，初始距离为 d_0，则以空气为介质（$\varepsilon = \varepsilon_0$）的电容器的电容为

$$C = \frac{\varepsilon_0 S}{d_0}$$

当间隙 d_0 减小 Δd，且 $\Delta d \ll d_0$ 时，则电容增加 ΔC，即有

$$C_0 + \Delta C = \frac{\varepsilon_0 S}{d_0 - \Delta d} = \frac{\varepsilon_0 S}{d_0} \frac{1}{1 - \Delta d / d_0} = C_0 \frac{1}{1 - \Delta d / d_0}$$

由于 $\Delta d / d_0 \ll 1$，因此有

$$C_0 + \Delta C = C_0 \left[1 + \frac{\Delta d}{d_0} + \left(\frac{\Delta d}{d_0} \right)^2 + \left(\frac{\Delta d}{d_0} \right)^3 + \cdots \right]$$

即

$$\frac{\Delta C}{C_0} = \frac{\Delta d}{d_0} \left[1 + \frac{\Delta d}{d_0} + \left(\frac{\Delta d}{d_0} \right)^2 + \cdots \right]$$

由此可知，输出电容的相对变化 $\Delta C / C_0$ 与输入位移 Δd 之间的关系是非线性的，当 $\Delta d / d_0 \ll 1$ 时，可略去其高次项，得到近似线性关系式为

$$\frac{\Delta C}{C_0} \approx \frac{\Delta d}{d_0} \tag{3-2}$$

此种结构的电容式传感器的灵敏度为

$$K = \frac{\Delta C / C_0}{\Delta d} = \frac{1}{d_0} \tag{3-3}$$

灵敏度 K 表明了单位输入位移所引起的输出电容相对变化的大小。要提高灵敏度，应减小起始间距 d_0。但 d_0 的减小受到电容器击穿电压的限制，同时对加工精度的要求也提高了。在实际应用中，为了提高灵敏度，减小非线性，电容式传感器大都采用差动式结构。在差动式结构中，当动极板位移为 Δd 时，电容器 C_1 的间隙 d_1 变为 $d_0 - \Delta d$，电容器 C_2 的间隙 d_2 变为 $d_0 + \Delta d$，它们的特性方程分别为

$$C_1 = C_0 \left[1 + \frac{\Delta d}{d_0} + \left(\frac{\Delta d}{d_0} \right)^2 + \left(\frac{\Delta d}{d_0} \right)^3 + \cdots \right]$$

$$C_2 = C_0 \left[1 - \frac{\Delta d}{d_0} + \left(\frac{\Delta d}{d_0} \right)^2 - \left(\frac{\Delta d}{d_0} \right)^3 + \cdots \right]$$

则电容总的变化为

$$\Delta C = C_1 - C_2 = C_0 \left[2 \frac{\Delta d}{d_0} + 2 \left(\frac{\Delta d}{d_0} \right)^3 + \cdots \right]$$

电容的相对变化为

$$\frac{\Delta C}{C_0} = 2\frac{\Delta d}{d_0}\left[1 + \left(\frac{\Delta d}{d_0}\right)^2 + \left(\frac{\Delta d}{d_0}\right)^4 + \cdots\right]$$

当 $\Delta d/d_0 \ll 1$ 时，可略去高次项，得到近似线性关系式，即

$$\frac{\Delta C}{C_0} \approx 2\frac{\Delta d}{d_0} \tag{3-4}$$

此种差动式结构的传感器的灵敏度 K' 为

$$K' = \frac{\Delta C/C_0}{\Delta d} = \frac{2}{d_0} \tag{3-5}$$

　　电容式传感器做成差动式结构后，其非线性误差大大降低了，而灵敏度则提高了一倍。与此同时，差动式结构的电容式传感器还能减小静电引力给测量带来的影响，并有效地改善了由于环境影响所造成的误差。

　　2）具有固体介质的变间隙型电容式传感器

　　从上述分析可知，减小电容极板间距离可以提高电容式传感器的灵敏度，但又容易导致极板被击穿。为此，经常在两极板间加一层云母或塑料膜来改善电容器的耐压性能，如图 3-5 所示，这就构成了平行极板间具有固体介质的变间隙型电容式传感器。

　　设极板的面积为 S，空气隙为 d_1，空气的介电常数为 ε_0，固体介质厚度为 d_2，介电常数为 ε_r，则电容器的初始电容为

$$C = \frac{\varepsilon_0 S}{d_1 + d_2/\varepsilon_r} \tag{3-6}$$

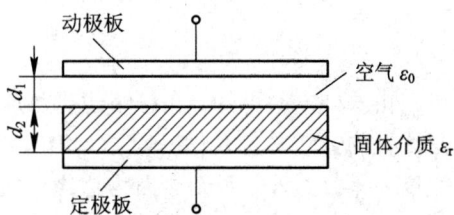

图 3-5　具有固体介质的变间隙型电容式传感器

式中，ε_r 为固体介质的相对介电常数。如果空气隙 d_1 减小 Δd_1，则电容器的电容 C 将增大 ΔC，变为

$$C + \Delta C = \frac{\varepsilon_0 S}{d_1 - \Delta d_1 + d_2/\varepsilon_r}$$

电容的相对变化为

$$\frac{\Delta C}{C} = \frac{\Delta d_1}{d_1 + d_2}N_1 \frac{1}{1 - N_1 \Delta d_1/(d_1 + d_2)}$$

式中，$N_1 = \dfrac{d_1 + d_2}{d_1 + d_2/\varepsilon_r} = \dfrac{1 + d_2/d_1}{1 + d_2/(d_1 \varepsilon_r)}$。

　　当 $\dfrac{N_1 \Delta d_1}{(d_1 + d_2)} < 1$，即位移 Δd_1 很小时，可得

$$\frac{\Delta C}{C} = \frac{\Delta d_1}{d_1 + d_2}N_1 \left[1 + N_1\frac{\Delta d_1}{d_1 + d_2} + \left(N_1\frac{\Delta d_1}{d_1 + d_2}\right)^2 + \cdots\right]$$

略去高次项可得到近似关系式为

$$\frac{\Delta C}{C} \approx N_1 \frac{\Delta d_1}{d_1 + d_2} \tag{3-7}$$

　　式(3-7)表明，N_1 既是灵敏度因子，又是非线性因子。N_1 的值取决于电介质层的厚度比 d_2/d_1 和固体介质的相对介电常数 ε_r。增大 N_1，可提高灵敏度，但非线性误差也随之增大。

　　若具有固体介质的变间隙型电容式传感器采用如前所述的差动结构，则其灵敏度和非线性也将得到改善。

以上分析是在忽略电容器的极板边缘效应条件下得到的。为了消除边缘效应的影响，可以采用设置保护环的方法，如图 3-6 所示。保护环与极板 1 具有同一电位，于是将极板间的边缘效应移到保护环与极板 2 的边缘，从而在极板 1 和极板 2 之间得到均匀的场强分布。

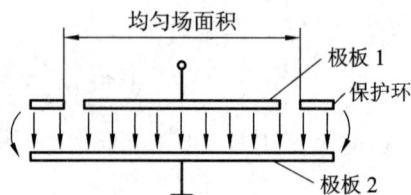

图 3-6　带有保护环的平板电容器

2. 变面积型电容式传感器

1）线位移变面积型电容式传感器

图 3-7(a)所示为一线位移变面积型电容式传感器的原理图。当动极板移动 Δx 后，面积 S 就改变了，电容值也就随之改变。在忽略边缘效应的条件下，电容值为

$$C_x = \frac{\varepsilon b(a-\Delta x)}{d} = \frac{\varepsilon ba - \varepsilon b \Delta x}{d} = C_0 - \frac{\varepsilon b}{d}\Delta x$$

则

$$\Delta C = C_x - C_0 = -\frac{\varepsilon b}{d}\Delta x$$

式中：ε 为电容器极板间介质的介电常数；C_0 为电容器初始电容，$C_0 = \varepsilon ab/d$。

灵敏度 K 为

$$K = -\frac{\Delta C}{\Delta x} = \frac{\varepsilon b}{d} \qquad (3-8)$$

由式(3-8)可知，在忽略边缘效应的条件下，这种变面积型电容式传感器的输出特性是线性的，灵敏度 K 为一常数。增大极板边长 b 或减小间距 d 都可以提高灵敏度。但极板宽度 a 不宜过小，否则会因为边缘效应的增加影响其线性特性。

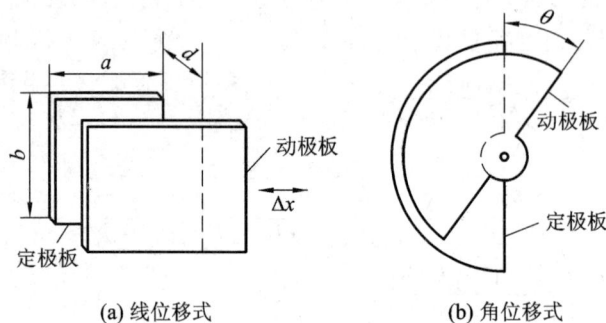

(a) 线位移式　　　　　　　　(b) 角位移式

图 3-7　变面积型电容式传感器

对于图 3-3(e)所示的电容式传感器，它是图 3-3(a)的一种变形，采用齿形极板的目的是为了增加遮盖面积，提高分辨率和灵敏度。当极板的齿数为 n 时，动极板移动 Δx 后电容为

$$C_x = n\left(C_0 - \frac{\varepsilon b}{d}\Delta x\right)$$

则

$$\Delta C = C_x - nC_0 = -\frac{n\varepsilon b}{d}\Delta x$$

这种采用齿形极板的变面积型电容式传感器的灵敏度为

$$K' = -\frac{\Delta C}{\Delta x} = n\frac{\varepsilon b}{d} \qquad (3-9)$$

可见其灵敏度为单极板的 n 倍。

2）角位移变面积型电容式传感器

图 3-7(b)所示是角位移变面积型电容式传感器的原理图。当动极板有一角位移 θ 时，两极板间覆盖面积 S 就发生改变，从而改变了两极板间的电容量。

当 $\theta=0°$ 时，

$$C_0 = \frac{\varepsilon S}{d}$$

当 $\theta \neq 0°$ 时，

$$C_\theta = \frac{\varepsilon S(1-\theta/\pi)}{d} = C_0\left(1-\frac{\theta}{\pi}\right)$$

$$\Delta C = C_\theta - C_0 = -C_0\frac{\theta}{\pi}$$

灵敏度 K_θ 为

$$K_\theta = -\frac{\Delta C}{\theta} = \frac{C_0}{\pi} \tag{3-10}$$

由式(3-10)可知，角位移变面积型电容式传感器的输出特性是线性的，灵敏度 K_θ 为常数。

3. 变介电常数型电容式传感器

当电容极板之间的介电常数发生变化时，电容量也随之改变，根据这个原理可制作变介电常数型电容式传感器。

变介电常数型电容式传感器的类型有很多。其中，介质本身介电常数变化的电容式传感器可以用来测量粮食、纺织品、木材、煤或泥料等非导电固体物质的湿度。还有一种就是其介质本身的介电常数并没有变化，但是极板之间的介质成分发生变化，即由一种介质变为两种或两种以上介质，引起电容量发生变化，这类传感器可以用来测量纸张、绝缘薄膜的厚度或测量位移。

变介电常数型电容式传感器的结构形式有很多种，在图 3-3(h)所示的液位计中经常使用的是一种变介电常数型电容式传感器的结构。图 3-8 所示是另一种测量介质介电常数变化的电容式传感器的结构。

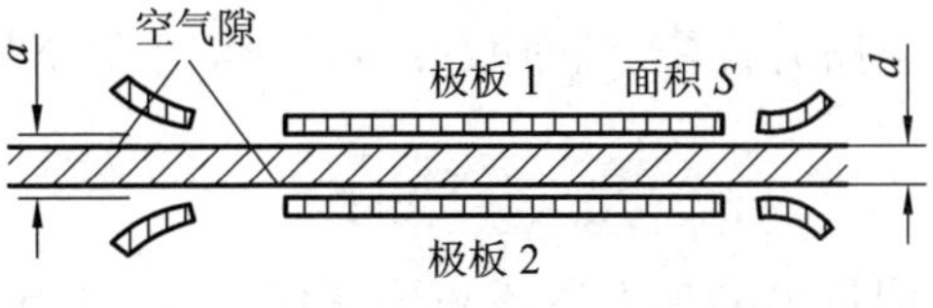

图 3-8　变介电常数型电容式传感器的结构

变介电常数型电容式传感器可测量介质介电常数的变化，如测原油含水率等。

3.1.3　电容式传感器的特点

电容式传感器有如下一些特点：

（1）结构简单。

（2）动作时需要能量低。由于带电极板间静电吸引力很小（几个 10^{-5} N），因此电容式传感器特别适宜用来解决输入能量低的测量问题。

（3）动态特性好。电容式传感器的相对变化量只受线性和其他实际条件的限制，如果使用高线性电路，那么电容变化量可达 100% 或更大。

（4）自然效应小。

（5）动态响应快以及能在恶劣的环境下工作。

电容式传感器的特点及设计改善措施

电容式传感器的缺点为：电容式传感器的初始电容较小，受引线电容、寄生电容的干扰影响较大，而且电容式传感器的输出特性多为非线性。

📖 **读一读**

在我国急需大力发展新型、先进传感器这一伟大历史进程中，广大青年学子面临着难得的建功立业的人生际遇，承载着伟大的时代使命。因此广大青年学子要强化努力学习的意识和奋斗精神，要在增长知识、见识上下功夫，自觉按照党指引的正确方向，瞄准国家重大需求，"树立远大理想、热爱伟大祖国、担当时代责任、勇于砥砺奋斗、练就过硬本领、锤炼品德修为"，把个人理想和国家、民族的前途命运紧密联系在一起，同人民一起开拓，同祖国一起奋进，为实现中华民族伟大复兴贡献青春力量。

3.1.4　提高电容式传感器灵敏度的方法

为了提高电容式传感器的灵敏度，减少外界干扰、寄生电容及漏电的影响和非线性误差，可采用以下措施：

（1）由平板电容器的公式可以看出，当 d 减小时，可使电容量加大从而使灵敏度增加，但 d 过小容易引起电容器击穿，一般可以通过在极板间放置云母片来改善。

（2）提高电源频率。

（3）用双层屏蔽线将电路同电容式传感器装在一个壳体中，可以减小寄生电容及外界干扰的影响。

3.2　电容式传感器的测量电路

电容式传感器的测量电路有很多，下面仅介绍几种常用的测量电路。

3.2.1　调频测量电路

电容式传感器的调频测量电路把电容式传感器作为 LC 振荡器谐振回路的一部分，当输入量导致电容量发生变化时，振荡器的振荡频率发生相应的变化，这样就实现了 C、f 的变化，故称为调频测量电路。虽然可将频率作为测量系统的输出量，用于判断被测非电量的大小，但此时系统是非线性的，不易校正。因此，必须加入鉴频器，将频率的变化转换为电压振幅的变化，经过放大就可以用仪器指示或记录仪记录下来。图 3-9 所示为电容式传感器的调频测量电路原理框图。

电容式传感器的测量转换电路

图 3-9　调频测量电路原理框图

图 3-9 中的调频振荡器的频率由下式决定，即

$$f = \frac{1}{2\pi\sqrt{LC}} \tag{3-11}$$

式中，L 为振荡回路的电感，C 为振荡回路的电容。

C 一般由三部分组成：传感器的电容 $C_0 \pm \Delta C$；谐振回路中的固定电容 C_1；传感器电缆的分布电容 C_2。假如没有被测信号，那么变间隙型电容式传感器中的 $\Delta d = 0$，则 $\Delta C = 0$。另外，C 为一常数，且 $C = C_1 + C_0 + C_2$，所以振荡器的频率也为一常数，即

$$f_0 = \frac{1}{2\pi\sqrt{L(C_1 + C_0 + C_2)}} \tag{3-12}$$

当被测信号使变间隙型电容式传感器中有 Δd 的变化时，则 $\Delta C \neq 0$，振荡频率也有一相应的改变量 Δf，即

$$f_0 \pm \Delta f = \frac{1}{2\pi\sqrt{L(C_1 + C_0 + C_2 \mp \Delta C)}} \tag{3-13}$$

此时振荡器输出的高频电压将是一个受被测信号调制的调频波，其频率由式(3-13)决定。

调频测量电路的优点是：灵敏度高，可测量高至 $0.01~\mu m$ 级的位移变化量；抗干扰能力强；能获得高电平的直流信号或频率数字信号。缺点是：振荡频率受电缆电容影响大(可通过直接将振荡器装在电容式传感器旁边来克服连接电缆电容的影响)；受温度影响大，给电路设计和传感器设计带来一定困难。

3.2.2　电桥测量电路

电容式传感器的电桥测量电路如图 3-10 所示，分为平衡电桥测量电路和不平衡电桥测量电路。

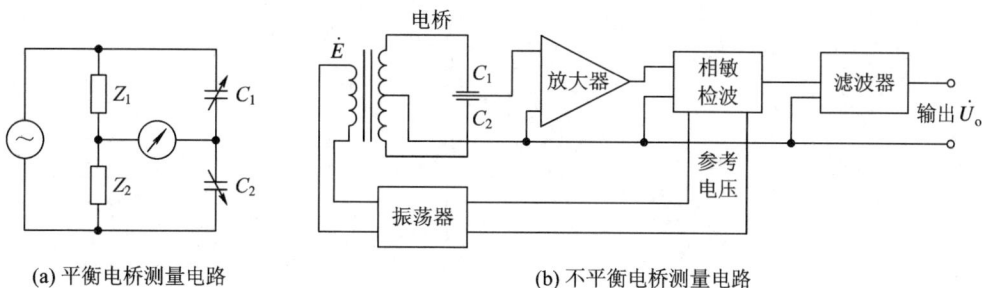

(a) 平衡电桥测量电路　　　　　(b) 不平衡电桥测量电路

图 3-10　电容式传感器的电桥测量电路

1. 平衡电桥(电阻平衡臂电桥)测量电路

电桥平衡条件为

$$\frac{Z_1}{Z_1 + Z_2} = \frac{C_2}{C_1 + C_2} = \frac{d_1}{d_1 + d_2}$$

初始时：$d_1 = d_2 = d_0$，$C_1 = C_2 = C_0$，$Z_1 = Z_2 = Z$，电桥平衡。

工作时：中心电极移动 Δd，使 $d_1 = d_0 + \Delta d$，$d_2 = d_0 - \Delta d$，则 $C_1 = C_0 - \Delta C$，$C_2 = C_0 + \Delta C$，电桥平衡被破坏。调节 Z_1 和 Z_2 使电桥重新平衡，即满足

$$\frac{d_1 + \Delta d}{d_1 + d_2} = \frac{Z_1'}{Z_1 + Z_2}$$

由此有

$$\Delta d = (d_1 + d_2)\frac{Z_1' - Z_1}{Z_1 + Z_2} = (d_1 + d_2)(b - a) \propto (b - a)$$

其中，$b = Z_1'/(Z_1 + Z_2)$，$a = Z_1/(Z_1 + Z_2)$，为平衡电桥，阻抗分压系数通常设计成线性分压器，且 $Z_1 = 0$ 时分压系数为 0，$Z_2 = 0$ 时分压系数为 1。Δd 与 $b - a$ 为线性关系，$b - a$ 的大小反映了 Δd 的大小，$b - a$ 的正负反映了 Δd 的移动方向。

2. 不平衡电桥(变压器电桥)测量电路

对于不平衡电桥测量电路，有

$$\dot{U}_o = \frac{\dot{E}}{2} \times \frac{C_1}{C_1 + C_2} - \frac{\dot{E}}{2} = \frac{\dot{E}}{2}\left(\frac{2C_1}{C_1 + C_2} - 1\right) = \frac{\dot{E}}{2} \times \frac{C_1 - C_2}{C_1 + C_2} = \frac{\dot{E}}{2} \times \frac{\Delta C}{C_0} = \frac{\dot{E}}{2} \times \frac{\Delta d}{d_0}$$

$\dot{U}_o$ 经相敏检波后输出的直流电压与位移呈线性关系，其正负极性反映位移的方向。

3.2.3　运算放大器测量电路

电容式传感器的运算放大器测量电路(见图 3-11)的最大特点是能够克服变间隙型电容式传感器的非线性而使其输出电压与输入位移(间距变化)有线性关系。设 C_x 为传感器电容，现在来求输出电压 U_o 与传感器电容 C_x 之间的关系。

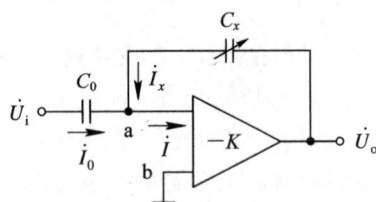

图 3-11　运算放大器测量电路

由 $\dot{U}_a = 0$，$\dot{I} = 0$，有

$$\begin{cases} \dot{U}_i = -j\frac{1}{\omega C_0}\dot{I}_0 \\[2mm] \dot{U}_o = -j\frac{1}{\omega C_x}\dot{I}_x \\[2mm] \dot{I}_0 = -\dot{I}_x \end{cases} \tag{3-14}$$

求解式(3-14)得

$$\dot{U}_o = -\dot{U}_i\frac{C_0}{C_x} \tag{3-15}$$

而 $C_x = \dfrac{\varepsilon S}{d}$，将其代入式(3-15)得

$$\dot{U}_o = -\dot{U}_i\frac{C_0}{\varepsilon S}d \tag{3-16}$$

由式(3-16)可知，输出电压 $\dot{U}_o$ 与极板间距 d 呈线性关系，这就从原理上解决了变间

隙型电容式传感器特性的非线性问题。这里是假设 $K=\infty$，输入阻抗 $Z_i=\infty$，因此在实际应用中仍然存在一定的非线性误差，但在 K 和 Z_i 足够大时，这种误差相当小。

3.2.4　二极管双 T 形交流电桥测量电路

二极管双 T 形交流电桥测量电路又称为二极管 T 形网络，它是利用电容器充放电原理组成的电路。图 3-12(a)所示为二极管双 T 形交流电桥测量电路原理图，图中，e 是高频电源，它提供了幅值为 E 的对称方波；VD_1、VD_2 为特性完全相同的两只二极管；C_1、C_2 为传感器的两个差动电容；R_1、R_2 为固定电阻，且 $R_1=R_2=R$；R_L 为负载电阻。当传感器没有输入时，$C_1=C_2$。

该电路的工作原理为：当电源 e 为正半周时，二极管 VD_1 导通而 VD_2 截止，其等效电路如图 3-12(b)所示，此时电容 C_1 很快充电至电压 E，电源经 R_1 以电流 $I_1(t)$ 向负载 R_L 供电，与此同时，电容 C_2 经 R_2 和 R_L 放电，放电电流为 $I_2(t)$，流经 R_L 的电流 $I_L(t)$ 是 $I_1(t)$ 和 $I_2(t)$ 之和；在随后 e 负半周出现时，VD_2 导通而 VD_1 截止，其等效电路如图 3-12(c)所示，此时 C_2 很快充电至电压 E，而流经 R_L 的电流 $I'_L(t)$ 为由电源 e 供给的电流 $I'_2(t)$ 和 C_1 放电电流 $I'_1(t)$ 之和。根据以上分析可知，在一个电源周期内流经 R_L 的电流 $I_L(t)$ 和 $I'_L(t)$ 的平均值大小相等，极性相反，因此在一个电源周期内流过 R_L 的平均电流为零。

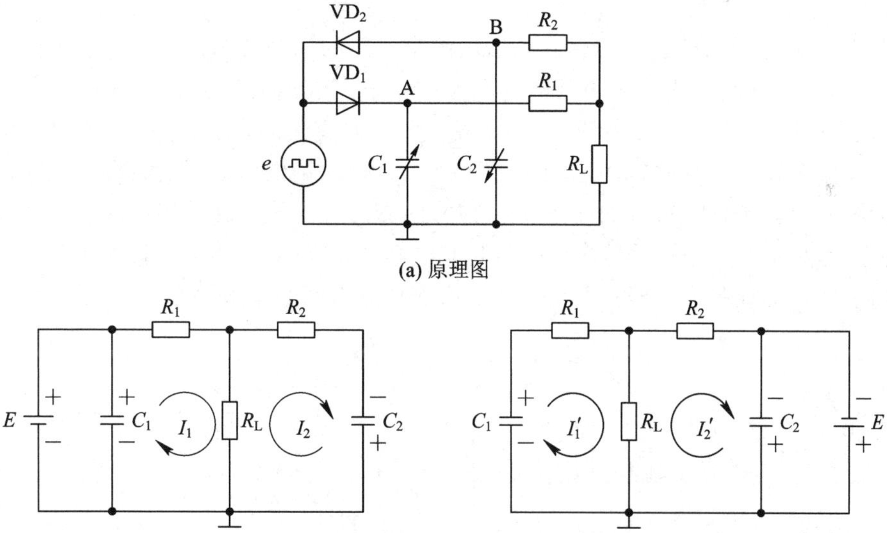

(a) 原理图

(b) 电源为正半周时的等效电路

(c) 电源为负半周时的等效电路

图 3-12　二极管 T 形网络工作原理

若传感器输入不为零，则 $C_1\neq C_2$，此时在一个电源周期内通过 R_L 上的平均电流不为零，产生一个输出电压，输出电压在一个电源周期内的值为

$$U_o = I_L R_L = \frac{1}{T}\int_0^T [I_L(t) - I'_L(t)]\mathrm{d}t R_L \approx \frac{R(R+2R_L)}{(R+R_L)^2} R_L U f (C - C_2) \tag{3-17}$$

式中：f 为电源频率；U 为输入电压。

当 R_L 已知时，式(3-17)中有

$$\left[\frac{R(R+2R_L)}{(R+R_L)}\right] R_L = M(\text{常数})$$

则式(3-17)可改写为

$$U_o = UfM(C_1 - C_2) \qquad (3-18)$$

由式(3-18)可知,输出电压 U_o 不仅与电源电压的幅值和频率有关,而且与 T 形网络中的电容 C_1 和 C_2 的差值有关。当电源电压确定后,输出电压 U_o 是电容 C_1 和 C_2 的函数。

综上所述,该电路的特点为:

(1) 电路的灵敏度与电源电压的幅值和频率有关,故电源输入要稳定,需要采取稳压稳频措施。

(2) 输出电压较高,例如,当电源频率为 1.3 MHz,电源电压 $U = 46$ V 时,电容从 $-7 \sim +7$ pF 变化,可以在 1 MΩ 负载上得到 $-5 \sim +5$ V 的直流输出电压。

(3) 电路的输出阻抗与电容 C_1、C_2 无关,而仅与 R_1、R_2 及 R_L 有关,其电阻值为 $1 \sim 100$ kΩ。

(4) 工作电平很高,使二极管 VD_1、VD_2 工作在特性曲线的线性区域时,测量的非线性误差很小。

(5) 输出信号的上升沿时间取决于负载电阻,对于 1 kΩ 的负载电阻,上升时间为 20 μs 左右,故可用来测量高速的机械运动。

3.2.5　谐振测量电路

图 3-13(a)所示为电容式传感器的谐振测量电路的原理方框图,其中电容式传感器的电容 C_x 作为谐振回路(L、C、C_x)调谐电容的一部分。谐振回路通过电感耦合,从稳定的高频振荡器取得振荡电压。当传感器电容 C_x 发生相应的变化时,改变调谐电容 C,使振荡回路调节在和振荡器振荡频率 ω_r 相接近的频率上,并使输出电压 U_o 为振荡电压 U_m 的一半,这时谐振测量电路工作在特性曲线图 3-13(b)的 N 点上,该点在特性曲线右半直线段的中间处,这样就保证了仪表指示与输入前引起的电容变化量 ΔC_x 呈线性关系;若 ΔC_x 的变化范围不超过特性曲线的右半段,则又保证了输出与输入间的单值关系。

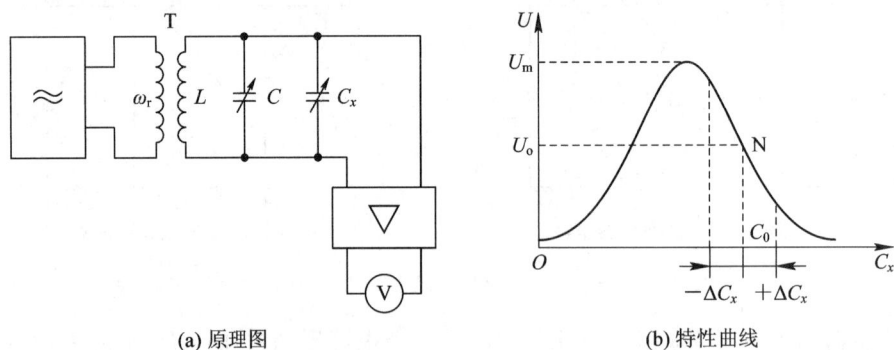

(a) 原理图　　　　　　　　　　　　(b) 特性曲线

图 3-13　谐振测量电路

由于这种电容式传感器的测量电路稍有输入时,就会使输出电压发生急剧变化,因此该电路有很高的灵敏度。其缺点是工作点不容易选好,变化范围也较窄。

3.2.6　脉冲宽度调制测量电路

电容式传感器的脉冲宽度调制测量电路如图 3-14 所示,图中 C_1、C_2 为差动结构电容式传感器的两个电容。当电源接通时，设双稳态触发器的 A 端为高电位，B 端为低电位，因此 A 点通过 R_1 对 C_1 充电，直至 F 点上的电位等于参考电压 U_r 时，比较器 A_1 产生一个脉冲，触发双稳态触发器翻转，A 点成低电位，B 点成高电位。此时 F 点电位经二极管 VD_1 迅速放电至零，而同时 B 点的高电位经 R_2 向 C_2 充电。当 G 点的电位充至 U_r 时，比较器 A_2 产生一脉冲，使触发器又翻转一次，使 A 点成高电位，B 点成低电位，又重复上述过程。如此周而复始，在双稳态触发器的两输出端各自产生一个宽度由 C_1、C_2 调制的脉冲方波。

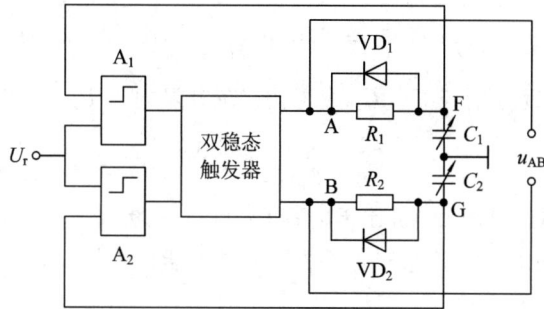

图 3-14　脉冲宽度调制测量电路

当 $C_1 = C_2$ 时，各点电压波形如图 3-15(a) 所示，输出电压 u_{AB} 的平均值为零。当差动电容 C_1、C_2 值不相等时(如 $C_1 > C_2$)，C_1、C_2 充电时间常数也不相等，输出电压波形如图 3-15(b) 所示，输出电压 u_{AB} 的平均值不再为零。输出电压 u_{AB} 经低通滤波后即可得到一直流输出电压 U_o，即

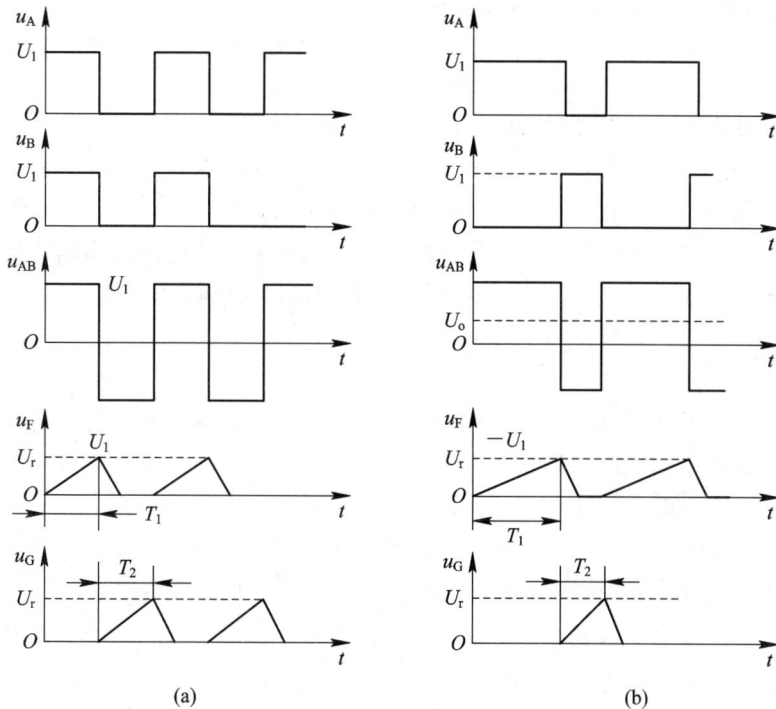

(a)　　　　　　　　　　　　(b)

图 3-15　各点电压波形图

$$U_o = \frac{T_1}{T_1 + T_2}U_1 - \frac{T_2}{T_1 + T_2}U_1 = \frac{T_1 - T_2}{T_1 + T_2}U_1 \tag{3-19}$$

式中，T_1、T_2 分别为 C_1 与 C_2 的充电时间，U_1 为触发器的输出高电位。显然，输出直流电压 U_o 随 T_1 和 T_2 而变，亦即随 u_A 和 u_B 的脉冲宽度而变。

又因为电容 C_1 和 C_2 的充电时间分别为

$$T_1 = R_1 C_1 \ln \frac{U_1}{U_1 - U_r}$$

$$T_2 = R_2 C_2 \ln \frac{U_1}{U_1 - U_r}$$

所以，u_A 和 u_B 脉冲宽度分别与 C_1、C_2 成正比。在电阻 $R_1 = R_2 = R$ 时，有

$$U_o = \frac{T_1 - T_2}{T_1 + T_2}U_1 = \frac{C_1 - C_2}{C_1 + C_2}U_1 \tag{3-20}$$

此式表明，直流输出电压 U_o 正比于电容 C_1 与 C_2 的差值，其极性可正可负。

对于变间隙型差动电容式传感器，把平行板电容器公式代入式(3-20)可得

$$U_o = \frac{d_2 - d_1}{d_1 + d_2}U_1 \tag{3-21}$$

式中，d_1、d_2 分别为电容 C_1 和 C_2 的电极板间的距离。

当差动电容 $C_1 = C_2 = C_0$，即 $d_1 = d_2 = d_0$ 时，$U_o = 0$。若 $C_1 \neq C_2$，设 $C_1 > C_2$，即 $d_1 = d_0 - \Delta d$，$d_2 = d_0 + \Delta d$，则式(3-21)即为

$$U_o = \frac{\Delta d}{d_0}U_1 \tag{3-22}$$

同样，在变电容器极板面积的情况下有

$$U_o = \frac{S_1 - S_2}{S_1 + S_2}U_1 = \frac{\Delta S}{S}U_1 \tag{3-23}$$

根据以上分析，脉冲宽度调制测量电路具有如下特点：对敏感元件的线性要求不高，从式(3-22)、式(3-23)可见，不论是变间隙型电容式传感器测量电路还是变面积型电容式传感器测量电路，其输出都与输入变化量呈线性关系；效率高，信号只需经过低通滤波就有较大的直流输出；调宽频率的变化对输出无影响；由于低通滤波器的作用，该测量电路对双稳态触发器的输出矩形波的纯度要求不高；不需要高频发生装置。

📖 读一读

随着新能源的不断普及，经济、环保的电动公交车越来越受到人们的青睐，不过电动公交车的续航却成了最大的问题，因此，解决续航问题是我们首要的突破点。电动公交车虽无废气排放，但头顶上的"蜘蛛网"却影响城市景观。两全其美的办法是什么呢？

我国自主研发的超级电容公交车，在目前来说就是一个很好的解决方案。据介绍，超级电容公交车外观与普通无轨电车相似，只是头上不见了两根"辫子"。

电动公交车底部装了一种超级电容，在车辆进站后的上下客间隙，车顶充电设备随即自动升起，搭到充电站的电缆上，通过 200 A 的电流完成充电。这种电动公交车采用超级电容作为动力单元，相比传统蓄电池，有着使用寿命长、充电速度快、放电能力强等诸多优点。超级电容公交车也是十分安全的，不会像锂电池一样不稳定而可能发生爆炸。在平常

运营过程中，在每个公交站点的充电桩上，利用停车的 30 s 时间就能把电充满并能持续运行 5 km，保证能开到下一个能够充电的站点上，往复运营。大家有没有觉得很神奇啊。另外，在制动和下坡时，车辆还能吸收刹车或制动产生的能量，转化为电能存储起来再使用，回收效率可达到 80% 以上。虽说这套系统的初装费用将比普通公交车高出 60%，但每行驶 1 km，超级电容公交车就要比柴油车节省四分之三的成本。

这种超级电容公交车在我国已经运行了十几年，目前中国标准就是世界标准！欧洲发达国家已经引进了我国的超级电容公交车。这才是真正无污染的未来城市公交解决方案。超级电容公交车的中国标准更是成了以色列等相关国家标准的参考母本。目前，超级电容公交车的中国标准是我国新能源车开发领域唯一被海外市场认可的行业标准，这是我们的自豪也是我国在新能源领域不断创新开发的结果。我们也将不断砥砺奋进，在更多的领域创造一个又一个中国传奇。

3.3　电容式传感器的应用

电容式传感器的应用

3.3.1　转速测量

电容式转速传感器的结构原理如图 3-16 所示，当电容极板与齿顶相对时电容量最大，而当电容极板与齿轮凹槽相对时电容量最小。当齿轮旋转时，电容量发生周期性变化，通过测量电路即可得到脉冲信号，频率计显示的频率就代表了齿轮转速的大小。设齿轮数为 Z，由计数器得到的频率为 f，则齿轮的转速为

$$n = \frac{60f}{Z} \tag{3-24}$$

3.3.2　液面深度测量

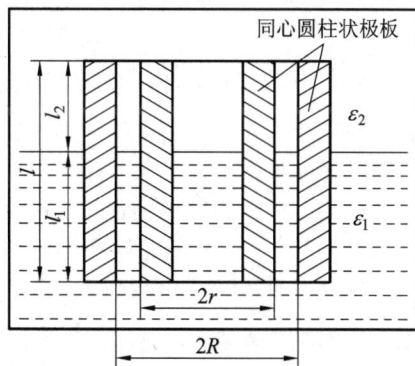

图 3-17 所示是电容液面计的原理图。在被测介质中放入两个同心圆柱状极板，若容器内介质的介电常数为 ε_1，容器内介质上面的气体的介电常数为 ε_2，当容器内液面变化时，两极板间的电容量 C 就会发生变化。

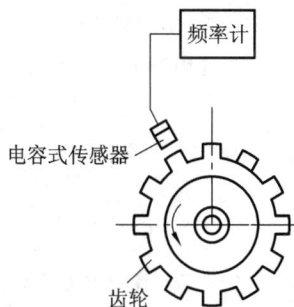

图 3-16　电容式转速传感器的结构原理　　　　图 3-17　电容液面计原理图

设容器中介质是非导电的(如果液体是导电的,则电极需要绝缘),容器中液体介质浸没电极的高度为 l_1,则这时总的电容 C 等于气体介质间的电容量和液体介质间的电容量之和。

此时,液体介质间的电容量 C_1 为

$$C_1 = \frac{2\pi l_1 \varepsilon_1}{\ln \dfrac{R}{r}} \tag{3-25}$$

气体介质间的电容量 C_2 为

$$C_2 = \frac{2\pi l_2 \varepsilon_2}{\ln \dfrac{R}{r}} = \frac{2\pi (l - l_1) \varepsilon_2}{\ln \dfrac{R}{r}} \tag{3-26}$$

式中:ε_1 为容器中液体的介电常数;ε_2 为容器中气体的介电常数;l 为极板总长度($l = l_1 + l_2$);l_1、l_2 分别为液体介质与气体介质的高度;R、r 为两同心圆柱状极板的半径。因此,总电容量为两电容之和,由式(3-25)及式(3-26)可得

$$C = C_1 + C_2 = \frac{2\pi l_1 \varepsilon_1}{\ln \dfrac{R}{r}} + \frac{2\pi l_2 \varepsilon_2}{\ln \dfrac{R}{r}} = \frac{2\pi l_1}{\ln \dfrac{R}{r}}(\varepsilon_1 - \varepsilon_2) + \frac{2\pi l \varepsilon_2}{\ln \dfrac{R}{r}} \tag{3-27}$$

令 $A = \dfrac{2\pi}{\ln \dfrac{R}{r}}(\varepsilon_1 - \varepsilon_2)$,$B = \dfrac{2\pi l \varepsilon_2}{\ln \dfrac{R}{r}}$,则式(3-27)可写成下列形式:

$$C = A l_1 + B \tag{3-28}$$

可见,电容量 C 与气体介质高度 l_1 呈正比例关系。

3.3.3 电容测厚仪

电容测厚仪是用来测量金属带材在轧制过程中的厚度,它的变换器就是电容式厚度传感器,其工作原理如图 3-18 所示。在被测金属带材的上下两边各设置一块面积相等且与带材距离相同的极板,这

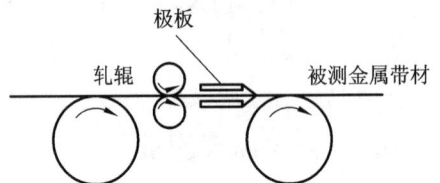

图 3-18 电容测厚仪工作原理

样极板与金属带材就形成两个电容(金属带材也作为一个极板)。把两块极板用导线连接起来就成为一个极板,而金属带材则是电容器的另一个极板,这样电容器的总电容为

$$C = C_1 + C_2$$

金属带材在轧制过程中不断向前送进,如果其厚度发生变化,将引起上下两个极板间距发生变化,即引起电容量发生变化。如果总电容 C 作为交流电桥的一个臂,则电容的变化 ΔC 将引起电桥不平衡输出,此输出信号经过放大、检波、滤波,最后在仪表上显示出金属带材的厚度。这种测厚仪的优点是金属带材的振动不会影响测量精度。

3.3.4 电缆芯偏心测量

图 3-19 所示为电缆芯偏心测量原理图,在实际应用中是采用两对极筒(图中只画出一对)分别测出电缆芯在 x 方向和 y 方向的偏移量,再经过计算就可以得出电缆芯的偏心值。

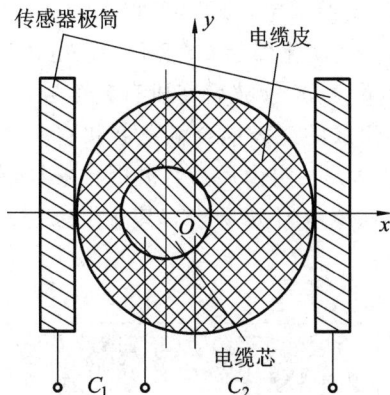

图 3-19　电缆芯偏心测量原理图

3.3.5　晶体管电容料位指示仪

晶体管电容料位指示仪是用来监视密封料仓内导电性不良的松散物质的料位，并能对加料系统进行自动控制。

在该仪器的面板上装有指示灯，其中红灯指示"料位上限"，绿灯指示"料位下限"。当红灯亮时表示料面已经达到上限，此时应停止加料；当红灯熄灭，绿灯仍然亮时，表示料面在上下限之间；当绿灯熄灭时，表示料面低于下限，这时应加料。

晶体管电容料位指示仪的电容式传感器是悬挂在料仓里的金属探头，利用它对大地的分布电容进行检测。在料仓中，上、下限各设有一个金属探头。晶体管电容料位指示仪的电路原理图如图 3-20 所示，图中直流稳压电源部分没有画出。整个电路可分成信号转换电路和控制电路两部分。

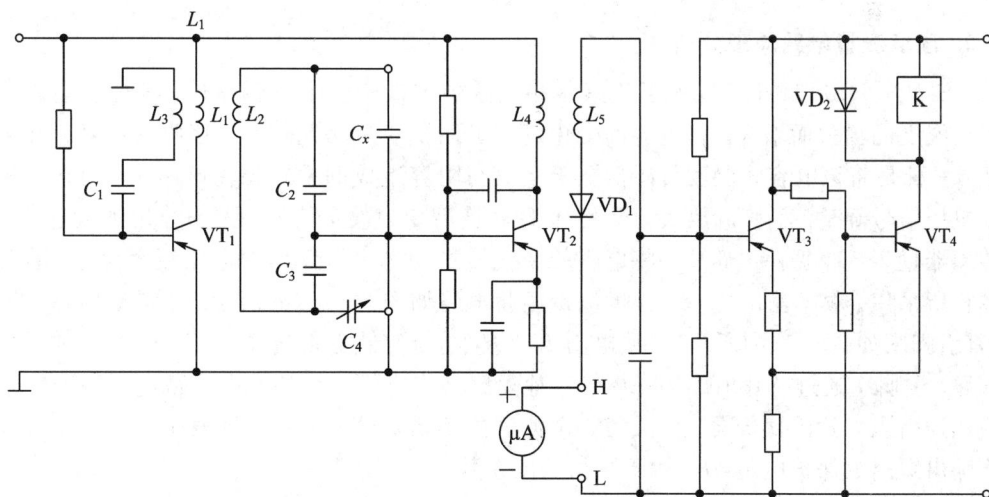

图 3-20　晶体管电容料位指示仪的电路原理图

信号转换通过阻抗平衡电桥来实现，当 $C_2C_4 = C_xC_3$ 时，电桥平衡。由于 $C_2 = C_3$，因此当调整 C_4 使 $C_4 = C_x$ 时电桥平衡。C_x 是探头对地的分布电容，它直接和料面有关，当料面增加时，C_x 值将随之增加，使电桥失去平衡，因此根据 C_x 的大小可判断料面情况。电桥电

压由 VT_1 和 LC 回路组成的振荡器供电，其振荡频率约为 70 kHz，其幅值约为 250 mV。电桥平衡时，无输出信号；当料面变化引起 C_x 变化，使电桥失去平衡时，电桥输出交流信号。交流信号经 VT_2 放大后，由 VD_1 检波后变成直流信号。

控制电路由 VT_3 及 VT_4 组成的射极耦合触发器和它所带动的继电器 K 组成，由信号转换电路送来的直流信号幅值达到一定值后，射极耦合触发器由截止变为导通，此时 VT_4 由截止状态转换为饱和状态，使继电器 K 吸合，其触点去控制相应的电路和指示灯，从而指示出料面的高低。

任务实施

任务三 基于电容式传感器的湿度计的设计与制作

(一) 任务描述

测量空气湿度的方式有很多，其原理都是根据某种物质从其周围的空气中吸收水分后引起物理或化学性质发生变化，从而间接地获得该物质的吸水量及周围空气的湿度。电容式、电阻式和湿涨式湿度传感器分别是根据其高分子材料吸湿后的介电常数、电阻率和体积随之发生变化而进行湿度测量的。下面通过 HS1100/HS1101 电容式湿度传感器(也称为湿敏电容)来完成湿度计的设计和制作。本任务采集的湿度信号需采用频率输出。

(二) 实施步骤

1. 湿度测量电路原理分析

HS1100/HS1101 电容式湿度传感器在电路中等效于一个电容器件，其电容量随着所测空气湿度的增大而增大。将电容的变化量准确地转变为计算机易于接收的信号常用两种方法：一种是将该电容式湿度传感器置于运放与阻容组成的桥式振荡电路中，所产生的正弦波电压信号经整流、直流放大，再经 A/D 转换后变为数字信号；另一种是将该电容式湿度传感器置于 555 振荡电路中，将电容的变化转换为与之呈反比的电压频率信号，直接被计算机所采集。频率输出的 555 湿度测量振荡电路如图 3-21(a)所示。集成定时器 555 芯片(其引脚图如 3-21(b)所示)外接电阻 R_4、R_2 与电容式湿度传感器 C，构成了对 C 的充电回路。引脚 7 通过芯片内部的晶体管对地短路又构成了对 C 的放电回路，并将引脚 2、引脚 6 相连引入到片内比较器，便成为一个典型的多谐振荡器，即方波发生器。另外，R_3 是防止输出短路的保护电阻，R_1 用于平衡温度系数。

该振荡电路两个暂稳态的交替过程如下：首先电源 V_S 通过 R_4、R_2 向 C 充电，经 t 充电时间后，U_C 达到 555 芯片内比较器的高触发电平，约为 $0.67V_S$，此时 555 芯片输出引脚 3 端由高电平突降为低电平；然后 C 通过 R_2 放电，经 t 放电时间后，U_C 下降到比较器的低触发电平，约为 $0.33V_S$，此时输出引脚 3 端又由低电平跃升为高电平。如此周而复始，在输出引脚 3 端形成方波输出。其中，充放电时间分别为

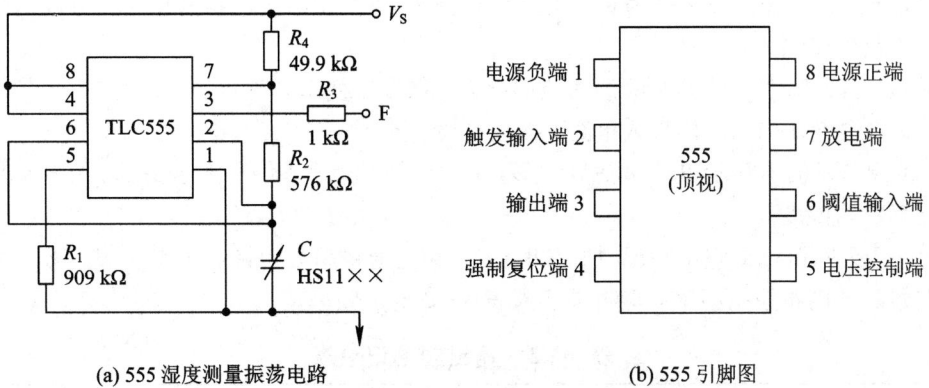

(a) 555 湿度测量振荡电路　　　　　(b) 555 引脚图

图 3-21　频率输出的 555 湿度测量振荡电路与 555 引脚图

$$t_{充电} = C(R_4 + R_2)\ln2$$

$$t_{放电} = CR_2\ln2$$

因而，输出的方波频率为

$$f = \frac{1}{t_{充电} + t_{放电}} = \frac{1}{C(R_4 + 2R_2)\ln2}$$

可见空气湿度通过 555 湿度测量振荡电路就转变为与之呈反比的频率信号。表 3-1 给出了其中的一组典型参考值。

表 3-1　空气湿度与电压频率的典型参考值

湿度/%RH	频率/Hz	湿度/%RH	频率/Hz
0	7351	60	6600
10	7224	70	6468
20	7100	80	6330
30	6976	90	6186
40	6853	100	6033

2. 所需材料和设备准备

555 芯片及电阻若干，具体参数如图 3-21 所示；6 V 稳压电源、实验板、标准湿度计、空调或除湿机、示波器等。

3. 电路制作

按图 3-21 所示将电路连接在实验板上，认真检查电路，确认正确无误后接入电容式湿度传感器和示波器。

4. 调试

由于湿度计的标定具有一定的困难，往往需要借助高一级的专门检测机构进行标定，而本项目制作的湿度计只具有频率输出功能，而无数字显示功能，所以无需标定。关于湿度计的整机设计可参看本项目"拓展训练"相关内容，在此我们只需调试和观测当湿度发生变化时，湿度计输出的频率信号的变化，可根据表 3-1 中给出的参考值进行湿度的估算。

测试具体步骤为：

（1）准备好除湿机或具有除湿功能的空调，用以改变室内湿度。

（2）将湿度计和示波器接入电路，接通电源。

（3）调节示波器显示出输出信号波形，并计算输出信号频率，根据表 3-1 中给出的参考值估算室内湿度。

（4）开启除湿机或空调除湿/加湿功能，在靠近通风口处每隔 5 分钟测试一次湿度，并用示波器测试电路输出频率，将结果填入表 3-2 输出频率记录表中。

表 3-2　输出频率记录表

测试次数	第一次	第二次	第三次	第四次	第五次
输出频率/Hz					
室内湿度/%RH					

考核评价

本项目考核内容包括学生在项目过程中的操作规范、职业素养、作品的功能实现、工艺与技术指标等。要求学生注重知识的拓展性，要能在教、学、做合一的模式中领会电容式传感器和湿度检测的多种应用，而不局限于一种应用的掌握。具体考核可采取教师评价、学生互评、学生自评相结合的方式，按照 5:3:2 的比例进行综合评分。项目考核评分细则详见表 3-3。

表 3-3　项目考核评分细则

评价内容		配分	考核标准	得分
职业素养与操作规范（50分）	系统设计	15	（1）任务分析不正确，扣 5 分； （2）设计方案理解不准确，扣 5 分； （3）元器件选择不正确，扣 5 分	
	系统安装	15	（1）不能按要求完成系统安装，扣 5 分； （2）不能正确地完成线路连接，扣 3 分/处； （3）电路布局不规范，系统被干扰，扣 3 分； （4）无节能意识及成本意识，浪费资源，扣 3 分	
	系统调试	10	（1）通电测试前未进行短路检测，扣 5 分； （2）使用仪器仪表方法不当，扣 5 分； （3）烧坏元器件，扣 5 分；损坏仪表，扣 10 分	
	6S规范	10	（1）工位不整洁，扣 5 分； （2）工具摆放不整齐，扣 5 分； （3）没有安全文明生产，扣 5 分	

评 价 内 容		配分	考 核 标 准	得分
作品 （50分）	工艺	20	（1）导线零乱、不规范，扣 5 分； （2）有脱焊、漏焊、裂纹、拉尖、多锡、少锡、针孔、吹孔、空洞、焊盘剥离等，扣 0.5 分/处； （3）有开路/短路、锡球、锡溅、锡桥，扣 0.5 分/处； （4）元件有扭曲、倾斜、移位、管脚共面性差等，扣 0.5 分/处； （5）有元件、焊盘或印制板损伤，扣 0.5 分/处	
	功能	20	作品基本功能完好，每缺失一项功能，扣 5 分；功能项缺失超过 80%，本小项记 0 分	
	指标	10	基本参数指标符合规定的要求，以 5% 为上下限，每超出 10% 扣 5 分，扣完为止；元件参数选择不合理，扣 3 分	
合计				

拓 展 训 练

（一）湿度计的整机设计

湿度计整机电路构成框图如图 3-22 所示。

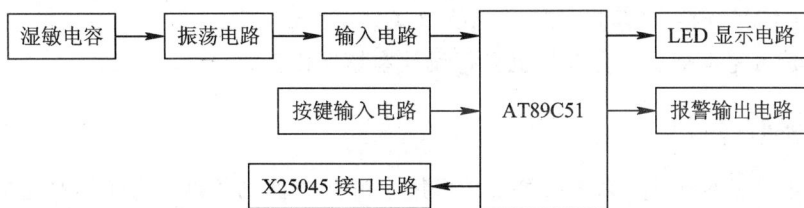

图 3-22　湿度计整机电路构成框图

1. 主机部分

主机部分主要由核心器件单片机组成，选用了内含 Flash 存储器，可直接驱动 LED，且与 8051 系列软硬件兼容的高性能低价位的 AT89C51 单片机。

2. 输入部分

输入部分由湿敏电容、振荡电路和输入电路组成。湿敏电容检测到的湿度变化量经振荡电路变换后形成脉冲频率信号，此频率信号经滤波、整形、光耦、放大等处理后，送入单片机的定时/计数器 T_1，T_1 工作于 16 位计数器方式，定时记录脉冲数并存入内存缓冲区。

3. 显示部分

显示部分主要是指 LED 显示电路，用 4 位 LED 数码管来显示湿度的实测值、报警值、设定值及标志位等。为了节省单片机的 I/O 接口资源，采用串行方式输出数据到 4 片串入并出移位寄存器 74LS164，直接驱动 LED 进行静态显示。

4. 按键部分

按键部分主要是指按键输入电路，将单片机的 3 个 I/O 接口连到 3 个独立按键，完成设定、运行、复位等功能。

5. 输出部分

输出部分主要是指报警输出电路，将单片机的两个 I/O 接口经光耦放大接到两个继电器产生超限时的报警接点并输出报警信号。

6. X25045 接口部分

X25045 接口部分就是指 X25045 接口电路。美国 Xicor 公司的 X25045 芯片集 Watchdog、电压监控和 EEPROM 三种功能为一体，只需占用单片机 4 个 I/O 接口便可实现可编程看门狗、断电后保存数据、上电掉电时自动复位等功能。

（二）整机性能指标

由于采用了性能优良的 HS1100/HS1101 电容式湿度传感器及其振荡测量电路，获得了输出频率与湿度值的近似线性关系，且通过软件的分段线性与查表计算等数据处理，可以校准补偿频率、漂移以及元器件的误差，因而本项目所设计的湿度测量仪具有结构简单、成本低、测量精度高、响应时间快、性能稳定的优点。其主要技术指标如下：

（1）测量范围：0～100％RH。

（2）测量精度：2.5％。

（3）报警设定：0～100％RH。

（4）输出信号的接点容量：220 V AC，1 A。

读者可学习完本书后结合单片机自行设计本拓展任务。

（三）课后习题

（1）电容式传感器有什么主要特点？可用于哪些方面的检测？为了提高电容式传感器的灵敏度可采取什么措施并注意什么问题？

（2）差动电容式传感器的构造和普通电容的构造有何区别？它有哪些优点？

（3）电容式传感器有哪些优缺点？

（4）电容式传感器的转换电路有哪几种类型？各有何优缺点？

项目四
基于电感式传感器的接近开关的设计与制作

项目描述

电感式传感器是利用线圈自感或互感系数的变化来实现非电量电测的一种装置。利用电感式传感器，能对位移、压力、振动、应变、流量等参数进行测量。它具有结构简单、灵敏度高、输出功率大、输出阻抗小、抗干扰能力强及测量精度高等一系列优点，因此在机电控制系统中得到广泛的应用。它的主要缺点是响应速度较慢，不宜于快速动态测量。另外传感器的分辨率与测量范围有关，即测量范围大，分辨率低，反之则高。电感式传感器包括自感式传感器、互感式传感器、电涡流式传感器。

接近开关是一种用于工业自动化控制系统中以实现检测、控制的新型开关元件。以电感式传感器为基础的接近开关具有结构简单、灵敏度和分辨力高、线性度和重复性好、对环境的要求低等优点。本项目对电感式接近开关电路进行分析，在此基本上完成电感式接近开关的制作与调试。

项目目标

1. 知识目标

（1）掌握电感式传感器的工作原理、特点。

（2）了解电感式传感器的外观、结构。

（3）掌握电感式传感器的测量转换电路的组成及工作原理。

（4）了解电感式传感器的应用。

2. 能力目标

（1）会用电感式传感器中的差动变压器进行位移和振动测量。

（2）掌握电感式传感电路安装与调试的一般方法。

（3）结合实际对电感式传感器进行分析、设计。

（4）能查找和排除电路中出现的故障。

3. 思政目标

（1）培养学生的职业素养与职业操守。

（2）培养学生锲而不舍的精神。

（3）训练和培养学生获取信息的能力。

（4）培养学生团队合作精神。

（5）培养学生注重安全生产、遵守操作规程等良好职业素养。

知 识 准 备

4.1　自感式传感器

自感式传感器及应用

4.1.1　自感式传感器的工作原理

自感式传感器将被测量的变化转变成线圈自感的变化。自感式传感器主要由线圈、铁芯和衔铁组成，其中铁芯和衔铁由导磁材料如硅钢片或坡莫合金制成。

根据电磁感应原理，当匝数为 N 的线圈中通以电流 I 时，就有该电流所产生的磁通量通过线圈。若通过每一匝线圈的磁通量都是 Φ，则有

$$N\Phi = LI \tag{4-1}$$

式中，L 为线圈的自感系数。

又根据磁路欧姆定律

$$\Phi = \frac{NI}{\sum R_{\text{m}i}} \tag{4-2}$$

式中，$\sum R_{\text{m}i}$ 为磁路的总磁阻。由于每一段磁路的磁阻 $R_{\text{m}i}$ 与该段磁路的长度 l_i 成正比，与磁导率 μ_i 及导磁截面积 S_i 成反比，所以

$$\sum R_{\text{m}i} = \sum \frac{l_i}{\mu_i S_i} \tag{4-3}$$

将式（4-3）和式（4-2）代入式（4-1）得

$$L = \frac{N^2}{\sum R_{\text{m}i}} = \frac{N^2}{\sum \dfrac{l_i}{\mu_i S_i}} \tag{4-4}$$

由此可见，改变任意一段磁路的几何参数 l_i、S_i 或磁导率 μ_i，均可使线圈的自感系数 L 发生变化。据此，自感式传感器又可进一步分为气隙厚度可变的变隙式电感传感器、磁通面积可变的变截面式电感传感器，以及通过改变衔铁在螺管线圈中伸入长度来改变线圈自感系数 L 的螺管式电感传感器。

1. 变隙式电感传感器

变隙式电感传感器的结构原理如图 4-1 所示。变隙式电感传感器在铁芯和衔铁之间有气隙，气隙厚度为 δ，传感器的运动部分与衔铁相连。当衔铁移动时，气隙厚度 δ 发生改变，

引起磁路中磁阻发生变化，从而导致电感线圈的电感值发生变化，因此只要能测出这种电感量的变化，就能确定衔铁位移量的大小和方向。

通常，气隙的厚度是比较小的(一般为 0.1～1 mm)，因此可以认为气隙磁场是均匀的。若忽略磁路铁损，则磁路总磁阻为

$$\sum R_{mi} = \frac{l_1}{\mu_1 S_1} + \frac{l_2}{\mu_2 S_2} + \frac{\delta}{\mu_0 S} \tag{4-5}$$

式中：l_1、l_2 分别为铁芯和衔铁的磁路长度；S_1、S_2 分别为铁芯和衔铁的横截面积；μ_1、μ_2 分别为铁芯和衔铁的磁导率；δ 为气隙磁路的总厚度；S 为气隙磁路的磁通面积；μ_0 为空气磁导率($\mu_0 = 4\pi \times 10^{-7} \text{H/m}$)。

设铁芯和衔铁的横截面面积相同，且因气隙 δ 较小，可以认为气隙磁路的磁通面积与铁芯相同(即 $S_1 = S_2 = S$)；若铁芯与衔铁采用同一种导磁材料(其相对磁导率为 μ_r)，且磁路总长为 l，则由式(4-5)可得

$$\sum R_{mi} = \frac{1}{\mu_0 S}\left(\frac{l-\delta}{\mu_r} + \delta\right) = \frac{1}{\mu_0 S}\left[\frac{l + \delta(\mu_r - 1)}{\mu_r}\right]$$

一般地，$\mu_r \gg 1$，故

$$\sum R_{mi} = \frac{1}{\mu_0 S}\left(\delta + \frac{l}{\mu_r}\right) \tag{4-6}$$

代入式(4-4)得

$$L = \frac{N^2 \mu_0 S}{\delta + \dfrac{l}{\mu_r}} = \frac{K}{\delta + \dfrac{l}{\mu_r}} \tag{4-7}$$

式中，$K = 4\pi N^2 S \times 10^{-7}$。

由于变隙式电感传感器的磁通面积 S 为定值，又因线圈匝数 N 也固定，所以 K 为一常数。由式(4-7)可以看出，图 4-1 所示的单线圈变隙式电感传感器的电感 L 与气隙厚度 δ 之间的对应关系是非线性的，其输出特性曲线如图 4-2 所示。进行进一步的分析还可知，气隙厚度减少 $\Delta\delta$ 所引起的电感变化 ΔL_1 与气隙厚度增加同样 $\Delta\delta$ 所引起的电感变化 ΔL_2 并不相等，其差值随 $\Delta\delta/\delta$ 的增加而增大。由于输出特性的非线性和衔铁上下向移动时电感正、负值变化的不对称性，使得变隙式电感传感器只能工作在一段很小的区域内，因而变隙式电感传感器只能用于微小位移的测量。

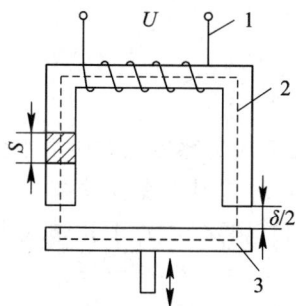

1—线圈；2—铁芯；3—衔铁。

图 4-1　单线圈变隙式电感
传感器结构原理

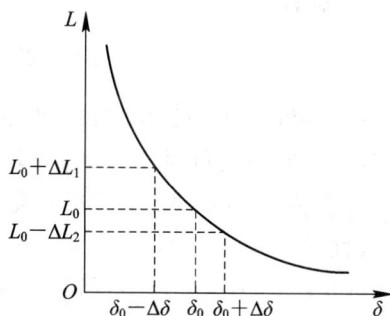

图 4-2　单线圈变隙式电感传感器的
输出特性曲线

图 4-1 所示的单线圈变隙式电感传感器一般只用于某些特殊的场合。在实际工作中，为了提高测量灵敏度和减小非线性误差，通常采用差动变隙式电感传感器，如图4-3所示。差动变气隙式电感传感器由两个相同的线圈和磁路组成，当位于中间的衔铁移动时，上下两个线圈的电感一个增加而另一个减少，形成差动形式。

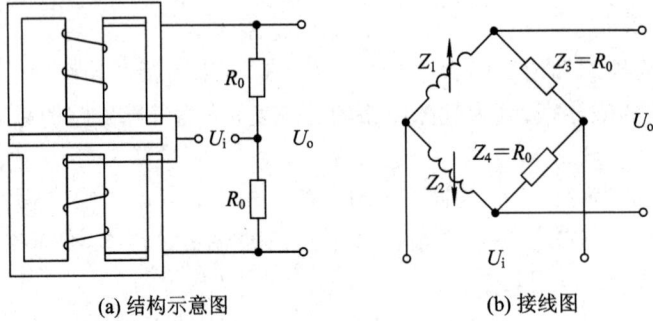

(a) 结构示意图　　　　(b) 接线图

图 4-3　差动变隙式电感传感器

假设当被测参数变化时衔铁向上移动，从而使上气隙的总长度减小 $\Delta\delta$ 而下气隙相应增大 $\Delta\delta$，所以上线圈的电感量增为 $L_0 + \Delta L_1$，下线圈的电感量减为 $L_0 - \Delta L_2$，总变化量

$$\Delta L = (L_0 + \Delta L_1) - (L_0 - \Delta L_2) \tag{4-8}$$

由于铁磁性物质的磁导率比空气的磁导率大得多，因此铁芯和衔铁的磁阻与空气磁阻相比是很小的。因此在进行定性分析时可以将其忽略不计。于是，式(4-7)可近似简化为 $L \approx \dfrac{K}{\delta}$，代入式(4-8)可得

$$\Delta L \approx \frac{K}{\delta - \Delta\delta} - \frac{K}{\delta + \Delta\delta} = \frac{2K\Delta\delta}{\delta^2 - \Delta\delta^2} \tag{4-9}$$

忽略 $\Delta\delta^2$ 项，整理得

$$\frac{\Delta L}{L} \approx 2\,\frac{\Delta\delta}{\delta} \tag{4-10}$$

采用同样的分析方法，对图 4-1 所示的单线圈变隙式电感传感器进行分析可得到

$$\Delta L = \frac{K}{\delta - \Delta\delta} - \frac{K}{\delta} = \frac{K \cdot \Delta\delta}{\delta(\delta - \Delta\delta)} = \frac{K\Delta\delta}{\delta^2 - \delta\Delta\delta} \tag{4-11}$$

略去 $\delta\Delta\delta$ 项，经整理得

$$\frac{\Delta L}{L} \approx \frac{\Delta\delta}{\delta} \tag{4-12}$$

对照式(4-9)和式(4-11)可看出，无论是单线圈变隙式电感传感器还是差动变隙式电感传感器，其 ΔL 与 $\Delta\delta$ 之间的对应关系都是非线性的，这是因为在其关系式中分别含有 $\Delta\delta^2$ 和 $\delta\Delta\delta$ 项。但由于 $\Delta\delta^2 \ll \delta\Delta\delta$，所以差动变隙式电感传感器的线性要比单线圈变隙式电感传感器的线性好。

此外，由式(4-10)和(4-12)可知，差动变隙式电感传感器的灵敏度比单线圈变隙式电感传感器的灵敏度提高了一倍。

变隙式电感传感器的最大优点是灵敏度高，其主要缺点是线性范围小、自由行程小、制造装配困难、互换性差，因而限制了它的应用。

2. 变截面式电感传感器

变截面式电感传感器是通过导磁截面积的变化而使电感变化的，其结构也有单线圈式（如图 4-4 所示）和差动式（如图 4-5 所示）两种形式。

图 4-5 所示的差动变截面式电感传感器制成圆筒形，铁芯由上、下磁环 1 组成，上、下线圈 2 也制成环形，磁芯（衔铁）3 插入其中。上、下线圈通电时在中段气隙部分产生的磁通，由于方向相反而基本抵消，若忽略导体部分的磁阻，则线圈电感为

$$L = \frac{\mu_0 N^2 S}{\delta} = \frac{\mu_0 N^2 ab}{\delta} \tag{4-13}$$

式中：δ 为气隙厚度（即磁芯与磁环之间隙）；b 为气隙环的高度（即磁芯与磁环的覆盖宽度）；a 为气隙环的平均周长。

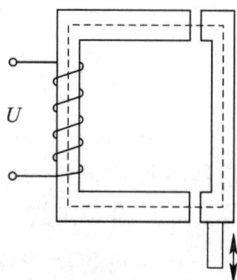

图 4-4 单线圈变截面式电感传感器

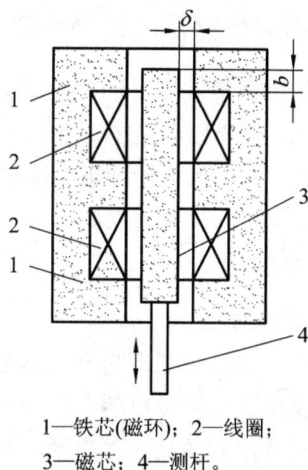

1—铁芯(磁环)；2—线圈；
3—磁芯；4—测杆。

图 4-5 差动变截面式电感传感器

在工作过程中，δ 和 a 均为定值，当测杆 4 向上移动时，将引起 b 值改变，其结果使上磁环 1 和磁芯 3 之间的气隙磁通面积（$S=ab$）增大，下磁环 1 和磁芯 3 之间的气隙磁通面积减小，从而使上线圈的电感量增大，下线圈的电感量减小。若初始位置时 $b=b_0$，$L=L_0=\frac{\mu_0 N^2 ab_0}{\delta}$，则当测杆位移 Δb 时，每个线圈的电感增量为

$$\Delta L = L_0 \frac{\Delta b}{b_0} \tag{4-14}$$

式(4-14)表明，这类传感器输入量 Δb 与输出量 ΔL 之间具有良好的线性关系。变截面电感式传感器的优点是：具有较好的线性，测量范围大；其自由行程可按需要安排，制造装配方便。其缺点是灵敏度较低。

3. 螺管式电感传感器

螺管式电感传感器的结构形式也可以分为单线圈式和差动式，图 4-6 所示为这两种形式的结构示意图。

如图 4-6 所示，螺管式电感传感器的基本组成部分是包在铁磁套筒内的线圈和磁性衔铁。当衔铁沿轴向移动时，磁路的磁阻发生变化，从而使线圈电感产生变化。线圈的电感值

取决于衔铁插入的深度，而且随着衔铁插入深度的增加而增大。

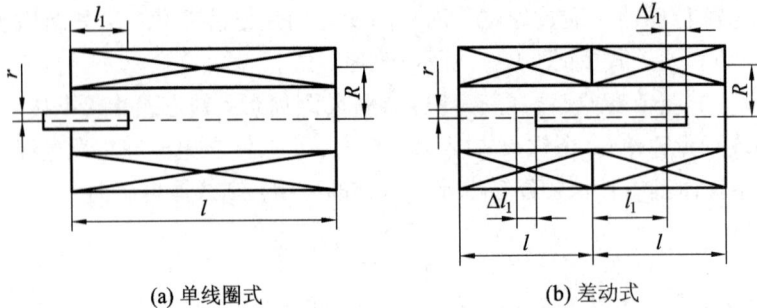

(a) 单线圈式   (b) 差动式

图 4-6   螺管式电感传感器结构示意图

4.1.2   自感式传感器的转换电路

自感式传感器把被测量的变化转变成了电感量的变化。为了测出电感量的变化，就要用转换电路把电感量的变化转换成电压（或电流）的变化，以便进一步放大和处理。最常用的转换电路有调幅电路、调频电路、调相电路和相敏整流电路。

自感式传感器的
转换电路

1. 调幅电路

1）变压器电桥

交流电桥分为阻抗比电桥和变压器电桥，人们一般习惯称阻抗比电桥为交流电桥。调幅电路的主要形式是交流电桥。关于交流电桥，已经在项目二介绍过，在此主要讨论自感式传感器中经常用到的变压器电桥，如图 4-7 所示。在图 4-7 中，电桥的两臂为电源变压器次级线圈的两半（每半电压为 $\dot{U}_i/2$），另两臂是差动式电感传感器的两个线圈。考虑到传感器线圈不仅具有电感，而且线圈导线具有一定的电阻，所以用 Z_1 和 Z_2 来表示自感式传感器两个线圈的阻抗。电桥对角线上 A、B 两点的电位差为空载输出电压 $\dot{U}_o$。

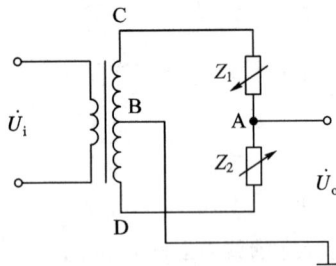

图 4-7   交流电桥

假设接地的 B 点为零电位，D 点电位为 $\dot{U}_i/2$，C 点电位为 $-\dot{U}_i/2$，则输出电压 $\dot{U}_o$ 即为 A 点的电位，可得

$$\dot{U}_o = \dot{U}_D - \frac{\dot{U}_D - \dot{U}_C}{Z_1 + Z_2} \cdot Z_2 = \frac{\dot{U}_i(Z_1 - Z_2)}{2(Z_1 + Z_2)} \qquad (4-15)$$

下面分 3 种情况讨论：

（1）当传感器的衔铁位于中间位置时，它在两个线圈中的插入深度相等，所以两线圈的电感相等。若两线圈绕制得十分对称，则其阻抗也相等，此时 $Z_1 = Z_2 = Z$，代入式（4-15）得 $\dot{U}_o = 0$。这说明当衔铁处于中间位置时，电桥平衡，没有输出电压。

（2）当衔铁向上移动时，上线圈的磁阻减小、电感增大，阻抗随之增大，即 $Z_1 = Z + \Delta Z$，而下线圈的磁阻增大、电感减小，阻抗随之减小，即 $Z_2 = Z - \Delta Z$。将 Z_1、Z_2 代入式（4-15）得

$$\dot{U}_o = \frac{\dot{U}_i}{2} \times \frac{\Delta Z}{Z} \tag{4-16}$$

（3）当衔铁向下移动同样大小的位移时，下线圈的阻抗增大，而上线圈的阻抗减小，即 $Z_1 = Z - \Delta Z$，$Z_2 = Z + \Delta Z$，代入式（4-15）得

$$\dot{U}_o = -\frac{\dot{U}_i}{2} \times \frac{\Delta Z}{Z} \tag{4-17}$$

由式（4-16）和式（4-17）可以看出，当衔铁偏离中间位置，上升或下降同样大小的位移时，输出电压大小相等、方向相反。

2）谐振式调幅电路

图 4-8 所示是谐振式调幅电路。在谐振式调幅电路中，传感器 L、电容 C、变压器原边串联在一起，接入交流电源，变压器副边将有电压 u_o 输出，输出电压的频率与电源频率相同，而幅值随着电感 L 而变化。图 4-8（b）所示为输出电压 u_o 与电感 L 的关系曲线，其中 L_0 为谐振点的电感值。此电路灵敏度很高，但线性很差，适用于线性要求不高的场合。实际使用时，一般使用特性曲线一侧接近线性的一段。

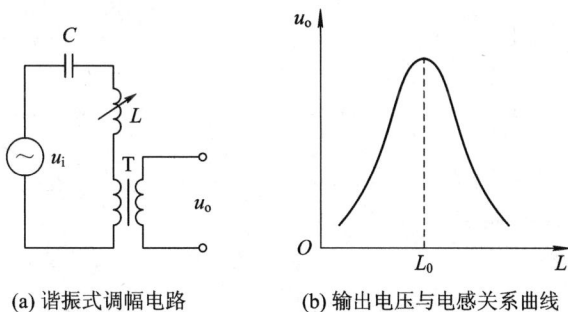

(a) 谐振式调幅电路　　　　(b) 输出电压与电感关系曲线

图 4-8　谐振式调幅电路以及输出电压与电感的关系曲线

2. 调频电路

调频电路的基本原理是自感式传感器电感 L 的变化将引起输出电压频率的变化。一般是把传感器电感 L 和电容 C 接入一个振荡回路中构成调频电路，如图 4-9（a）所示，其振荡频率 $f = \dfrac{1}{2\pi\sqrt{LC}}$。当 L 变化时，振荡频率随之变化，根据 f 的大小即可测出被测量的值。由图 4-9（b）可知，f 与 L 具有明显的非线性关系。该频率可由数字频率计直接测量，也可先通过 f-V 转换，再用数字电压表测量。

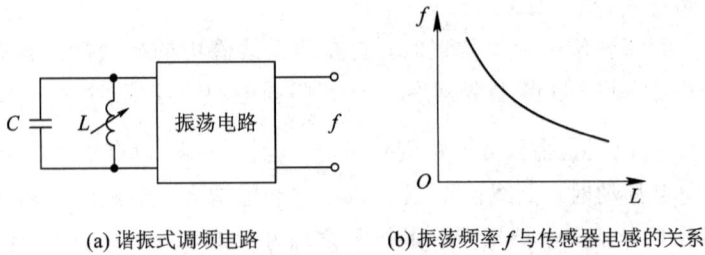

(a) 谐振式调频电路　　　　　(b) 振荡频率 f 与传感器电感的关系

图 4 - 9　谐振式调频电路以及 f 与 L 的关系

3. 调相电路

调相电路就是把自感式传感器电感 L 的变化转换为输出电压相位 φ 的变化。图 4 - 10 (a)所示为一个调相电路，也称为相位电桥，一臂为自感式传感器 L，另一臂为固定电阻 R。设计时使电感线圈具有高的品质因数。忽略损耗电阻，则电感线圈上压降 U_L 与固定电阻上压降 U_R 是两个相互垂直的分量，如图 4 - 10(b)所示。当电感 L 变化时，输出电压 U_o 的幅值不变，相位角 φ 随之变化，φ 与 L 的关系为

$$\varphi = -2\arctan\left(\frac{\omega L}{R}\right)$$

式中，ω 为电源角频率。

在这种情况下，当 L 有了微小变化 ΔL 后，输出相位变化 $\Delta\varphi$ 为

$$\Delta\varphi = \frac{2\left(\dfrac{\omega L}{R}\right)}{1 + \left(\dfrac{\omega L}{R}\right)^2} \times \frac{\Delta L}{L}$$

图 4 - 10(c)给出了 φ 与 L 的特性关系。

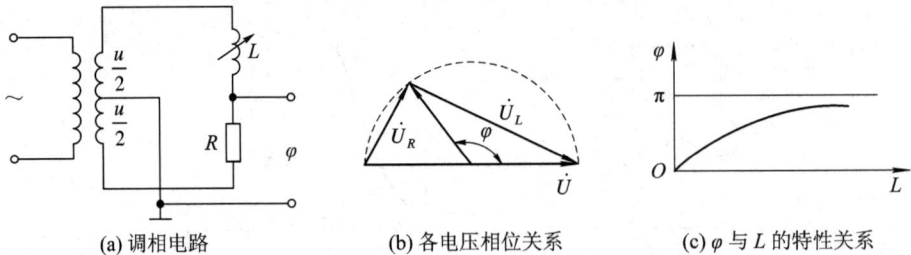

(a) 调相电路　　　　　(b) 各电压相位关系　　　　　(c) φ 与 L 的特性关系

图 4 - 10　调相电路

4. 相敏整流电路

相敏整流电路如图 4 - 7 所示。虽然变压器电桥电路可以将自感式传感器线圈的电感变化量(即被测位移变化量)转换为相应的电压信号，但是由于输出电压是交流信号，因此尽管随着衔铁位移方向的不同，输出电压也有正负号之分，而用示波器去观察它们的波形时，结果却是一样的。为了判别信号的相位，亦即为了分辨衔铁的运动方向，需要采用相敏整流电路(又称相敏检波器)。

相敏整流电路可以有多种不同的形式，下面以图 4 - 11 所示电路为例讨论其工作原理。图中，差动式电感传感器的两个线圈(Z_1 和 Z_2)以及两个平衡电阻($R_1 = R_2 = R$)组成一个测

量电桥，二极管 $VD_1 \sim VD_4$ 构成了相敏整流器，电桥的一个对角线 AB 接有交流电源 $\dot{U}$，另一对角线 CD 接有电表以测量输出电压，则有

$$\dot{U}_\circ = \dot{U}_{CB} + \dot{U}_{BD} \tag{4-18}$$

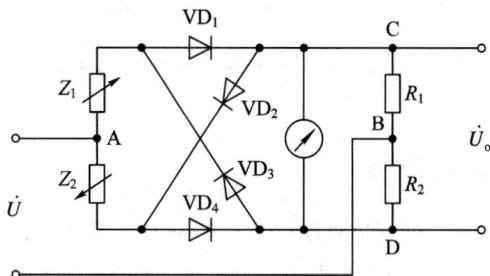

图 4-11 相敏整流电路

式中，$\dot{U}_{CB} = i_1 R_1$ 和 $\dot{U}_{BD} = i_2 R_2$ 的符号由分别流经电阻 R_1 与 R_2 的电流 i_1、i_2 的流向而定。

为了便于讨论，假定 $\dot{U}_\circ$ 的正方向为自下而上（此时 D 点电位高于 C 点，电流自下而上流过电表），上式中 $\dot{U}_{CB}$ 和 $\dot{U}_{BD}$ 的方向与 $\dot{U}_\circ$ 的正方向一致时取正号，反之则取负号。

下面分别讨论电源电压 $\dot{U}$ 为正半周期和负半周期时，衔铁位移所引起的输出电压的极性。

（1）在 $\dot{U}$ 的正半周期内（上输入端为正，下输入端为负），A 点电位高于 B 点电位。此时，二极管 VD_1 和 VD_4 导通，VD_2 和 VD_3 截止。电流 i_1 流经 Z_1、VD_1 后自上而下地流过 R_1，而电流 i_2 流经 Z_2、VD_4 后自下而上地流过 R_2，根据式（4-18）及所假定的 $\dot{U}_\circ$ 的正方向，则有

$$\dot{U}_\circ = -i_1 R_1 + i_2 R_2$$

当衔铁处于中间位置时，传感器线圈的阻抗 $Z_1 = Z_2 = Z$，于是 $i_1 = i_2 = i$，又因 $R_1 = R_2 = R$，则有

$$\dot{U}_\circ = 0$$

当衔铁从中间位置向上移动时，使上线圈的阻抗 Z_1 增大 ΔZ，而下线圈的阻抗 Z_2 减小 ΔZ，于是 i_1 减小，i_2 增大，故 $\dot{U}_\circ > 0$，此时 D 点电位高于 C 点，电流自下而上流过电表。

当衔铁从中间位置向下移动时，使上线圈的阻抗 Z_1 减小 ΔZ，而下线圈的阻抗 Z_2 增大 ΔZ，于是 i_1 增大，i_2 减小，故 $\dot{U}_\circ < 0$，此时 D 点电位低于 C 点，电流自上而下流过电表。

（2）在 $\dot{U}$ 的负半周期内（上输入端为负，下输入端为正），A 点电位低于 B 点电位。此时，二极管 VD_2、VD_3 导通，VD_1、VD_4 截止。根据此时电流 i_1、i_2 的流向可得

$$\dot{U}_\circ = i_1 R_1 - i_2 R_2$$

当衔铁处于中间位置时，仍有 $\dot{U}_\circ = 0$。

当衔铁从中间位置向上移动时，使 Z_1 增大而 Z_2 减小，于是流经 Z_1 的 i_2 减小，而流经 Z_2 的 i_1 增大，故 $\dot{U}_\circ > 0$，此时 D 点电位高于 C 点，电流自下而上流过电表。

当衔铁从中间位置向下移动时，Z_1 减小而 Z_2 增大，于是 i_2 增大，i_1 减小，故 $\dot{U}_\circ<0$，此时 D 点电位低于 C 点，电流自上而下的流过电表。

通过以上分析，不难得出以下结论：无论电源电压处于正半周期还是负半周期，只是衔铁处于中间位置，则 $\dot{U}_\circ=0$；当衔铁自中间位置向上移动时，均有 $\dot{U}_\circ>0$；而当衔铁自中间位置向下移动时，均有 $\dot{U}_\circ<0$。于是，根据电表指针的偏转方向，即可判别传感器衔铁（测杆）的位移方向。

4.1.3　零点残余电压及其补偿

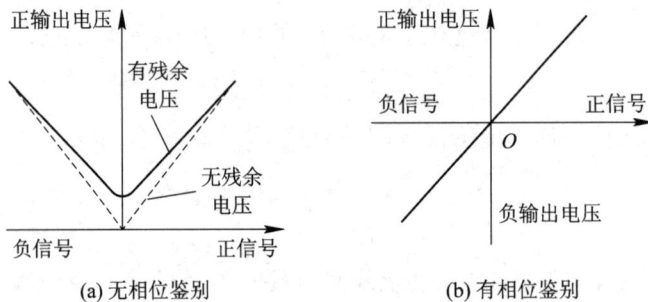

前面在讨论交流电桥的输出电压时分析过，理论上，当自感式传感器的衔铁处于中间位置时，若两线圈绕制得十分对称，其阻抗相等，电感也相等，则桥路的输出电压应等于零。然而实际上，由于自感式传感器的阻抗是复数阻抗，很难做到两线圈阻抗和电感完全相等，因此也很难达到交流电桥的绝对平衡，这就致使自感式传感器在衔铁处于中间位置时，输出电压不为零。图 4-12 所示为自感式传感器的整流器输出特性，图中的虚线表示输出电压与衔铁位移之间的理想特性曲线，实线为实际特性曲线。当衔铁处于中间位置时 ($x=0$)，输出电压并不为零，而有零点残余电压 e_0 存在，此时尽管被测位移为零，而测量仪器的电压表表头的指示却并不为零。如果零点残余电压的数值过大，则将使非线性误差增大。测量仪器不同挡位的放大倍数会使非线性误差有显著差别，甚至造成放大器末级趋于饱和，使仪器不能正常工作，从而不能反映被测量的变化。当测量仪器的放大倍数较大时，这点尤应注意。

(a) 无相位鉴别　　　　　　(b) 有相位鉴别

图 4-12　自感式传感器的整流器输出特性

因此，零点残余电压的大小是判别自感式传感器质量的重要标志之一。在制作自感式传感器时，要规定其零点残余电压不得超过某一定值。例如，某自感测位移的传感器输出信号经 200 倍放大后，在放大器末级测量，零点残余电压不得超过 80 mV。测量仪器在使用过程中，若有迹象表明自感式传感器的零点残余电压过大，就需要进行调整。

1. 产生零点残余电压的原因

（1）由于两个电感线圈的等效参数不对称，其输出的基波感应电动势的幅值和相位不同，调整衔铁位置，也不能达到幅值和相位同时相同。

（2）由于自感式传感器衔铁的磁化曲线是非线性的，所以在传感器线圈中产生了高次谐波。而两个线圈的非线性不一致，使高次谐波不能互相抵消。

2. 减小电感式传感器零点残余电压的措施

（1）在设计和工艺上，要求做到磁路对称、线圈对称；铁芯材料要均匀，特性要一致；两线圈绕制要均匀，松紧一致。

（2）选用合适的测量电路。采用相敏整流电路不仅可鉴别衔铁移动的方向，而且可以消除衔铁在中间位置时因高次谐波引起的零点残余电压。

（3）在电路上进行补偿。补偿方法主要有加串联电阻、加串联电容、加反馈电阻或反馈电容等方法。图 4-13 所示是几种补偿电路。

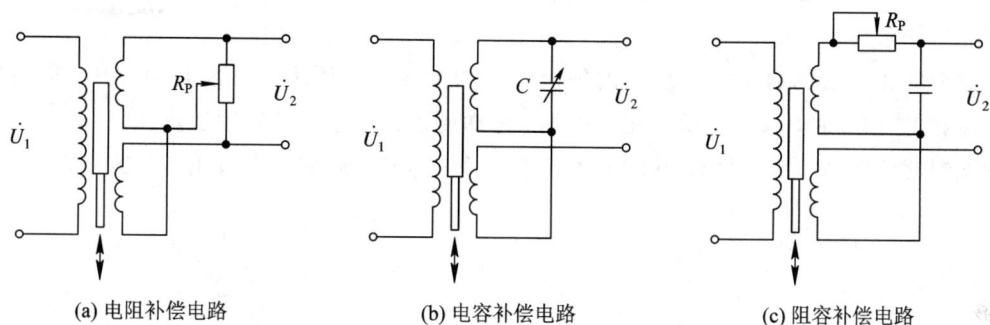

(a) 电阻补偿电路　　　　　　(b) 电容补偿电路　　　　　　(c) 阻容补偿电路

图 4-13　补偿电路

使用上述补偿电路时，在没有输入信号（衔铁在中间）的情况下，调整电位器 R_P 或电容 C，可使二次绕组输出为零。

4.1.4　自感式传感器的设计原则

自感式传感器设计时应考虑给定的技术指标，如量程、准确度、灵敏度和使用环境等。自感式传感器的灵敏度实际上常用单位位移所引起的输出电压变化来衡量，因此也是自感式传感器和测量电路的综合灵敏度，这样在确定设计方案时必须综合考虑传感器和测量电路。

自感式传感器的量程是指其输出信号与位移量之间呈线性关系（允许有一定误差）的位移范围。它是确定自感式传感器结构形式的重要依据。如前所述，单线圈螺管型自感式传感器用于特大量程，一般常用差动螺管型自感式传感器。具体尺寸的确定，需配以必要的实验。自感式传感器线圈的长度是根据量程来选择的，如 DWZ 系列电感式位移传感器在非线性误差不超过 $\pm 0.5\%$ 的范围内，位移范围有 ± 5 mm、± 10 mm、± 50 mm 三种规格。图 4-14 所示为差动螺管型电感式传感器结构图，l_c 为铁芯长，l 为线圈总长。对 DWZ-05 型传感器，$l_c = 54$ mm，$l = 72$ mm，量程为 ± 5 mm；对 DWZ-10 型传感器，$l_c = 160$ mm，$l = 294$ mm，量程为 ± 10 mm。

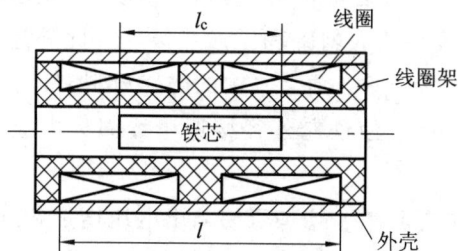

图 4-14　差动螺管型自感式传感器的结构简图

为了满足当铁芯移动时线圈内部磁通变化的均匀性，保持输出电压与铁芯位移量之间的线性关系，自感式传感器的铁芯的加工精度、线圈架的加工精度、线圈绕制的均匀性必须满足要求。

对一个尺寸已经确定的自感式传感器，如果在其余参数不变的情况下，仅仅改变铁芯的长度或线圈匝数，也可以改变它的线性范围。

改变铁芯长度的自感式传感器的输出特性如图 4-15 所示。从图 4-15 中可以看出，当铁芯 l_c 增大时，输出灵敏度减小。考虑到线性关系，铁芯长度有一个最佳值，此值一般用实验方法求得。

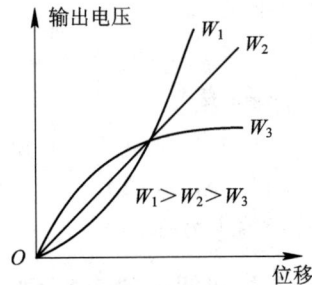

改变线圈匝数的自感式传感器的输出特性如图 4-16 所示。从图 4-16 中可以看出，线圈匝数 W 增加时，输出灵敏度相应增加。考虑到线性关系以及线圈散热和磁路饱和条件的限制对线圈匝数 W 的要求，线圈匝数也有一个最佳值，此值也可以用实验方法求得。

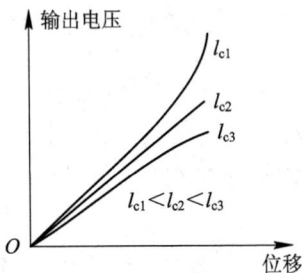

图 4-15　改变铁芯长度时自感　　　　图 4-16　改变线圈匝数时自感式
式传感器的输出特性　　　　　　　传感器的输出特性

因此，在设计自感式传感器时，首先需要估算一下线圈的长度 l，以确定传感器的大概尺寸，铁芯的长度 $l_c \geqslant 1-2x$（x 为铁芯的位移量），线圈的匝数 $W \geqslant 3000$ 匝，然后进行传感器的输出特性试验，逐步地缩短铁芯长度和降低线圈匝数（两者可以交替进行），使传感器的线性关系达到最佳值，最后确定铁芯长度和线圈匝数。如果设计出的自感式传感器的线性范围不够大，则需要把传感器的尺寸适当放大。

线圈的电感量取决于线圈的匝数和磁路的磁导率大小。电感量大，输出灵敏度也高。用增加线圈匝数来增大电感量不是一个好办法，因为随着匝数的增加，线圈电阻就会增大，线圈电阻受温度影响也增大，使传感器的温度特性变差。因此，为了增大电感量，应尽量考虑增大磁路的磁导率。实际选用磁路材料（铁芯和衔铁）时要求磁导率要高，损耗要低，磁化曲线的饱和磁感应强度要大，剩磁和矫顽力要小。此外还应要求导磁体电阻率大、居里温度高、磁性能稳定、便于加工等。常用的磁路材料有硅钢片、纯铁、坡莫合金和铁淦氧等。为了增大电感量，还应使铁芯外径接近于线圈架内径，以及导磁体外壳的内径小一些。

传感器测量电桥激励电源频率 f 增加可使输出电压增加，为了使传感器工作稳定，电源频率应远大于输入信号频率，且远离机械系统的自振频率。电源频率过高会使线圈损耗增加，铁芯涡流损耗也会增加。一般需配合实验选择合适的电源频率，其频率范围通常在

400 Hz～10 kHz。特大位移电感式传感器因线圈的电感 L 和 C 较大，电源频率取 1 kHz，差动式电感传感器电源频率取 3～10 kHz。

4.2　差动变压器

差动变压器是互感式传感器的一种，其本身是一个变压器，它把被测位移量转换为传感器的互感的变化，使次级线圈感应电压也产生相应的变化。

互感式传感器
及应用

4.2.1　工作原理

差动变压器的结构形式主要有变气隙式和螺管式，目前采用较多的是螺管式，下面就以螺管式差动变压器为例展开讨论。图 4-17 所示为差动变压器结构图及原理图，差动变压器的基本元件有衔铁、一个初级线圈、两个次级线圈和线圈框架等。初级线圈作为差动变压器的原边，而变压器的副边由两个结构尺寸和参数相同的次级线圈反相串联而成，在理想情况下其等效电路如图 4-18(a)所示。

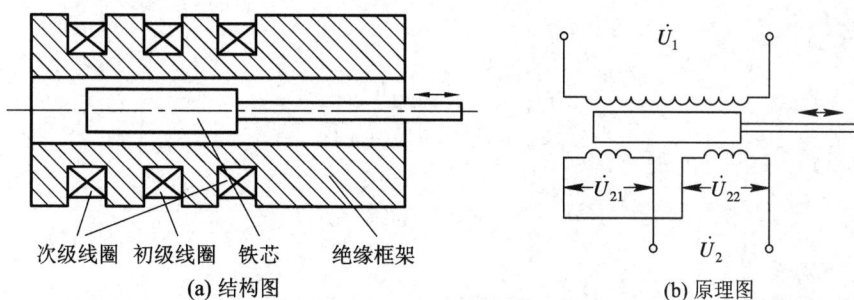

次级线圈　初级线圈　铁芯　　绝缘框架
(a) 结构图

(b) 原理图

图 4-17　差动变压器结构图及原理图

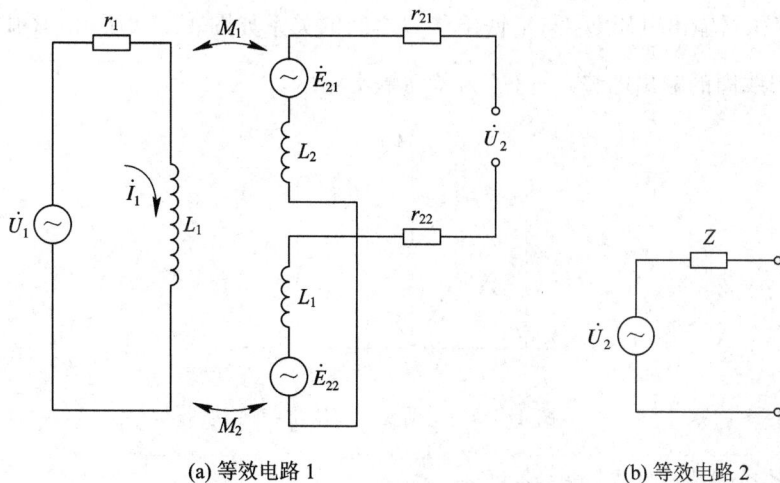

(a) 等效电路 1

(b) 等效电路 2

图 4-18　差动变压器的等效电路

图 4-18(a)中：$\dot{U}_1$、L_1、r_1 分别表示初级线圈的激励电压、电感和电阻；L_{21}、L_{22} 为两个次级线圈的电感；r_{21}、r_{22} 为两个次级线圈的电阻；M_1、M_2 分别为初级线圈与次级线圈 1 和 2 间的互感系数。根据变压器原理，初级线圈中通以电流 $\dot{I}_1$ 时，在两个次级线圈中所产生的感应电势分别为

$$\dot{E}_{21} = -j\omega M_1 \dot{I}_1, \quad \dot{E}_{22} = -j\omega M_2 \dot{I}_2$$

两个次级线圈反相串联后输出的电势为

$$\dot{E}_2 = \dot{E}_{21} - \dot{E}_{22} = -j\omega(M_1 - M_2)\dot{I}_1 \qquad (4-19)$$

当衔铁处于中间位置时，若两个次级线圈参数及磁路尺寸相等，则 $M_1 = M_2 = M$，故

$$\dot{E}_2 = 0$$

当衔铁偏离中间位置时，使得互感系数 $M_1 \neq M_2$，由于传感器以差动方式工作，故 $M_1 = M + \Delta M_1$，$M_2 = M - \Delta M_2$，在一定范围内 $\Delta M_1 = \Delta M_2 = \Delta M$，差值 $(M_1 - M_2)$ 与衔铁位移成正比，在负载开路的情况下，传感器的输出电压为

$$\dot{U}_2 = \dot{E}_2 = -j\omega(M_1 - M_2)\dot{I}_1 = -j2\omega \frac{\dot{U}_1}{r_1 + j\omega L_1}\Delta M \qquad (4-20)$$

其有效值为

$$U_2 = \frac{2\omega\Delta M U_1}{\sqrt{r_1^2 + (\omega L_1)^2}}$$

输出阻抗为

$$Z = r_{21} + r_{22} + j\omega L_{21} + j\omega L_{22}$$

或写成

$$Z = \sqrt{(r_{21} + r_{22})^2 + (\omega L_{21} + \omega L_{22})^2} \qquad (4-21)$$

因此这种差动变压器又可等效为电压为 $\dot{U}_2$，输出阻抗为 Z 的电动势源，如图 4-18(b) 所示。差动变压器输出电压 $\dot{U}_2$ 与衔铁位移 x 之间的关系如图 4-19 所示。图中 $\dot{U}_{21}$、$\dot{U}_{22}$ 分别为两个次级线圈的输出电势，而 $\dot{U}_2$ 为差动输出电压。

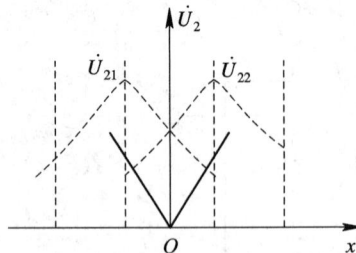

图 4-19 差动变压器输出特性

4.2.2 差动变压器的转换电路

差动变压器的输出是交流电压信号，其常用的测量电路是既能反映衔铁位移方向又能

补偿零点残余电压的差动直流输出电路。差动直流输出电路有两种形式：一种是差动相敏检波电路；另一种是差动整流电路。

相敏整流电路的原理已在前面详细讨论过，此处不再赘述。差动变压器最常用的测量电路是差动整流电路，如图4-20所示，把两个次级线圈的输出电压分别整流后，以它们的差为输出。这种电路比较简单，不需要考虑相位调整和零点残余电压的影响，而且经分别整流后的直流信号可以远距离输送，可不用考虑感应电容和分布电容的影响，因此得到了广泛应用。图4-20(a)和图4-20(b)所示电路用在联结低阻抗负载的场合，是电流输出型，与负载大小无关。图4-20(c)和图4-20(d)所示电路用在联结高阻抗负载的场合，是电压输出型。

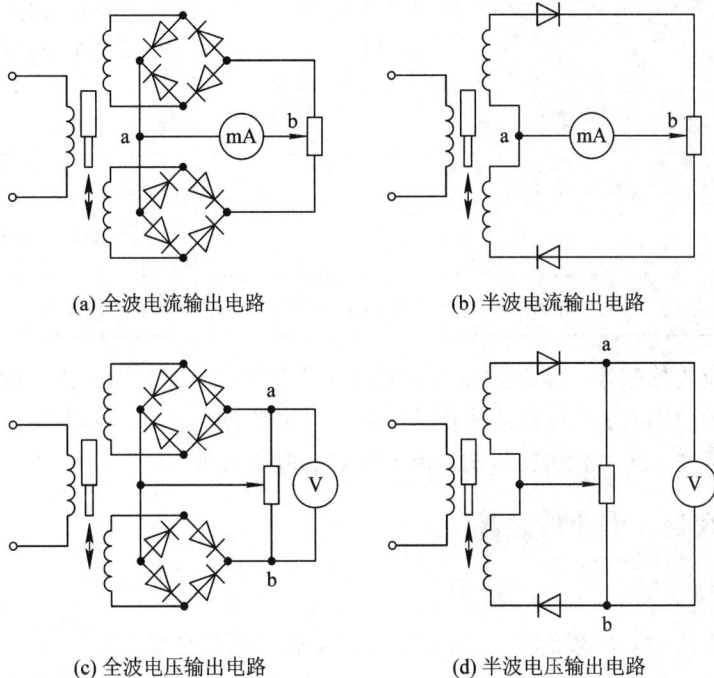

(a) 全波电流输出电路　　　　　　　　　(b) 半波电流输出电路

(c) 全波电压输出电路　　　　　　　　　(d) 半波电压输出电路

图4-20　差动整流电路

4.3　电涡流式传感器

电涡流式传感器及应用

成块的金属置于变化的磁场中或者在固定磁场中运动时，金属体内就会产生感应电流，这种电流的流线在金属体内是闭合的，所以叫作涡流。

涡流的大小与金属体的电阻率 ρ、磁导率 μ、厚度 t、线圈与金属的距离 x，以及线圈的激磁电流角频率 ω 等参数有关，固定其中的若干参数，就能按涡流的大小测量出另外某一参数。

利用成块金属的这种特性制作的传感器称为电涡流式传感器，其最大特点是可以对一些参数进行非接触地连续测量。其在工业测量中的主要应用如表4-1所示。

表 4-1 电涡流式传感器在工业测量中的应用

被 测 参 数	变 换 量	特 征
位移		
厚度	x	(1) 非接触,连续测量; (2) 受剩磁的影响
振动		
表面温度		
电解质浓度	ρ	(1) 非接触,连续测量; (2) 对温度变化进行补偿
材料判别		
速度(温度)		
应力	μ	(1) 非接触,连续测量; (2) 受剩磁和材料影响
硬度		
探伤	x, ρ, μ	可以定量测定

由于电涡流式传感器在金属体内的涡流存在趋肤效应,因此涡流渗透的深度与传感器线圈激磁电流的频率有关。电涡流式传感器主要可分为高频反射式涡流传感器和低频透射式涡流传感器两类。其中高频反射式涡流传感器的应用较为广泛。

4.3.1 高频反射式涡流传感器

1. 基本原理

如图 4-21 所示,高频信号 i_S 施加于邻近金属一侧的电感线圈 L 上,L 产生的高频电磁场作用于金属板的表面,由于趋肤效应,高频电磁场不能透过具有一定厚度的金属板,而仅作用于表面的薄层以内,同时金属板表面感应的涡流产生的电磁场又反作用于线圈 L 上,改变了电感的大小,其变化程度取决于线圈 L 的外形尺寸、线圈 L 至金属板之间的距离、金属板材料的电阻

图 4-21 涡流的发生示意图

率 ρ 和磁导率 $\mu(\rho$ 及 μ 均与材料及温度有关)以及 i_S 的频率等。对非导磁金属($\mu \approx 1$)而言,若 i_S 及 L 等参数已定,金属板的厚度远大于涡流渗透深度时,则表面感应的涡流 $i(\rho, \mu, L)$ 几乎取决于线圈 L 至金属板的距离,而与板厚及电阻率变化无关。

下面用等效电路的方法说明上述结论的实质。

邻近高频电感线圈 L 一侧的金属板表面感应的涡流对 L 的反射作用,可以用图 4-22 所示的等效电路来说明。电感 L_E 与电阻 R_E 分别表示金属板对涡流呈现的电感效应和在金属板上的涡流损耗,用互感系数 M 表示 L_E 与原线圈 L 之间的相互作用,R 为原线圈 L 的损耗电阻,C 为线圈与装置的分布电容。

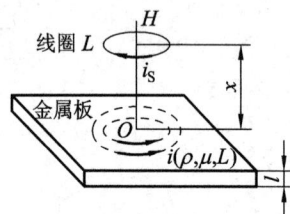

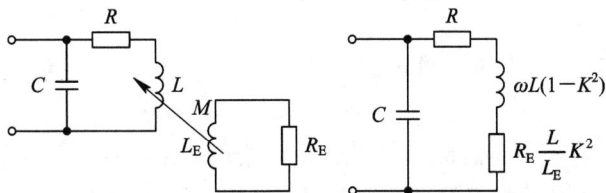

图 4 - 22　邻近金属板高频电感线圈的等效电路

考虑到涡流的反射作用，L 两端的阻抗 Z_L 可用下式表示，即

$$Z_L = R + \mathrm{j}\omega L + \frac{\omega^2 M^2}{R_E + \mathrm{j}\omega L_E} = R + \mathrm{j}\omega L(1 + K^2)\ \frac{1}{\dfrac{1}{\mathrm{j}\omega L K^2} + \dfrac{L_E}{R_E L K^2}} \qquad (4-22)$$

式中：ω 为信号源的角频率；K 为耦合系数，$K^2 = M^2 / LL_E$。

在高频的情况下，可以认为 $R_E \ll \omega L_E$。这里需要说明：计算邻近高频线圈的金属板呈现的电感效应与涡流损耗之间的数量关系，如用理论推导方法是比较困难的，但可以进行估计。

假设一个线径为 1 mm 的一匝圆形线圈（直径为 10 mm）的电感量 $L_E = 1.6 \times 10^{-6}$ H，当施于不同频率的高频信号时，其感抗分量 ωL_E 与电阻分量 R_E 大小如表 4-2 所示。从表中可以看出，对铜或铝能够满足 $R_E \ll \omega L_E$ 的条件（$\rho_{铜} = 1.7\ \mu\Omega \cdot \mathrm{cm}$，$\rho_{铝} = 2.9\ \mu\Omega \cdot \mathrm{cm}$）。金属板对涡流呈现的电感效应可以用许多大小不同的电感线圈按一定方式结合起来的总效应来等效。由于这些电感线圈的感抗与电阻的大小各自满足表中所示的数量关系，另外又由于这些线圈彼此之间还存在着互感效应，因此可进一步提高感抗分量的比例。

表 4 - 2　不同频率时的感抗分量与电阻分量

频率/MHz	感抗 ωL_E/Ω	电阻 R_E/Ω	
		$\rho = 1\ \mu\Omega \cdot \mathrm{cm}$	$\rho = 100\ \mu\Omega \cdot \mathrm{cm}$
1	0.1	0.002	0.02
10	1.0	0.0063	0.063
100	10.0	0.02	0.2

由于 $R_E \ll \omega L_E$，则式（4-22）可以简化为

$$Z_L = R + R_E \frac{L}{L_E} K^2 + \mathrm{j}\omega L(1 - K^2) \qquad (4-23)$$

从式（4-23）可知，Z_L 的虚部 $\mathrm{j}\omega L(1-K^2)$ 与金属板的电阻率无关，而仅与耦合系数 K 有关，即仅与线圈至金属板之间的距离有关。也就是说，电阻率的变化不会带来原线圈两端感抗分量的变化。但由于在实际条件下，线圈 L 与金属板之间的耦合程度很弱，即 $K < 1$，并有 $R_E \ll \omega L_E$，因而可以认为式（4-23）在特定条件下（测量信号频率 f 较高，金属板电阻率较小且变化范围不大）存在着以下关系，即有

$$R_E \frac{L}{L_E} K^2 \ll \omega L(1 - K^2)$$

即与电阻率有关的 $R_E \dfrac{L}{L_E} K^2$ 这一项分量，在 Z_L 中占的比例很小，而式中的 R 是与金属板电阻率无关的一项，因而金属板电阻率的变化对 Z_L 的影响可以忽略，即不会给测量带来误差。

2. 测量电路

高频反射式涡流传感器的测量电路基本上可以分为定频测距电路和调频测距电路两类。

图 4-23 所示为定频测距的原理电路。图中电感线圈 L 和电容 C 是构成传感器的基本电路元件。稳频稳幅正弦波振荡器的输出信号经由电阻 R 加到传感器上。电感线圈 L 的高频电磁场作用于金属板表面，由于表面的涡流反射作用，L 的电感量降低，回路失谐，从而改变了检波电压 u 的大小。L 的数值随距离 x 的增加（或减小）而增加（或减小）。这样，按照图 4-23 所示的原理电路，我们可将 $L-x$ 的关系转换成 $u-x$ 的关系，通过对检波电压 u 的测量，就可以确定距离 x 的大小。这里 $u-x$ 曲线与金属板电阻率的变化无关。

若去掉金属板，则 $L=L_\infty$（即 x 趋于 ∞ 时的 L 值）。如果在保持幅值不变的情况下改变正弦振荡器的频率，则可以得到 $u-f$ 曲线，即传感器回路的并联谐振曲线，如图 4-24 所示。谐振频率为

$$f_0 = \frac{1}{2\pi\sqrt{L_\infty C}} \tag{4-24}$$

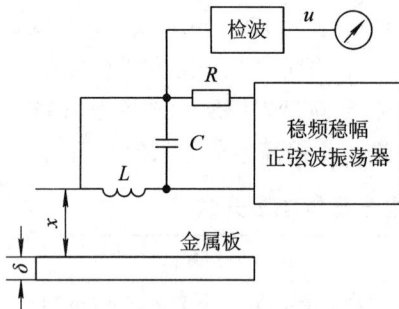

图 4-23 定频测距原理电路

图 4-24 传感器回路的并联谐振曲线

有金属板时，设正弦振荡器的频率为 f_0。若改变金属板至传感器之间的距离 x，则 $u-x$ 曲线（称为高频反射式涡流传感器的输出特性曲线）如图 4-25 所示。当 x 足够大时（此时 $L=L_\infty$，$u=u_\infty$），回路处于并联谐振状态。

图 4-26 所示是调频测距原理图。距离 x 的变化引起传感器中感抗分量 $j\omega L(1-K^2)$ 发生变化，使传感器回路谐振频率 f 与距离 x 之间形式一个函数关系 $f=\varphi(x)$。因此调频测距电路对金属电阻率变化的影响不敏感。

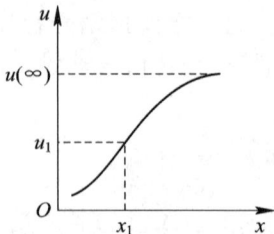

图 4-25 高频反射式涡流传感器输出特性曲线

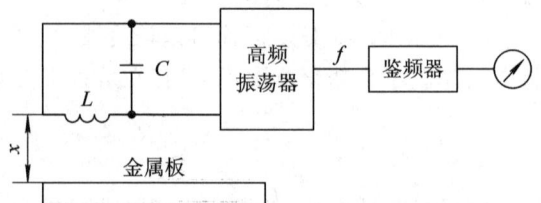

图 4-26 调频率测距原理图

4.3.2　低频透射涡流传感器

图 4-27 所示为低频透射涡流传感器的原理图。发射
线圈 L_1 和接收线圈 L_2 分别位于被测材料 M 的上、下方。
由振荡器产生的音频电压 U 加到 L_1 的两端后，线圈中即
流过一个同频率的交流电流，并在其周围产生一交变磁
场。如果两线圈间不存在被测材料 M，则 L_1 的磁场就能
直接贯穿 L_2，于是 L_2 的两端会感生出一交变电势 E。在

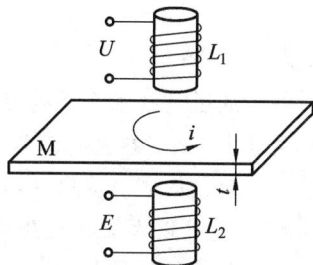

图 4-27　透射式涡流传感器原理图

L_1 与 L_2 之间放置一金属板 M 后，L_1 产生的磁力线必然切割 M（M 可以看作是一匝短路线
圈），并在其中产生涡流 i。这个涡流会损耗部分磁场能量，使到达 L_2 的磁力线减少，从而
引起 E 的下降。M 的厚度 t 越大，涡流损耗也越大，E 就越小。由此可知，E 的大小间接反
映了 M 的厚度 t，这就是测厚度的依据。

M 中的涡流 i 的大小不仅取决于 M 的厚度 t，而且与 M 的电阻率 ρ 有关，而 ρ 又与金
属材料的化学成分和物理状态特别是与温度有关，于是引起相应的测试误差，并限制了这
种传感器的应用范围。补救的办法是对不同化学成分的材料分别进行校正，并要求被测材
料温度恒定。

进一步的理论分析和实验结果证明，E 与 $\mathrm{e}^{-t/Q}$ 成正比，其中 t 为被测材料的厚度，Q 为涡
流渗透深度。而 Q 又与 $\sqrt{\dfrac{\rho}{f}}$ 成正比，其中 ρ 为被测材料的电阻率，f 为交变电磁场的频率，所
以接收线圈的电势 E 随被测材料厚度 t 的增大而按负指数幂的规律减少，如图 4-28 所示。

对于确定的被测材料，其电阻率为定值，但当选用不同的测试频率 f 时，渗透深度 Q
的值是不同的，从而使 E-t 曲线的形状发生变化。

图 4-29 所示为渗透深度对 $E=f(t)$ 曲线的影响。从图 4-29 中可看到，在 t 较小的情
况下，$Q_小$ 曲线的斜率大于 $Q_大$ 曲线的斜率，而在 t 较大的情况下，$Q_大$ 曲线的斜率大于 $Q_小$
曲线的斜率。所以用低频透射涡流传感器测量薄板材料的厚度时应选较高的频率，而测量
厚材料时，应选较低的频率。

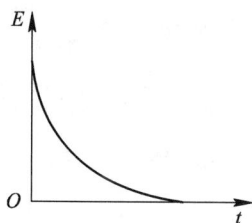

图 4-28　线圈感应电势与厚度关系曲线

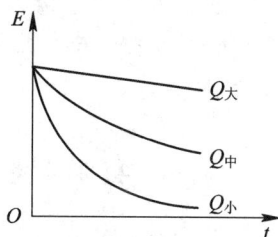

图 4-29　渗透深度对 $E=f(t)$ 曲线的影响

对于一定的测试频率 f，当被测材料的电阻率 ρ 不同时，渗透深度 Q 的值也不相同，于是
又引起 $E=f(t)$ 曲线形状的变化。为使测量不同 ρ 的材料厚度时所得的曲线形状相近，就需在
ρ 变动时保持 Q 不变，这时应该相应地改变 f，即测量 ρ 较小的材料（如紫铜）厚度时，应选用
较低的 f（500 Hz），而测量 ρ 较大的材料（如黄铜、铝）厚度时，则应选用较高的频率 f（2 kHz），
从而保证低频透射型涡流式传感器在测量不同材料厚度时的线性度和灵敏度。

📖 **读一读**

电涡流阻尼技术最初是应用在重载汽车和商用客车上，随后在高速列车上也使用了该类阻尼器。目前，在基建工程中电涡流阻尼技术也得到了应用。如上海中心大厦安装了目前世界上最大的电涡流阻尼器——重达 1000 吨的电磁涡流阻尼器，也被称为"定楼神器""上海慧眼"，它可以大幅减缓高楼层的晃动。由中国自主研发的"镇楼神器"全名为"电涡流摆设式调谐质量阻尼器"，它采用的"电涡流技术"以往用于磁悬浮等工程，而这项技术用于风阻尼器，是中国人的首创。阻尼器重量达 1000 吨，也是创造了世界纪录。阻尼器的作用是减振，即质量块的惯性会产生一个反作用力，使得阻尼器在建筑受到风作用力摇晃时反向摆动，从而起到减振作用。阻尼器上的装饰品命名为"上海慧眼"，灵感来源于《山海经》中的"烛龙之眼"。

2020 年 7 月 28 日，中国电力科学研究院有限公司在新疆阿克苏地区 220 kV 变电站成功安装了电涡流阻尼器，提升了该变电站避雷针抗风振能力，保障了变电设备的安全稳定运行。

电网系统在强震、大风和冰雪天气等灾害环境下，可能会出现损伤，甚至破坏。中国电力科学研究院针对电力高耸结构的振动特性，研发出了适用于控制输电塔和钢管避雷针振动的电涡流阻尼器。它是一种新型振动控制装置，其优越性主要来自电涡流阻尼元件。与传统阻尼器相比，具有诸多优点：电涡流阻尼元件基本不需要任何后期维护，耐久性好，环境适应性强；阻尼器内无流体，无需密封件，不会出现漏液的情况，阻尼参数也不受温度等环境因素的影响。

电涡流阻尼器由电涡流阻尼元件提供阻尼，电涡流阻尼元件通常由永磁铁和铜板构成。当振动发生时，铜板和永磁铁会发生相对运动，铜板切割永磁铁的磁力线会产生一个阻碍两者相对运动的力，也就是阻尼力，同时在铜板内产生电涡流。由于铜板的电阻不为零，根据欧姆定律，电涡流在铜板内发热耗散能量，将结构振动机械能最终转换为热能消耗掉。总的来说，电涡流阻尼器是根据电磁感应定律把物体运动的机械能转化为铜板中的电能，然后通过铜板的电阻效应耗散系统的振动能量。这就好比电涡流阻尼器既是一个"发电机"，又是一个"电热丝"。振动就像水电站里的水流一样，作用到"发电机"促使其发电，产生的电流使"电热丝"发热，产生热量。这样就完成了"机械能-电能-热能"的转化，最终把振动的能量消耗掉。

4.4 电感式传感器的应用

电感式传感器一般用于接触测量，可用于静态和动态测量。具体来说可以用于力、压力、位移、振动、加速度、荷重、流量、液位等参数测量，这里只介绍前 5 种参数测量。

4.4.1 力和压力测量

图 4-30 所示为一种气体压力传感器的结构原理图。两个线圈分别装在两个铁芯上，其初始位置可用调机械零点螺钉来调节，也就是调整传感器的机械零点。传感器的整个机芯装在一个圆形的金属盒内，通过接头螺纹与被测对象连接。

当被测压力 P 变化时，被测压力进入 C 形弹簧管，C 形弹簧管产生变形，其自由端发生位移，带动与自由端连接成一体的衔铁运动，使线圈 1 和线圈 2 中的电感发生大小相等、符号相反的变化，即一个电感量增大，另一个电感量减小，电感的这种变化通过电桥电路转换成电压输出。由于输出电压与被测压力之间呈比例关系，因此只要用检测仪表测量出输出电压，即可得知被测压力的大小。

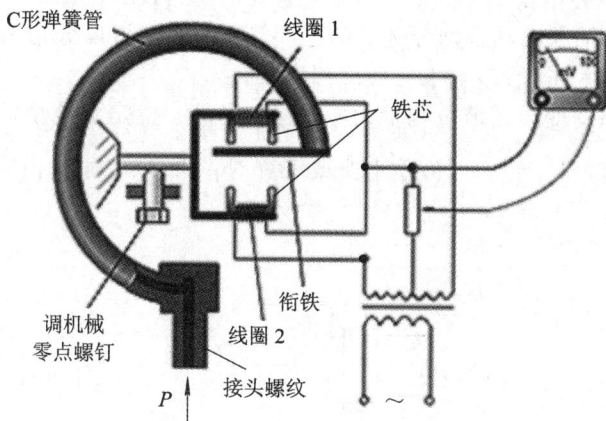

图 4 - 30 气体压力传感器的结构原理图

差动变压器和弹性敏感元件组合可以组成开环压力传感器。因为差动变压器输出的是标准信号，所以也常称为变送器。图 4 - 31 所示是微压力变送器结构示意图及测量电路框图。

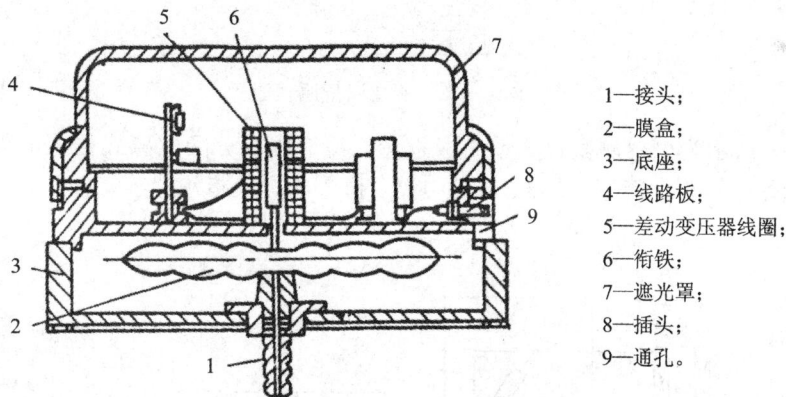

1—接头；
2—膜盒；
3—底座；
4—线路板；
5—差动变压器线圈；
6—衔铁；
7—遮光罩；
8—插头；
9—通孔。

(a) 微压力变送器结构示意图

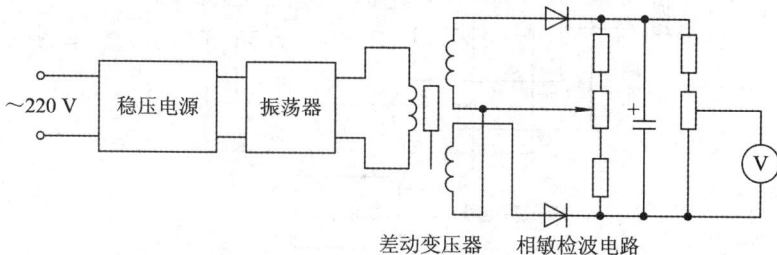

(b) 测量电路框图

图 4 - 31 微压力变送器结构示意图及测量电路框图

这种微压力变送器经分挡可测$(-4\sim6)\times10^4\,\mathrm{N/m^2}$的压力,输出信号电压为$0\sim50\,\mathrm{mV}$,精度有1.0级、1.5级两种。

4.4.2 位移测量

差动变压器测量的基本量仍然是位移,主要用于以下方面:可以作为精密测量仪的主要部件,对零件进行多种精密测量,如内径、外径、不平行度、粗糙度、不垂直度、振摆、偏心和椭圆度等;作为轴承滚动自动分选机的主要测量部件,可以分选大、小钢球,圆柱,圆锥等;用于测量各种零件膨胀、伸长、应变等参数。

图4-32所示为差动变压器液位测量的原理图。当某一设定液位使铁芯处于中心位置时,差动变压器输出信号$\dot{U}_\circ=0$;当液位上升或下降时,$\dot{U}_\circ\neq0$,通过相应的测量电路便能确定液位的高低。

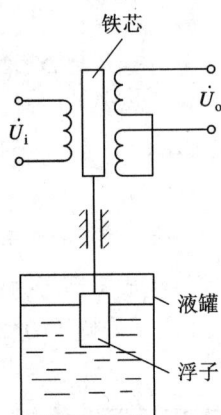

图4-32 液位测量原理图

图4-33所示为电感测微仪典型组成框图,其组成部分除电感式传感器外,还包括交流电桥、交流放大器、相敏检波器、振荡电路、稳压电源及指示器等。它主要用于精密微小位移测量。

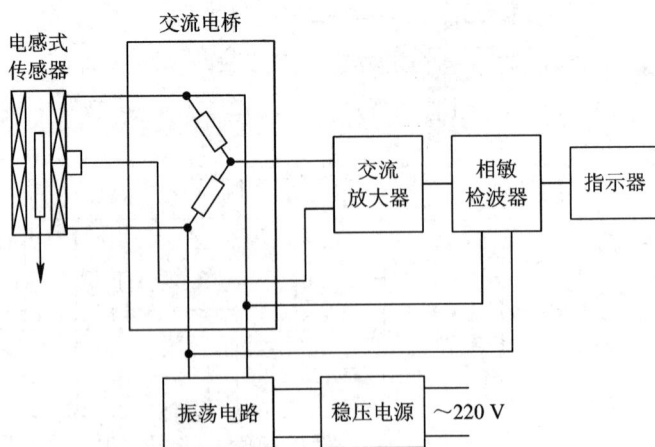

图4-33 电感测微仪典型组成方框图

图4-34所示为变气隙型差动式电感压力传感器结构图。

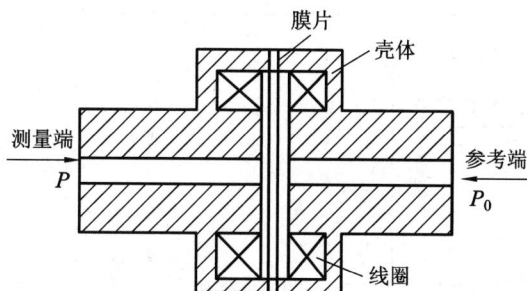

图 4-34　变气隙型差动式电感压力传感器结构图

4.4.3　振动和加速度测量

利用差动变压器加上悬臂梁弹性支承可构成差动变压器加速度计。为了满足测量精度，加速度计的固有频率（$\omega_n = \sqrt{k/m}$）应比被测频率上限大 3～5 倍。由于运动系统质量 m 不可能太小，而增加弹性片刚度 k 又会使加速度计灵敏度受到影响，因此系统固有频率不可能很高。所以，这种加速度计能测量的振动频率上限就受到限制，一般在 150 Hz 以下。图 4-35 所示为差动变压器加速度计的结构和测量电路示意图。这里要注意一点的是，高频时进行加速度测量需用压电式传感器。

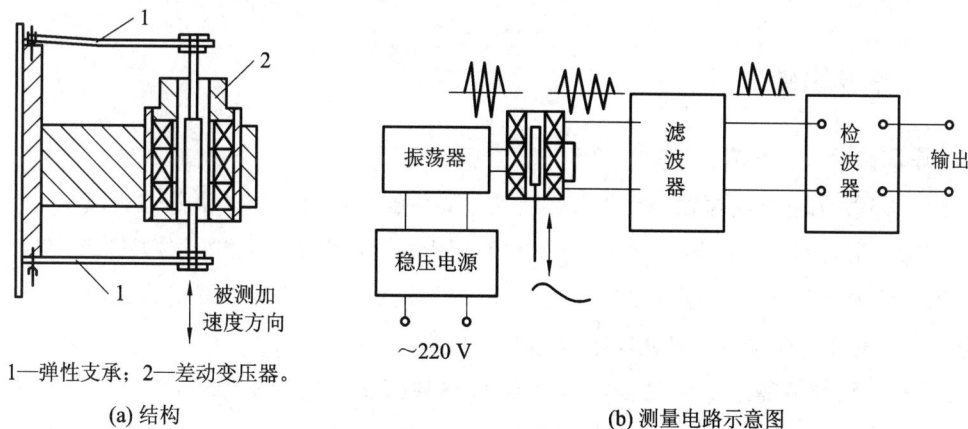

1—弹性支承；2—差动变压器。

(a) 结构　　　　　　　　　　　(b) 测量电路示意图

图 4-35　差动变压器加速度计结构及其测量电路示意图

任 务 实 施

任务四　基于电感式传感器的接近开关的设计与制作

（一）任务描述

（1）图 4-36 所示是一种电感式接近开关电路，试分析电路的工作原理。

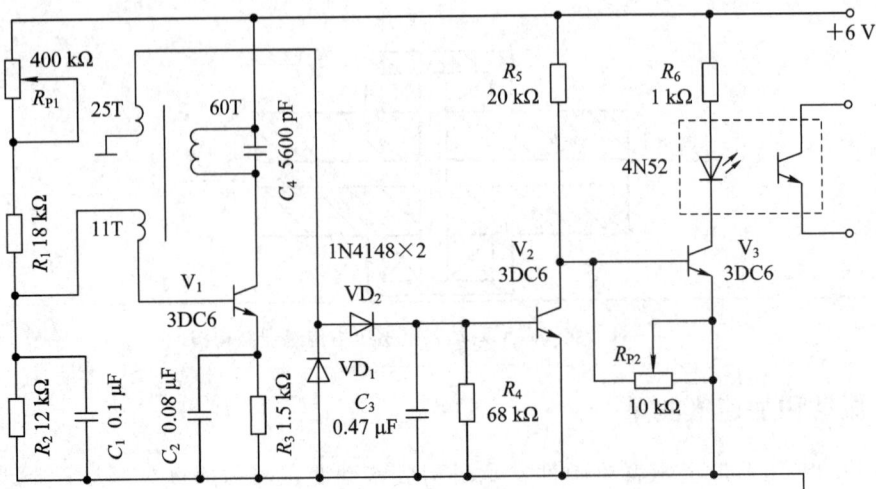

图 4-36　电感式接近开关电路

（2）在万能板或印制电路板上完成图 4-36 所示电路的安装。

（3）调试所制作的电感式接近开关至最佳工作状态。

（4）测量所制作的电感式接近开关的各项指标参数，包括动作距离、复位距离、回差值。

（二）实施步骤

1. 原理分析

图 4-36 所示电路由振荡电路、整流滤波电路、放大输出电路 3 个部分构成。

V_1、R_1、R_2、C_1、C_2、R_{P1}、R_3、C_4、60 匝线圈、11 匝线圈一起构成变压器反馈振荡电路；二极管 VD_1、VD_2、C_3 起到倍压整流和滤波的作用；V_2 起到开关和放大信号的作用；V_3 构成反相的输出驱动级，以光电耦合的方式与负载连接。

当没有金属导体靠近线圈时，V_1 电路进行高频振荡，25 匝的线圈将振荡信号耦合输出，经过倍压整流和滤波后，向 V_2 基极输出一定幅度的直流电压，使 V_2 饱和导通，V_2 的集电极（V_3 基极）经过倍压整流和滤波输出低电平，从而使 V_3 截止，光电耦合器不工作。

当有金属导体靠近线圈时，将引起涡流损耗，使反馈到输入端的信号衰减，破坏振荡所必需的幅度条件，振荡电路停止振荡，倍压整流和滤波电路输出电压为零，使 V_2 截止，V_3 导通，光电耦合器 4N25 内藏发光管发光，光敏三极管导通，控制后级电路工作。

详细分析：

（1）请详细分析振荡电路原理并标出线圈的同名端。

（2）请分析 R_{P1}、R_{P2} 对电路的调节作用。

2. 电感式接近开关的制作

1）器材准备

万能板（或印制电路板）×1、磁芯（5 mm×4 mm）、漆包线（0.12 mm）、电阻、电容、电位器（参数见电路图）若干、光电耦合器 4N25×1、二极管 1N4148×2、三极管 3DG6（9014）×3。

2）制作探头

在 5 mm×4 mm 磁芯上，用 0.12 mm 漆包线按照图 4-36 所示的匝数绕制探头。注意绕线应尽量紧密牢固，绕制完成后，要区分好线圈的同名端并做好标记，并将 3 个线圈的首尾端向磁芯的一端捋平，用绝缘胶带收束固定，6 条引出线都要留足长度以方便焊接和测试。

3）电路板的焊接

按照电路图将各元件焊接到电路板上，并完成剪脚和清洁。（考虑到此接近开关主要用于实验室测试，可将光电耦合器换为发光二极管，更易于观察输出状态。）

3. 电感式接近开关的调试

1）器材准备

万用表、示波器、直流稳压电源。

2）调试步骤

（1）使能端的调节。

① 将直流稳压电源输出调至＋6 V。

② 将电路板接通电源，调节 R_{P1}，用示波器观察 V_1 集电极的波形，直到观察到高频振荡信号。然后反复缓慢调节 R_{P1}，使电感传感器的高频振荡器恰好刚刚起振。此时用一金属物靠近探头，V_1 集电极的振荡波形应消失。

（2）输出级的调节。

先用一金属物靠近探头，用万用表检测 V_2 的集电极，应输出较高电平，再细调 R_{P2} 使 V_3 刚好完全导通。

完成以上调节后，传感器的检测距离达到最大（感应距离在几毫米到数十毫米），灵敏度也最高。如果实际中需要减小检测距离，可以再微调 R_{P1} 和 R_{P2}，但如果要增大检测距离，则就必须修改电路的设计。

（3）电感式接近开关的测试。

测试项目：动作距离；复位距离；回差值。

测试工具：游标卡尺或直尺、直流稳压电源、面积为 13 mm×12 mm 或更大的厚 1 mm 的钢板。

测试条件：

① 在室温下，远离强磁场进行测试。

② R_{P1}、R_{P2} 调至使电感式接近开关灵敏度最高、感应距离最远的状态。

测试步骤：

如果条件具备，可将钢板和电感式接近开关探头分别用夹具固定在专用的测量导轨上，以提高测量精度。安装时，应注意钢板和探头中心对正。

① 动作距离的测量。

固定好电感式接近开关探头，接通电感式接近开关电源，缓慢将钢板正对探头并移近探头，当传感器上发光二极管亮起时，停止移动，用直尺测量探头端面到钢板的距离，即为动作距离。

② 复位距离。

完成步骤①的测量后，将钢板继续向探头方向移动一小段距离，然后缓慢向反方向移动，当传感器上发光二极管熄灭时，停止移动，用直尺测量此时探头端面到钢板的距离，即为复位距离。

③ 计算回差值。

$$回差值＝复位距离－动作距离$$

④ 重复步骤①～③两次，将数据填入表 4-3 中。

表 4-3 电感式接近开关指标测试表

测量次数	动作距离 单位：mm	复位距离 单位：mm	回差值 单位：mm
1			
2			
3			
平均值			

考 核 评 价

基于电感式传感器的接近开关的设计与制作评分细则如表 4-4 所示。

表 4－4　项目考核评分细则

评 价 内 容		配分	考 核 标 准	得分
职业素养与操作规范（60分）	电路分析	20	（1）原理分析不正确，每处扣2分； （2）电路识图不准确，每处扣2分； （3）元器件识读不正确，每个扣1分； （4）不能提出电路改进方法，扣2分	
	电路安装	15	（1）不能对电路进行合理布局，扣3分； （2）不能正确分辨元器件引脚每处，扣1分； （3）探头绕制方法错误，视情况，扣1～3分	
	系统调试	15	（1）调试步骤错误，扣1～3分； （2）使用仪器仪表方法不当，扣1～3分； （3）烧坏元器件，扣5分，损坏仪表，扣10分	
	6S规范	10	（1）工位不整洁，扣5分，工具、仪表摆放不整齐扣5分； （2）没有安全文明生产，扣5分	
作品（40分）	工艺	20	（1）导线零乱、不规范，扣5分； （2）有脱焊、漏焊、裂纹、拉尖、多锡、少锡、针孔、吹孔、空洞、焊盘剥离等，扣0.5分/处； （3）有开路/短路、锡球、锡溅、锡桥，扣0.5分/处； （4）元件有扭曲、倾斜、移位、管脚共面性差等，扣0.5分/处； （5）有元件、焊盘或印制板损伤，扣0.5分/处	
	功能	20	（1）动作距离过短，扣1～3分； （2）不能驱动发光二极管，扣5分； （3）零距离不能使开关动作，扣10分； （4）振荡电路不起振，本项不得分	
合　　　计				

拓 展 训 练

（1）电感式传感器为什么通常都采用差动形式？

（2）差动变压器产生零点残余电压的原因有哪些？如何消除和减小零点残余电压？

（3）简述相敏检波电路的工作原理。

（4）电涡流式传感器的主要优点是什么？

项目五
基于霍尔传感器的车速测量仪的设计与制作

项目描述

利用半导体材料的各种物理效应，可以把被测量物理量的变化转换为便于处理的电信号，从而制成各种半导体式传感器。霍尔传感器是一种基于霍尔效应的半导体磁电传感器。

本项目利用霍尔传感器设计制作一个能测量车速的测量仪，可以模拟显示速度，也可以数字显示速度。

项目目标

1. 知识目标

（1）掌握霍尔效应原理。

（2）掌握霍尔传感器的基本电路、基本特性。

（3）掌握霍尔传感器的误差分析及补偿方法。

（4）掌握霍尔传感器的应用电路。

（5）掌握气敏传感器的主要参数。

（6）掌握湿敏元件的性能。

2. 能力目标

（1）能根据特定应用场合选择合适的霍尔传感器。

（2）根据速度的范围选择合适的测量方法。

（3）能正确选择仪表进行测量。

3. 思政目标

（1）培养学生的民族自豪感。

（2）培养学生爱岗敬业、无私奉献的职业道德。

（3）训练和培养学生获取信息的能力。

（4）培养学生团结协作、交流协调的能力。

（5）培养学生注重安全生产、遵守操作规程等良好职业素养。

知 识 准 备

5.1　霍 尔 传 感 器

　　1879 年，美国物理学家霍尔首次在金属材料中发现了霍尔效应，但由于金属材料的霍尔效应太弱而没有得到应用。随着半导体技术的发展，人们开始用半导体材料制造霍尔元件，由于它的霍尔效应显著因而得到了应用和发展。同时，随着固体物理效应得到不断发现，以及新型半导体敏感元件的不断发展，目前已有热敏、光敏、磁敏、气敏、湿敏等多种类型半导体传感器。半导体传感器的特点有：① 具有灵敏度高；② 频率响应宽、响应速度高；③ 结构简单、小型、轻量、价廉、无触点；④ 可靠性高、寿命长；⑤ 便于实现集成和智能化等。由于该类传感器具有以上特点，因此在检测技术中正得到日益广泛的应用，许多国家在 80 年代就把它列为关键技术之一。制造半导体敏感元件的材料有半导体陶瓷和单晶材料，这两种材料各有所长，互为补充。

5.1.1　霍尔元件的工作原理

1. 霍尔效应

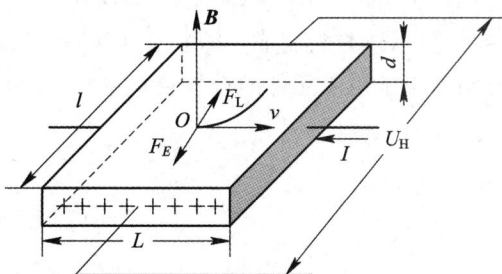

　　图 5-1 所示为霍尔效应原理图，若在金属或半导体薄片的两端通过控制电流 I，并在金属或半导体薄片的垂直方向上施加磁感应强度为 B 的磁场，那么在垂直于电流和磁场的方向（即霍尔输出端之间）将产生电动势 U_H（称霍尔电动势或霍尔电压），这种现象称为霍尔效应。

霍尔原理

图 5-1　霍尔效应原理图

2. 霍尔效应产生的原因及霍尔电场的建立

　　运动电荷在磁场中会受到洛伦兹力作用，是霍尔效应产生的原因。

　　假设在 N 型半导体薄片的控制电流端通过电流 I，则半导体中的载流子（电子）将沿着和电流方向相反的方向运动，若在垂直于半导体薄片平面的方向上加以磁场 B，则由于洛伦兹力 f_L 的作用，电子向一边偏转，并使该边积累电子，而另一边则积累正电荷，于是便产生了电场。

这个电场阻止运动电子的连续偏转。当作用在运动电子上的电场力 F_E 与洛伦兹力 f_L 相等时，电子的积累便达到动态平衡。这时，在薄片两横端面之间建立的电场成为霍尔电场 E_H，相应的电动势就称为霍尔电动势 U_H（以下简称为电势），其大小可用下式表示，即

$$U_H = \frac{R_H IB}{d} \qquad (5-1)$$

式中 $R_H = 1/(ne)$ 称为霍尔常数，其大小取决于导体载流子密度。

令 $K_H = R_H/d$，则

$$U_H = K_H IB \qquad (5-2)$$

式中 K_H 称为霍尔元件灵敏度，它表示在单位电流、单位磁场作用下，开路的霍尔电势输出值。K_H 与霍尔元件的厚度呈反比，降低厚度 d，可以提高霍尔元件的灵敏度。但在考虑提高灵敏度的同时，必须兼顾霍尔元件的强度和内阻。

3. 几点说明

（1）霍尔电动势的大小正比于控制电流 I 和磁感应强度 B 的乘积。

（2）K_H 为霍尔元件的灵敏度，它是表征在单位磁感应强度和单位控制电流作用下输出霍尔电压大小的一个重要参数，与霍尔元件的性质和几何尺寸有关，一般要求越大越好。

（3）霍尔元件的厚度 d 对其灵敏度的影响很大，霍尔元件的厚度越小，其灵敏度就越高。所以霍尔元件的厚度一般都比较小。

（4）当控制电流的方向或磁场的方向改变时，输出的霍尔电动势的方向也将改变。但当磁场与电流同时改变时，霍尔电动势并不改变原来的方向。

（5）由于建立霍尔电动势所需的时间极短（为 $10^{-14} \sim 10^{-12}$ s），因此霍尔元件的频率响应很高（可达 10^9 Hz 以上）。

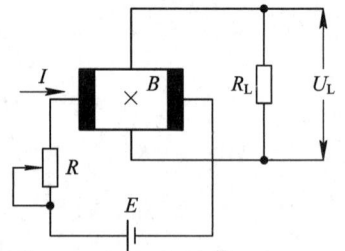

4. 霍尔元件及基本电路

根据霍尔效应制成的元件称为霍尔元件，如图 5-2 所示。霍尔元件一般采用 N 型的锗、锑化铟和砷化铟等半导体单晶体材料制成，其结构简单，由霍尔片、引线和壳体三部分组成。图 5-3、图 5-4 分别给出了霍尔元件的符号及基本电路。

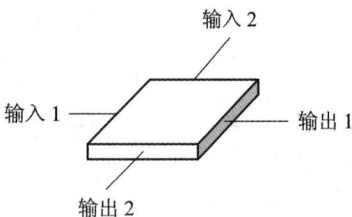

图 5-2 霍尔元件示意图　　　图 5-3 霍尔元件的符号　　　图 5-4 霍尔元件基本电路

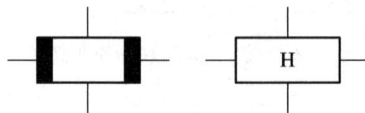

5.1.2　霍尔元件的电磁特性

霍尔元件的电磁特性是指控制电流（直流或交流）与输出之间的关系，以及霍尔输出

(恒定或交变)与磁场之间的关系等特性。

1. U_H-I 特性

霍尔元件的 U_H-I 特性是指在磁场 B 和环境温度一定时，霍尔元件输出电动势 U_H 与控制电流 I 之间呈线性关系，如图 5-5 所示。图中直线的斜率称为控制电流灵敏度，用 K_I 表示，按照定义 K_I 可写为

霍尔元件的特性
参数和误差补偿

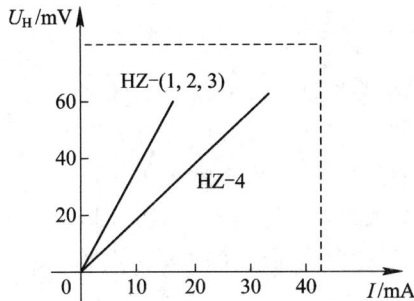

$$K_I = \left(\frac{U_H}{I}\right)_{B恒定} \qquad (5-3)$$

图 5-5　霍尔元件的 U_H-I 特性曲线($B=0.3\mathrm{Wb/m^2}$)

由式(5-2)和式(5-3)可得到

$$K_I = K_H B \qquad (5-4)$$

由式(5-4)可知，霍尔元件的灵敏度 K_H 越大，控制电流灵敏度 K_I 也就越大。但灵敏度大的霍尔元件，其霍尔电势输出并不一定大。这是因为霍尔电势还与控制电流有关。因此，即使灵敏度较低的霍尔元件，如果在较大控制电流下工作，则同样可以得到较大的霍尔电势输出。

2. U_H-B 特性

当控制电流一定时，霍尔元件的霍尔电势输出随磁场的增加并不完全呈线性关系，而是只有当霍尔元件工作在 0.5 $\mathrm{Wb/m^2}$ 以下时，线性度才较好。图 5-6 给出了 U_H-B 特性曲线。

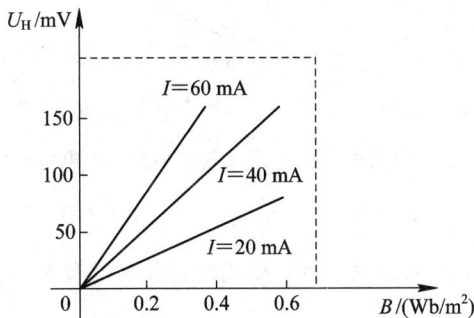

图 5-6　U_H-B 特性曲线

5.1.3　霍尔元件的误差分析及其补偿方法

霍尔元件的输入-输出关系比较简单，而且线性好，但是影响它性能的因素及造成误差

的因素很多，主要有以下几个方面。

1. 霍尔元件的几何尺寸、电极接点的大小对性能的影响

1）霍尔元件的几何尺寸对性能影响

在公式 $U_H = K_H IB$ 中，是把霍尔片的长度 L 视为趋向无穷大的，实际上霍尔元件总有一定的长宽比 L/l（l 为霍尔片的宽度），而元件的长宽比是否合适对霍尔电势的大小有着直接的关系。为此，在霍尔电势输出表达式中应该增加一项与霍尔元件几何尺寸有关的系数，这样就可写成

$$U_H = \frac{R_H}{d}IBf_H\left(\frac{L}{l}\right) \qquad (5-5)$$

式中 $f_H(L/l)$ 为霍尔元件的形状系数。该系数与 L/l 之间的关系如图 5-7 所示。由图 5-7 可以看出，当 $L/l >$ 2.0 时，形状系数 $f_H(L/l)$ 接近于 1.0。从提高霍尔元件灵敏度的角度，把 L/l 选得越大越好。但在实际设计时，取 $L/l = 2.0$ 已足够，因为 L/l 过大反而会使输入功耗增加，从而降低霍尔元件的效率。

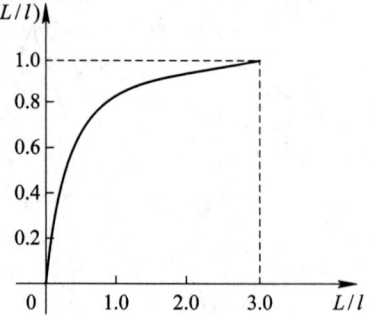

图 5-7　霍尔元件的形状系数曲线

2）霍尔元件电极大小对性能的影响

霍尔元件电极的大小对霍尔电势的输出影响如图 5-8 所示。图 5-8(a) 所示为输出电极示意图，图 5-8(b) 所示为霍尔元件电极大小对霍尔电势输出的影响。对理想霍尔元件的要求为：控制电流端的电极是良好面接触；霍尔电极为点接触。实际上，霍尔元件电极有一定宽度 S，S 对霍尔元件的灵敏度和线性度有较大的影响。研究表明：当 $S/L < 0.1$ 时，电极宽度对霍尔元件的影响可忽略。

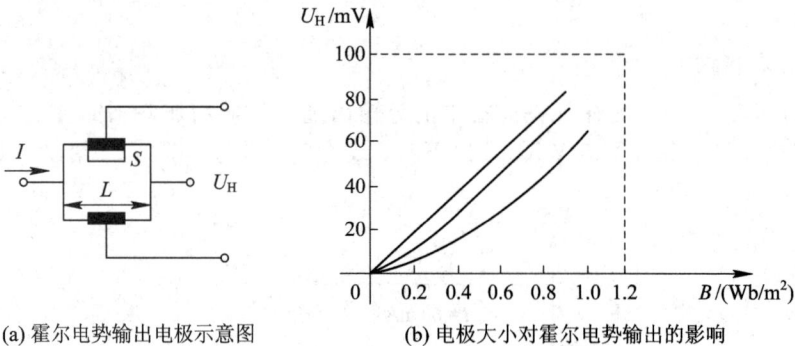

(a) 霍尔电势输出电极示意图　　　(b) 电极大小对霍尔电势输出的影响

图 5-8　霍尔元件电极示意图及其大小对霍尔电势输出的影响

2. 零位误差及补偿

霍尔元件不加控制电流或不加磁场时，输出的霍尔电势称为零位误差，主要有以下 4 种。

1）不等位电势 U_0

图 5-9 给出了不等位电势产生的示意图。不等位电势是一个主要的零位误差，产生不等位电势的主要原因有：一是两个霍尔电势板在制作过程中并非绝对对称；二是电阻率不均匀；三是霍尔元件的厚度不均匀；四是控制电流极的端面接触不良。

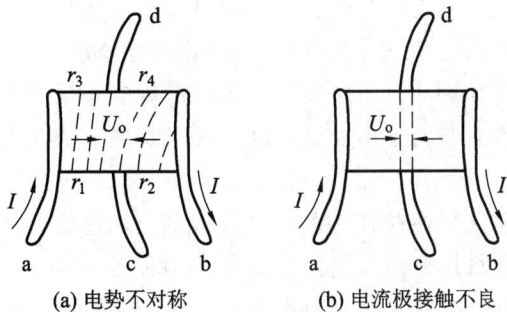

图 5-9　不等位电势产生示意图

　　分析不等位电势的方法为：把霍尔元件等效为一个电桥，电桥的 4 个电阻分别为 r_1、r_2、r_3、r_4，如图 5-10 所示。当两个霍尔电势极在同一等位面上时，$r_1=r_2=r_3=r_4$，则电桥平衡 $U_o=0$；当霍尔电势不在同一等位面上时（如图 5-9(a)所示），因 r_3 减小、r_4 增大，则电桥平衡被破坏，因此，输出电压 U_o 不为 0。恢复电桥平衡办法是增大 r_2 或 r_3。如果确知霍尔元件电极偏离等位面的方向，就可以采用一些补偿的方法减小不等位电势。图 5-11 给出了不等位电势采用补偿线路进行补偿的几种方法。

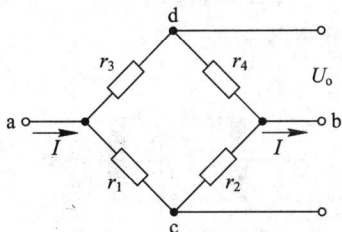

图 5-10　霍尔元件的等效电路

图 5-11　不等位电势的几种补偿方法

2) 寄生直流电势

由于霍尔元件的电极不可能做到完全的欧姆接触，因此在控制电流极板和霍尔电势板上都可能会出现整流效应。因此,当霍尔元件通以交流控制电流(不加磁场)时,它的输出除了有交流不等位电势外,还有一直流电势分量(此电势分量称为寄生直流电势)。

产生寄生直流电势的原因有:一是控制电流与霍尔电势极的欧姆接触不良造成的整流效应;二是霍尔电势极的焊点大小不一致,以及两焊点的热容量不一致产生温差,造成直流附加电势。

寄生直流电势是霍尔元件零位误差的一个组成部分,它的存在对霍尔元件在交流情况下使用是有很大障碍的,尤其是当直流附加电势随时间变化时,将会导致输出漂移。为了减少寄生直流电势,在进行霍尔元件的制作和安装时,应尽量改善霍尔电势极的欧姆接触性能和霍尔元件的散热条件。

3) 感应零电势 U_{io}

感应零电势 U_{io} 定义为:当没有控制电流时,霍尔元件在交流或脉动磁场作用下产生的电势。其大小与霍尔电势极引线构成的感应面积 A 成正比,如图 5-12(a)所示。由电磁感应定律可得

$$U_{io} = -A \frac{\mathrm{d}B}{\mathrm{d}t} \tag{5-6}$$

式中 B 为感应强度。感应零电势补偿方法如图 5-12(b)、图 5-12(c),使霍尔电势极引线围成的感应面积 A 所产生的感应电势互相抵消。

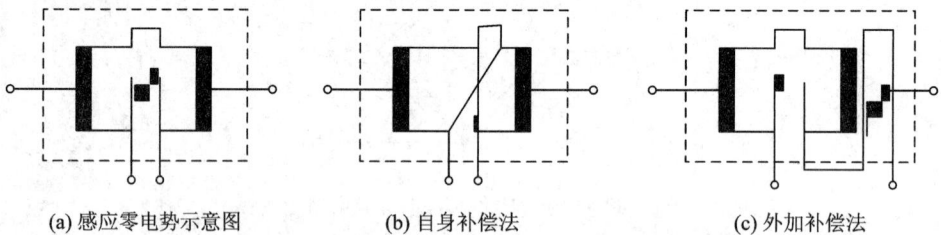

(a) 感应零电势示意图   (b) 自身补偿法   (c) 外加补偿法

图 5-12   感应零电势示意图及其补偿方法

4) 自激场零电势

当霍尔元件通以控制电流时,此电流就会产生磁场,这一磁场称为自激场。由于霍尔元件的左右两半场相等,因此产生的电势方向相反而抵消,如图 5-13(a)所示。

实际应用时霍尔元件并非两半场相等,如图 5-13(b)所示,因而霍尔元件有霍尔电势输出,此电势称为自激场零电势。

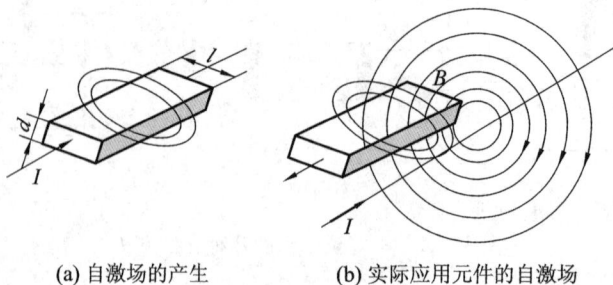

(a) 自激场的产生   (b) 实际应用元件的自激场

图 5-13   元件自激场电势示意图

克服自激场零电势的措施为：在安装过程中合理安排控制电流引线。

3. 霍尔元件的温度特性及补偿方法

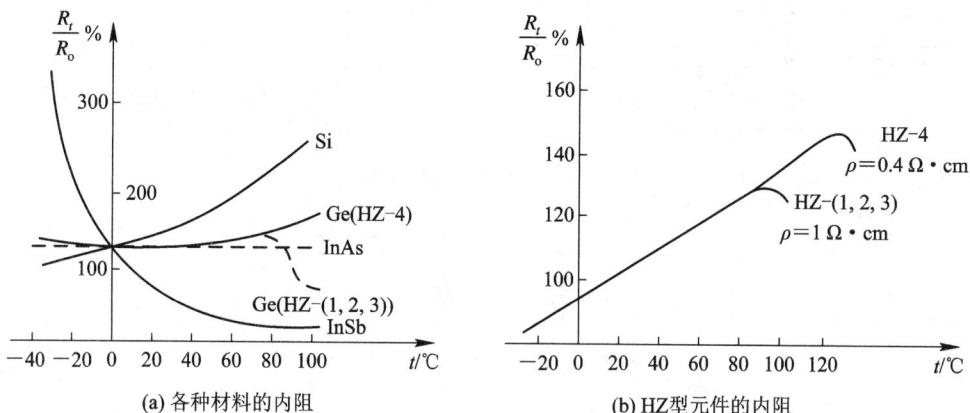

霍尔元件与一般半导体器件一样，对温度的变化是很敏感的。这是因为半导体材料的电阻率、迁移率和载流子浓度等是随温度变化的。因此，霍尔元件的性能参数，如内阻、霍尔电势等也随温度变化。

霍尔元件的温度
特性及补偿方法

1) 温度对内阻的影响

霍尔元件的内阻包括霍尔元件控制电流两端之间的输入电阻和霍尔电势两输入端的输出电阻。霍尔元件的材料不同，其内阻与温度的关系也不同，内阻与温度的关系如图 5-14 所示。

图 5-14　内阻与温度的关系

从图 5-14(a)中可以看出锑化铟(InSb)对温度最敏感，其温度系数最大，在低温范围内尤其明显，其次是硅(Si)，砷化铟(InAs)的温度系数最小。图 5-14(b)比较了 HZ-(1, 2, 3) 和 HZ-4 型元件内阻与温度的关系。HZ-(1, 2, 3)三种元件的温度系数在 80℃ 左右开始由正变负，而 HZ-4 在 120℃ 左右开始由正变负。

2) 温度对霍尔元件输出的影响

图 5-15 给出了不同材料的霍尔元件输出随温度变化的情况。从图 5-15(a)可以看出，锑化铟(InAb)的霍尔电势温度系数变化最明显，硅(Si)的霍尔电势温度系数最小，其次是砷化铟(InAs)和锗(Ge)。HZ 型霍尔元件的输出电势与温度关系如图 5-15(b)所示。当温度在 50℃ 左右时，HZ-(1, 2, 3)输出的温度系数由正变负，而 HZ-1 则在 80℃ 左右由正变负。此转折点的温度称为霍尔元件的临界温度。考虑到霍尔元件工作时的温升，因此霍尔元件的工作温度应适当降低。

3) 温度补偿

为了减小霍尔元件的温度误差，除选用温度系数较小的霍尔元件(如砷化铟)或采用恒温措施外，用恒流源供电往往可以得到明显的效果。恒流源供电的作用是减小霍尔元件内阻随温度变化而引起的控制电流的变化。但采用恒流源供电还不能完全解决霍尔电势的稳定问题，因此，还必须结合其他补偿电路。图 5-16 所示是一种既简单，又有较好的补偿效果的补偿电路。在该电路中，给控制电流极并联一个合适的补偿电阻 r_0，这个电阻起分流作用。当温度升高时，霍尔元件的内阻迅速增加，使通过元件的电流减小，而使通过补偿电

阻 r_0 的电流增加，这样利用霍尔元件内阻的温度特性和一个补偿电阻就能自动调节通过霍尔元件的电流大小，从而起到补偿作用。

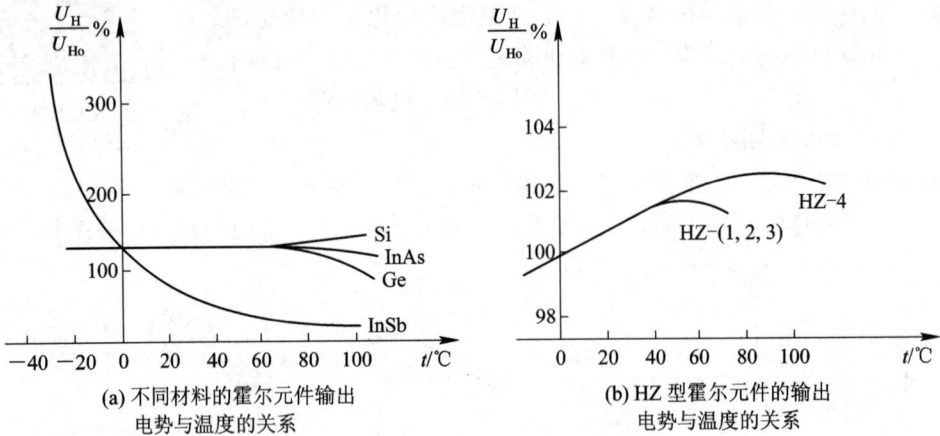

(a) 不同材料的霍尔元件输出
电势与温度的关系

(b) HZ 型霍尔元件的输出
电势与温度的关系

图 5 - 15　霍尔电势与温度的关系

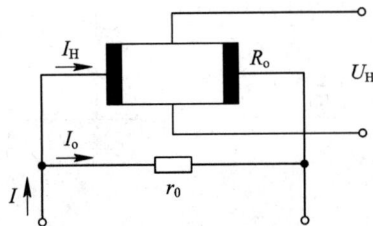

图 5 - 16　温度补偿电路

5.1.4　霍尔元件的设计要点

1. 霍尔元件尺寸的考虑

1）尺寸 L 和 l 的考虑

要使霍尔元件的霍尔效应强，则必须使霍尔元件的 U_H 和传递系数 k 增大（$k=\dfrac{U_H}{U_I}=\dfrac{\mu B\sin\alpha}{L/l}$，式中 μ 为迁移率），即必须使 L/l 减少，这就要求霍尔片的长度 L 值要减小，而宽度 l 值要增大。也就是要求提供霍尔电势的霍尔片的两个表面要做成点状，越小越好。而提供控制电流 I 的两个表面则要求尺寸越大越好，但此两个表面增大必将对霍尔电势起短路作用，因此在设计和制作霍尔片时，l 值不宜过大。

2）L/l 的确定

实践经验表明，当取 $L/l\approx 2$ 时，霍尔电势可达最大值。

2. 霍尔元件材料的确定

1）确定材料的依据

由霍尔元件控制极的电阻率 $\rho=k_H/\mu$ 及 $K_H=\rho\mu$ 可知，若要求霍尔电势 U_H 大，则必须要求霍尔效应常数 K_H 也大，这就要求材料的电阻率 ρ 和迁移率 μ 必须都大，但这一要求不是所有材料均能满足的。这是因为：金属材料的电阻率 ρ 低，但迁移率 μ 高；绝缘体材料电阻率 ρ 高，但迁移率 μ 低；半导体材料电阻率 ρ 和迁移率 μ 均高。因此，只有半导体材料才最适合作为霍尔元件的材料。

2）制作霍尔元件的半导体材料

常用的制作霍尔元件的半导体材料有锗、硅、砷化铟、锑化铟等。

3．霍尔片的结构

（1）霍尔片尺寸要求：国产霍尔元件尺寸一般 $L＝4$ mm，$l＝2$ mm，$d＝0.1$ mm。

（2）霍尔电极要求：沿长度 L 方向受力要小；电极两侧要对称，并安置于正中间位置。

（3）激励电极（控制板）要求：$L/l＝2$。

（4）垂直磁场的两个表面要求：均为光滑。

（5）霍尔片封装要求：霍尔片一般需要用陶瓷或环氧树脂或硬橡胶进行封装。

5.1.5　霍尔传感器的应用

1．霍尔元件的叠加连接

为获得较大的霍尔电势输出，提高霍尔输出灵敏度，霍尔元件可采用输出叠加的连接方式，图5－17所示为霍尔元件输出的叠加连接图。

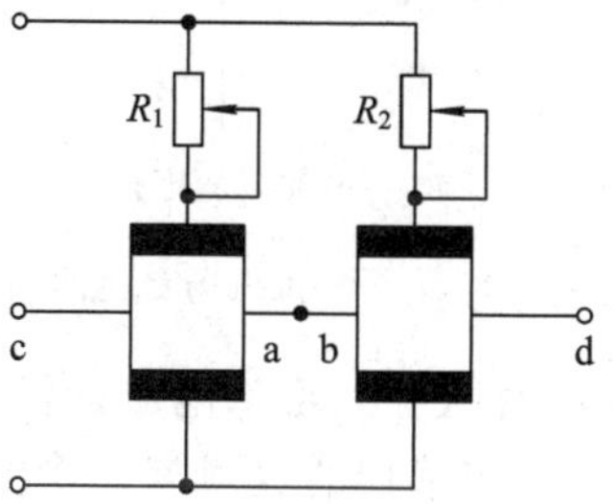

(a) 直流供电 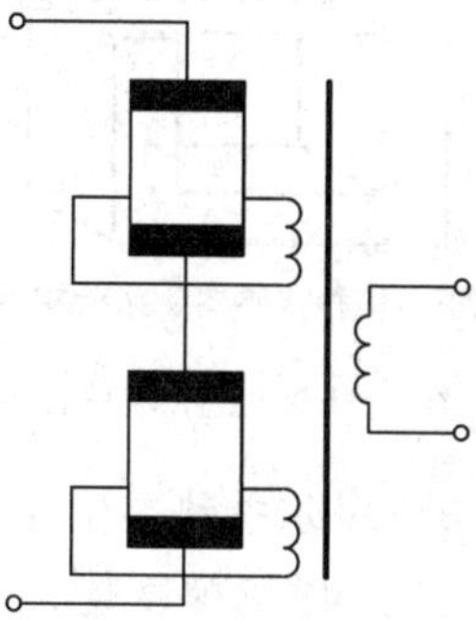　　　　　　　(b) 交流供电

图 5－17　霍尔元件输出的叠加连接

1）直流供电

直流供电时霍尔元件输出的叠加连接如图 5－17(a)所示，R_1、R_2 为可调电阻，调节 R_1、R_2 可使两个霍尔元件输出相等，c、d 为输出端，输出值为单个霍尔元件的两倍。

2）交流供电

交流供电时霍尔元件输出的叠加连接如图 5－17(b)所示，各元件输出端接至输出电压器的各初级绕组，变压器的次级便得到霍尔元件输出的叠加信号。

2．霍尔传感器的应用范围

当控制电流不变时，霍尔传感器处于非均匀磁场中，霍尔传感器的输出正比于磁感应强度，因此可用于测量磁场、位移、转速、加速度等。磁场不变时，霍尔传感器的输出值正比于控制电流值。所以，凡是能被转换成电流变化的各量，均能被霍尔传感器测量。霍尔传感器的输出值正比于磁感应强度和控制电流之积，因此其可用于乘法运算或功率计算等方面。

3. 霍尔传感器应用举例

1) 位移的测量

图 5-18(a)所示是霍尔位移传感器的磁路结构示意图。在极性相反、磁场强度相同的两个磁钢的气隙中放置一块霍尔元件，当霍尔元件的控制电流 I 不变时，霍尔电势 U_H 与磁感应强度呈正比。若磁场在一定范围内沿 x 方向的变化梯度 $\dfrac{dB}{dx}$ 为一常数，如图 5-18(b)所示，则当霍尔元件沿 x 方向移动时，霍尔电势的变化为

霍尔集成传感器
及应用

$$\frac{dU_H}{dx} = K_H I \frac{dB}{dx} = K \qquad (5-7)$$

式中，K 为霍尔位移传感器输出灵敏度。将式(5-7)两边进行积分后便得

$$U_H = Kx \qquad (5-8)$$

(a) 霍尔位移传感器磁路结构示意图　　　(b) 磁场变化曲线

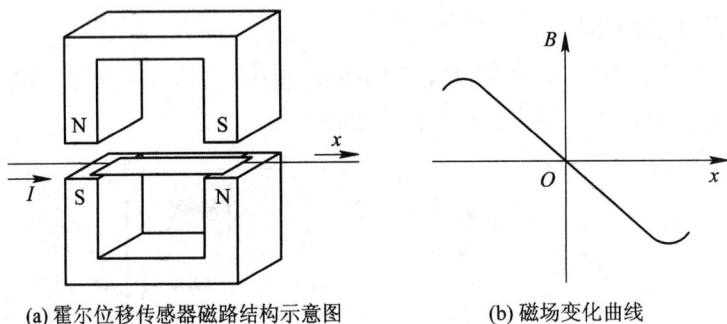

图 5-18　霍尔位移传感器的磁路结构示意图和磁场变化曲线

由式(5-8)可知，霍尔电势与位移量 x 呈线性关系，霍尔电势的极性反映了霍尔元件位移的方向。实践证明，磁场梯度越大，霍尔位移传感器的灵敏度也就越高；磁场梯度越均匀，则霍尔位移传感器的输出线性度就越好。式(5-8)还说明了当霍尔元件位于两个磁钢中间位置时，即 $x=0$ 时，霍尔电势 $U_H=0$。这是由于在此位置时霍尔元件受到了方向相反、大小相等的磁通作用。基于霍尔效应制成的霍尔位移传感器一般可用来测量 $1\sim2$ mm 的小位移，其特点是惯性小，响应速度快。利用这一原理还可以运用霍尔元件测量其他非电量，如压力、压差、液位、流量等。

2) 压力的测量

图 5-19 所示是霍尔压力传感器的测量原理图。作为压力敏感元件的弹簧管，其一端固定，另一端安装霍尔元件，当输入压力增加时，弹簧管伸长，使处于恒定梯度磁场中的霍尔元件产生相应的位移，因而从霍尔元件的输出即可线性地反映出输入压力的大小。

3) 转速的测量

利用霍尔元件或霍尔集成电路不但可以构成霍尔位移传感器，实现对微小位移的测量，而且还可利用霍尔元件或霍尔集成电路构成霍尔转速传感器，实现对转速的测量。

霍尔转速传感器有多种结构形式，图 5-20 给出了几种常用的结构形式。当在霍尔转速传感器的圆盘上要嵌装多块小磁铁时，相邻两块磁铁的极性应相反，如图 5-20(d)所示。

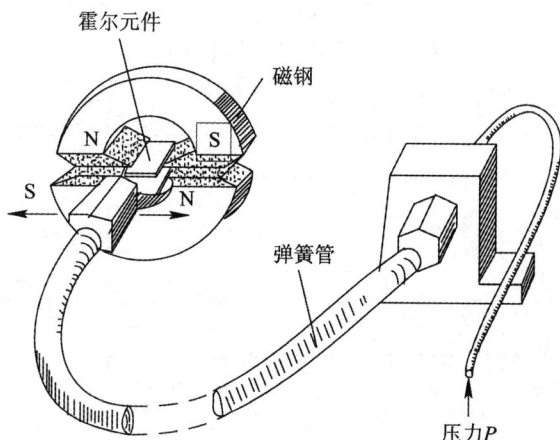

图 5-19　霍尔压力感器的测量原理图

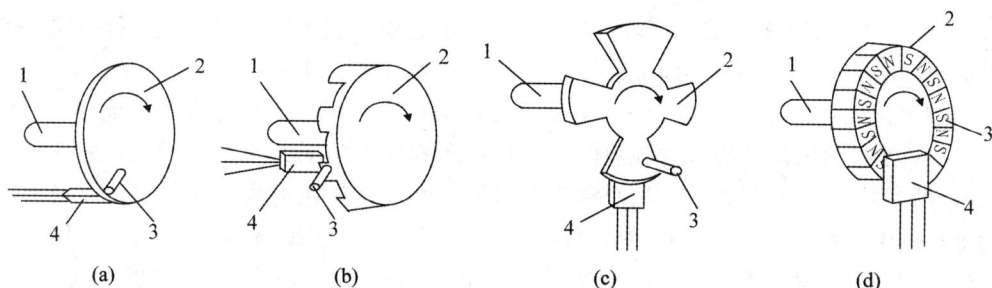

1—输入轴；2—转盘；3—小磁铁；4—霍尔传感器。

图 5-20　霍尔转速传感器的常用结构形式

　　用霍尔转速传感器测量转速时，将输入轴与被测转轴相连。被测转轴转动时，转盘及安装在其上面的小磁铁随之一起转动。当转盘上的小磁铁经过固定在转盘附近的霍尔集成传感器时，可在霍尔传感器中产生一个电脉冲，经测量电路检测出单位时间内的脉冲数，再根据转盘上放置小磁铁的数量，便可计算出被测转轴的转速和确定出该转速传感器的分辨率。

　　霍尔转速传感器配上适当的电路就可构成数字式转速表。这种转速表对测量精度影响小，且输出信号的幅值又与转速无关，因此测量精度高，测速范围大致在 $1 \sim 10^4 \text{r/s}$，广泛应用于汽车速度和行车里程的测量显示系统中。

　　由于霍尔转速传感器具有非接触、体积小、重量轻、耐振动、寿命长、工作温度范围宽、检测不受灰尘、油污、水汽等因素的影响和测量精度高等优点，因此，在出租车计价器上作为车轮转数的检测部件被广泛采用。但为了测量准确、可靠，不是把它直接安装在车轮上，而是把它安装在变速箱的输出轴上，通过测量变速箱输出轴的转数来间接计量汽车的行车里程，进而计算出乘车费用。因为汽车变速箱的输出轴到车轮轴的传动比是一定的，而汽车轮胎的周长也是一定的，因此测量出变速箱输出轴的转数就可以计算出汽车轮胎的转速，从而计算出汽车的行车里程。

　　出租车计价器的结构框图如图 5-21 所示。使用时把霍尔转速传感器安装在变速箱输出轴上。按下开始按钮，当汽车行驶时，霍尔转速传感器把变速箱输出轴的转数信号送至单片机，通过计算机程序，可使单片机根据变速箱输出轴与车轮轴的传动比和车轮胎的周长，自动计算出汽车的行车里程和乘车费用，并送给显示器进行显示。到达目的地后按下结束按钮，即可将乘车里程数和缴费数打印出来，实现乘车里程和缴费的自动结算。

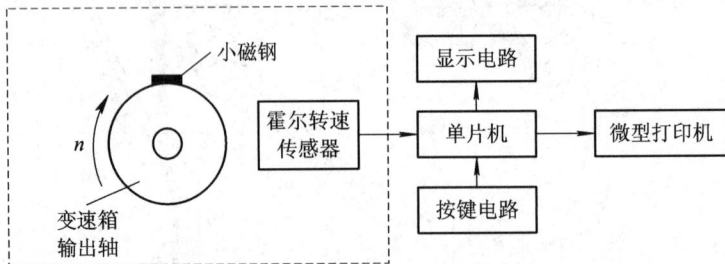

图 5-21   出租车计价器的结构框图

4）计数装置

UGN3501T 霍尔传感器具有较高的灵敏度，能感受到很小的磁场变化，利用这一特性可以制成一种钢球计数装置。该装置实际上是通过检测物体的有无来实现计数的。

用霍尔传感器检测有无物体时，要和永久磁铁一起使用。在分析其磁系统时，有两种情况：一种是检测无磁性物体时要借助于装在被测物体上的磁铁来产生磁场；另一种是检测强磁性物体时可将磁铁固定，从而检测到因强磁性物体的接近而产生的磁场变化。霍尔传感器检测到磁场或磁场的变化时，便输出霍尔电压，从而实现检测有无物体的目的。

图 5-22 所示是一个应用 UGN3501T 霍尔传感器对钢球进行计数的装置及电路。因为钢球为强磁性物体，所以在此装置中将永久磁铁固定。当有钢球滚过时，磁场就发生一次变化，传感器输出的霍尔电压也变化一次，这相当于输出一个脉冲。该脉冲信号经运算放大器 μA741 放大后，送入三极管 2N5812 的基极，三极管便导通一次。如在该三极管的集电极接上一个计数器，即可对滚过传感器的钢球进行计数。

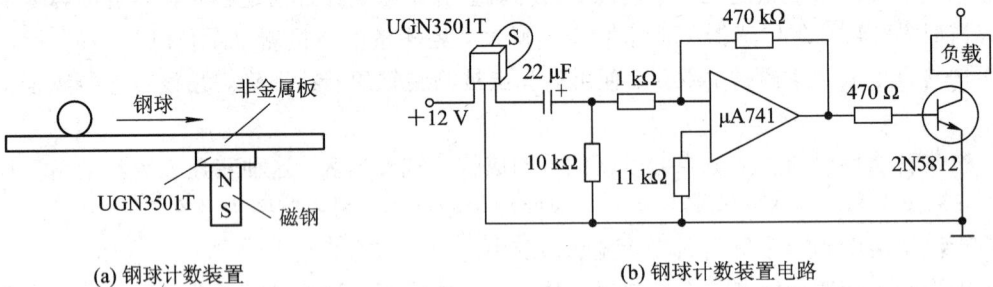

(a) 钢球计数装置   (b) 钢球计数装置电路

图 5-22   钢球计数装置及电路

5）霍尔接近开关

利用开关型霍尔集成电路制作的接近开关(简称霍尔接近开关)具有结构简单、抗干扰能力强的特点，如图 5-23 所示。运动部件上装有一块永久磁铁，它的轴线与霍尔传感器的轴线处在同一直线上。当永久磁铁随运动部件移动到距传感器几毫米到十几毫米(此距离由设计确定)时，传感器的输出由高电平变为低电平，经驱动电路使继电器吸合或释放，进而使运动部件停止或移动。

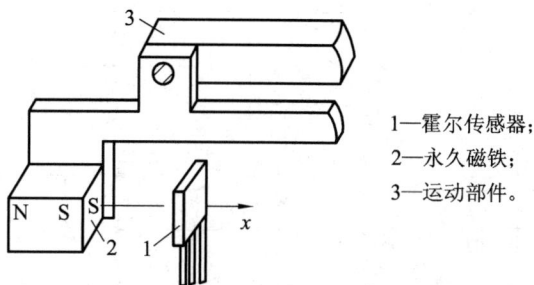

1—霍尔传感器;

2—永久磁铁;

3—运动部件。

图 5-23　霍尔式接近开关的结构图

6) 角位移测量仪

角位移测量仪结构如图 5-24 所示。霍尔元件与被测物联动,同时霍尔元件又在一个恒定的磁场中转动,于是霍尔电动势 U_H 就反映了转角 θ 的变化。不过,这个变化是非线性的(U_H 正比于 $\sin\theta$)。若要求 U_H 与 θ 呈线性关系,必须采用特定形状的磁极。

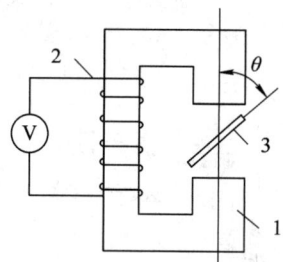

1—磁极;2—线圈;3—霍尔元件。

图 5-24　角位移测量仪结构

7) 汽车霍尔点火器

图 5-25 给出了汽车霍尔点火器的霍尔传感器磁路示意图。将霍尔元件固定在汽车分电器的白金座上,在分火点上装一个隔磁罩,罩的竖边根据汽车发动机的缸数,开出等间距的缺口,当缺口对准霍尔元件时,磁通通过霍尔元件而成闭合回路,所以电路导通,如图 5-25(a)所示,此时霍尔电路输出低电平小于或等于 0.4 V;当罩边凸出部分挡在霍尔元件和磁体之间时,电路截止,如图 5-25(b)所示,此时霍尔电路输出高电平。

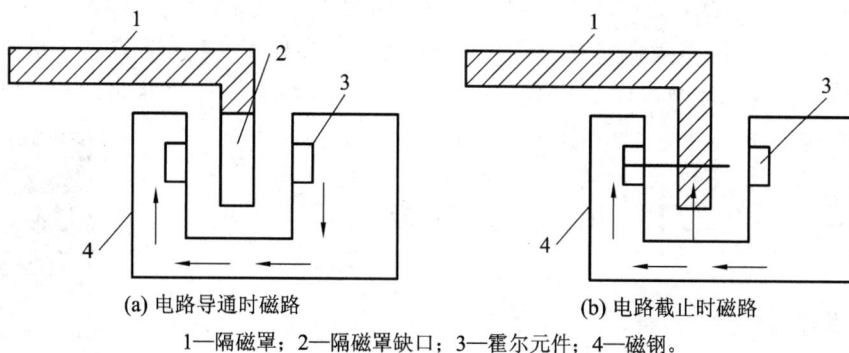

(a) 电路导通时磁路

(b) 电路截止时磁路

1—隔磁罩;2—隔磁罩缺口;3—霍尔元件;4—磁钢。

图 5-25　霍尔传感器磁路示意图

图 5-26 所示是汽车霍尔电子点火器原理图。在图 5-26 中,当霍尔传感器输出低电平时,V_1 截止,V_2、V_3 导通,点火线圈的初级有一恒定电流通过。当霍尔传感器输出高电平时,V_1 导通,V_2、V_3 截止,点火器的初级电流截断,此时储存在点火线圈中的能量由次级线圈以高电压放电形式输出,即放电点火。

由于汽车霍尔电子点火器无触点、节油,能适用于恶劣的工作环境和各种车速,冷启动性能好等特点,目前在国外已得到广泛应用。

I—带霍尔传感器的分电器；II—开关放大器；III—点火线圈。

图 5-26　汽车霍尔电子点火器原理图

📖 读一读

在航天器推进系统中，霍尔推力器是离子推力器的一种，霍尔推力器有时也称为霍尔效应推力器或霍尔电流推力器。霍尔推力器一般被认为是具有中等比冲(1600 s)的空间推进技术。

近年来中国电火箭又取得了重大的进步。据报道，中国航天科技集团公司五院 502 所研制成功磁聚焦霍尔推力器，累计工作达 1000 h，关键性能指标达国际一流水平。与此前曾报道持续工作达 10 000 h 的国产离子电火箭相比，霍尔电火箭具有推力更大、羽流发散角小、比冲高、效率高、理论寿命更长的特点，适用于我国后续大型卫星平台对电推进的性能需求，可用于我国未来大型卫星平台。美国、俄罗斯、欧洲在电火箭方面也在积极开展研究，中国在这方面是后起之秀，追赶速度很快。

2022 年 1 月，航天科技集团五院 510 所大功率霍尔电推进技术获得重大突破，在地面试验中，单通道霍尔推力器(HET-450)以 Xe(氙)为工质最大功率达到 105 kW，最大推力达到 4.6 N，以氪为工质最高比冲超过 5100 s，标志中国在大功率电推进技术领域内，百千瓦级霍尔推力器性能达到国际先进水平，并实现了单通道霍尔推力器比肩美国多通道 X3 霍尔推力器(最大功率 102 kW，最大推力 5.4 N)的技术水平。

5.2　气敏传感器

5.2.1　概述

气敏传感器及应用

气敏传感器多用半导体制成。所谓半导体气敏传感器，是指利用半导体气敏元件同气体接触，造成半导体性质变化，借此来检测特定气体的成分或测量其浓度的传感器的总称。

早在 20 世纪 30 年代，人们就已经发现氧化亚铜的电导率随着水蒸气的吸附而发生变化，其后又发现许多其他金属氧化物也都具有气敏效应。这些金属氧化物简称半导磁。由于半导磁与半导体单晶相比具有工艺简单、价格低廉的优点，因此已经用它制作了多种具有使用价值的敏感元件。

进入 20 世纪 70 年代，SnO_2(氧化锡)半导体气敏元件技术发展很快。人们除推进烧结型 SnO_2 气敏元件的应用研究之外，对薄膜型、厚薄膜型 SnO_2 气敏元件也进行了深入研究，尤其是对能够识别检测气体种类和浓度的选择性气敏器件进行了大量研究工作。

SnO_2 半导体气敏元件与其他类型气敏元件相比，具有如下特点：一是气敏元件阻值随检测气体浓度具有指数变化关系，因此这种器件非常适用于微量低浓度气体的检测；二是 SnO_2 材料的物理或化学稳定性较好，与其他类型气敏元件相比，SnO_2 气敏元件寿命长，稳定性好，耐腐蚀性强；三是 SnO_2 气敏元件对气体检测是可逆的，而且吸附时间短，可连续延长测量时间；四是元件结构简单，成本低，可靠性较好，机械性能良好；五是对气体检测不需要复杂的处理设备，待检测气体可通过气敏元件电阻变化直接按要求转变为电信号，且元件电阻率变化大，因此，信号处理不用高倍数放大电路就可实现。

5.2.2　SnO₂ 的基本性质

SnO_2 是一种白色粉末，密度为 $6.16\sim7.02$ g/cm^3，熔点为 1127℃，在更高温度下才能分解，沸点高于 1900℃。SnO_2 不溶于水，能溶于热强酸和碱。SnO_2 晶体结构是金红石型结构，具有正方晶系对称，其晶胞为体心正交平行六面体，体心和顶角由锡（Sn）离子占据。其晶胞结构如图 5-27 所示，晶格常数 $a=0.475$ nm，$c=0.319$ nm。

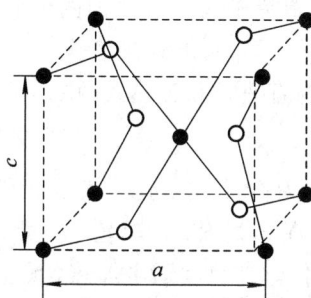

a,c—晶格常数；●—氧离子；○—锡离子。

图 5-27　金红石结构的 SnO₂ 氧化物晶胞图

SnO_2 的气敏效应是在多晶 SnO_2 材料上发现的。经实验发现，SnO_2 对多种气体具有气敏特性。用烧结法或制模法制备的多孔型 SnO_2 半导体材料，其电导率随接触气体的种类而变化。一般吸附还原性气体时电导率升高，而吸附氧化性气体时其电导率降低。这种阻值变化情况如图 5-28 所示。

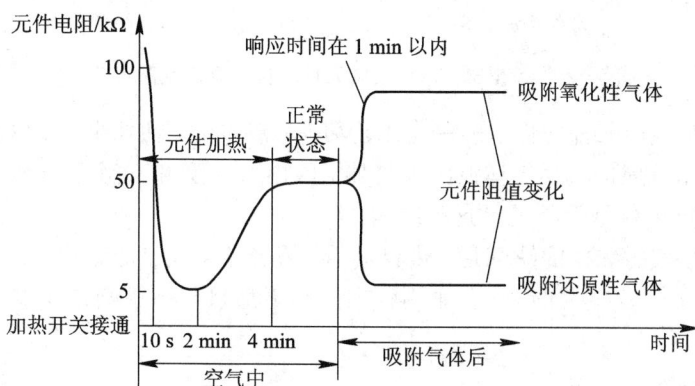

图 5-28　SnO₂ 气敏元件电阻与吸附气体的关系

实验及理论分析表明，SnO_2 的气敏效应受下列一些主要因素影响。

（1）SnO_2 结构组成对气敏效应的影响。SnO_2 具有金红石型晶体结构，用于制作气敏元件的 SnO_2 一般都是偏离化学计量比的，在 SnO_2 中有氧空位或锡间隙原子，这种结构缺陷直接影响气敏器件的特征。一般地说，SnO_2 中氧空位越多，其气敏效应越明显。

（2）SnO_2 中添加物对气敏效应的影响。实验证明，SnO_2 的添加物对气敏效应有明显影响。

（3）烧结温度和加热温度对气敏效应的影响。实验证明，制作气敏元件的烧结温度和元件工作时的加热温度对其气敏性能有明显影响。因此，利用气敏元件这一特性可对气体进行选择性检测。

5.2.3 SnO_2 气敏元件的结构

SnO_2 气敏元件主要有烧结型、薄膜型和厚膜型 3 种。其中烧结型 SnO_2 气敏元件是目前最成熟、应用最广泛的元件，这里仅对其结构进行介绍。

烧结型 SnO_2 气敏元件以多孔质陶瓷 SnO_2 为基材（精度在 1 μm 以下），添加不同物质，采用传统制陶方法进行烧结。烧结时首先埋入测量电极和加热丝，制成管芯，然后将电极和加热丝引线焊接在管座上，并罩覆于两层不锈钢网中而制作成气敏元件。这种气敏元件主要用于检测还原性气体、可燃性气体和液体蒸汽。SnO_2 气敏元件在工作时需加热到 300℃ 左右。按其加热方式可分为直热式和旁热式两种。

1. 直热式 SnO_2 气敏元件

直热式 SnO_2 气敏元件又称为内热式 SnO_2 气敏元件，其结构示意及图形符号如图 5-29 所示。其元件管芯由 SnO_2 基体材料、加热丝、测量丝 3 部分组成，其中加热丝和测量丝都埋在 SnO_2 基体材料内，工作时加热丝通电加热，测量丝用于测量元件的阻值。

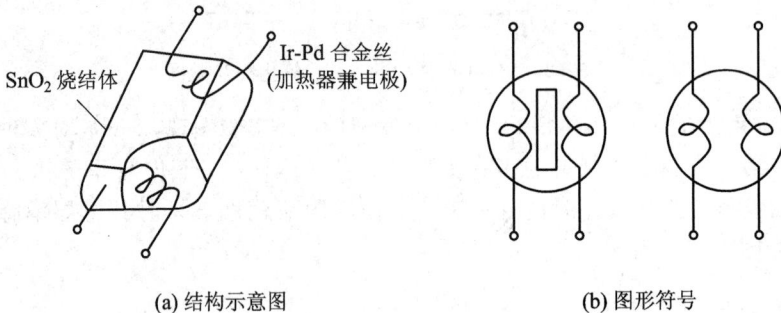

SnO₂ 烧结体   Ir-Pd 合金丝（加热器兼电极）

(a) 结构示意图   (b) 图形符号

图 5-29 直热式 SnO_2 气敏元件结构示意图及图形符号

直热式 SnO_2 气敏元件的优点是制作工艺简单，成本低，功耗小，可以在高回路电压下使用，可制成价格低廉的可燃气体泄漏报警器。国内 QN 型和 QM 型气敏元件，以及日本弗加罗 TGS-109 型气敏元件就是这种结构。

直热式 SnO_2 气敏元件的缺点是：热容量小，易受环境气流的影响；测量回路与加热回路间没有隔离，互相影响；加热丝在加热状态下和不加热状态下会产生胀缩，易造成与基体材料的接触不良。

2. 旁热式 SnO_2 气敏元件

旁热式 SnO_2 气敏元件的结构示意如图 5-30 所示。其管芯增加了一个陶瓷管，在管内放进高阻加热丝,管外涂梳状金电极作为测量极,在金电极外涂 SnO_2 材料。

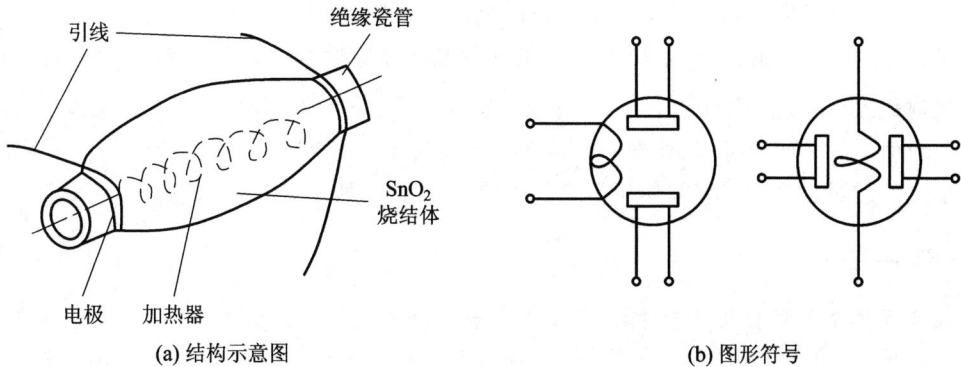

(a) 结构示意图　　　　　　　　　　　　(b) 图形符号

图 5-30　旁热式气敏元件结构示意图及图形符号

这种结构克服了直热式 SnO_2 气敏元件的缺点,其测量极与加热丝分开,加热丝不与气敏元件接触,避免了回路间的互相影响,且元件热容量大,降低了环境气氛对元件加热温度的影响,并保持了材料结构的稳定性。所以,旁热式 SnO_2 气敏元件的稳定性、可靠性较直热式有所改进。目前国产 QM-N5 型气敏元件,日本弗加罗 TGS812、TGS813 型气敏元件均采用这种结构。

5.2.4　SnO_2 气敏元件的工作原理

现以烧结型 SnO_2 气敏元件为例介绍 SnO_2 半导体气敏元件的工作原理。烧结型 SnO_2 气敏元件是表面电阻控制型元件,用于制作元件的气敏材料是多孔质 SnO_2 烧结体。在其晶体组成上,锡或氧往往偏离化学计量比。如果在其晶体中氧不足,将出现以下两种情况:一是产生氧空位;另一种是产生锡间隙原子。但无论哪种情况,都会在禁带靠近导带的地方形成施主能级。这些施主能级上的电子很容易激发到导带而参与导电。

烧结型 SnO_2 气敏元件的气敏部分就是这种 N 型 SnO_2 材料晶粒形成的多孔质烧结体(是一种半导体),其结合模型可用图 5-31 表示。

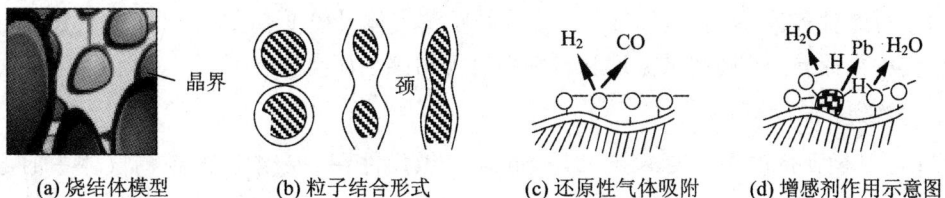

(a) 烧结体模型　　(b) 粒子结合形式　　(c) 还原性气体吸附　　(d) 增感剂作用示意图

图 5-31　SnO_2 烧结体对气体的敏感机理

这种结构的半导体,其晶粒接触界面存在电子热垒,其接触部位(或颈部)电阻对元件电阻起支配作用。显然,这一电阻主要取决于热垒的高度和接触部位的形状,亦即主要受表面状态和晶粒直径大小等的影响。

氧气吸附在半导体表面时,吸附的氧分子从半导体表面获得电子,形成受主型表面能级,从而使半导体表面带负电,即有

$$\frac{1}{2}O_2(气) + ne \rightarrow O^{n-}_{吸附} \qquad (5-9)$$

式中：$O^{n-}_{吸附}$ 表示吸附氧；e 为电子电荷；n 为电子个数。因此，SnO_2 气敏元件在空气中放置时，其表面总会有吸附氧，其吸附状态均是负电荷吸附状态。对 N 型半导体来说，形成电子热垒，会使元件阻值升高。当 SnO_2 气敏元件接触还原性气体如 H_2、CO 等时，被测气体则与吸附氧发生反应，如图 5-31(c)所示，减少了 $O^{n-}_{吸附}$ 密度，降低了热垒高度，从而降低了元件阻值。在添加增感剂（如 Pb）的情况下，增感剂可以起催化作用从而促进上述反应，提高了元件的灵敏度。增感剂作用示意图如图 5-31(d)所示。

📖 读一读

气敏传感器在有害气体的检测方面有非常广泛的应用。目前我国已经将"人与自然和谐共生的现代化"上升到"中国式现代化"的内涵之一，并且明确了新时代中国生态文明建设的战略任务。该战略的总基调是推动绿色发展，促进人与自然和谐共生，推进美丽中国建设，坚持山、水、林、田、湖、草、沙一体化保护和系统治理，统筹产业结构调整、污染治理、生态保护，应对气候变化，协同推进降碳、减污、扩绿、增长，推进生态优先、节约集约、绿色低碳发展。我们要深入推进环境污染防治，持续深入打好蓝天、碧水、净土保卫战，基本消除重污染天气和城市黑臭水体，加强土壤污染源头防控，提升环境基础设施建设水平，推进城乡人居环境整治。

5.2.5 SnO_2 气敏元件的主要性能参数及基本测试电路

1. 固有电阻 R_0 和工作电阻 R_S

气敏元件的固有电阻 R_0 表示 SnO_2 气敏元件在正常空气条件下（或洁净空气条件下）的阻值，又称正常电阻。工作电阻 R_S 代表 SnO_2 气敏元件在一定浓度的检测气体中的阻值。实验发现，SnO_2 气敏元件工作电阻与各种检测气体浓度 C 都遵循共同规律，即具有如下关系，即

$$\lg R_S = m \lg C + n \tag{5-10}$$

式中 m、n 为常数。m 代表 SnO_2 气敏元件相对于气体浓度变化的敏感性，又称气体分离能，对于可燃性气体，m 值为 $1/3 \sim 1/2$。n 与检测气体灵敏度有关，随 SnO_2 气敏元件的材料、气体种类而异，并随测试温度和材料中有无增感剂而有所不同。

2. 灵敏度 K

SnO_2 气敏元件的灵敏度 K 通常用 SnO_2 气敏元件在一定浓度的检测气体中的电阻与正常空气中的电阻之比来表示，即

$$K = \frac{R_S}{R_0} \tag{5-11}$$

由于 SnO_2 气敏元件的灵敏度在正常空气条件下往往不易获得，所以，常用在两种不同浓度的气体中的元件电阻之比来表示灵敏度，即

$$K = \frac{R_S(C_2)}{R_S(C_1)} \tag{5-12}$$

式中，$R_S(C_1)$ 代表在检测气体浓度为 C_1 的气体中的元件电阻；$R_S(C_2)$ 代表在检测气体浓度为 C_2 的气体中的元件电阻。

3. 响应时间 t_{res}

把从 SnO_2 气敏元件接触一定浓度的被测气体开始，到其阻值达到该浓度下稳定阻值的时间，定义为响应时间，用 t_{res} 表示。

4. 恢复时间 t_{rec}

把 SnO_2 气敏元件从脱离检测气体开始，到其阻值恢复到正常空气中阻值的时间，定义为恢复时间，用 t_{rec} 表示。

5. 加热电阻 R_H 和加热功率 P_H

为 SnO_2 气敏元件提供工作温度的加热器电阻称为加热电阻，用 R_H 表示。SnO_2 气敏元件正常工作所需要的功率称为加热功率，用 P_H 表示。

以上介绍了 SnO_2 气敏元件常用的几个主要特性参数。图 5 - 32 所示为 SnO_2 气敏元件基本测试电路。

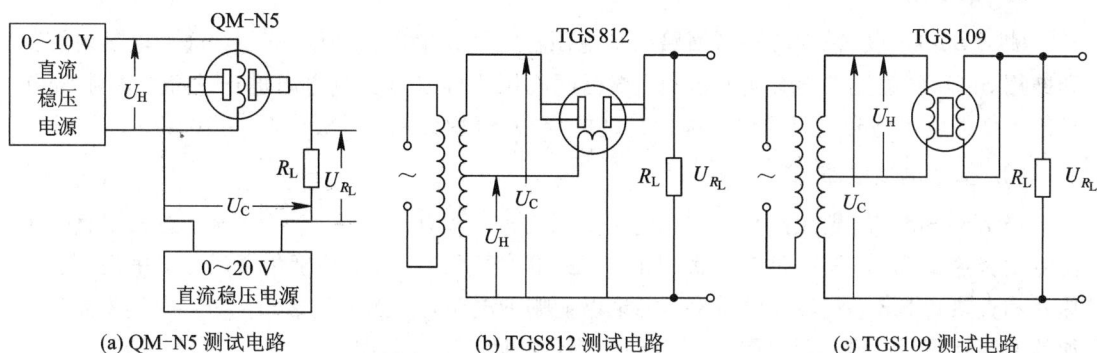

图 5 - 32　SnO_2 气敏元件基本测试电路

6. 洁净空气中的电压 U_0

在洁净空气中，气敏元件负载电阻上的电压，定义为洁净空气中电压，用 U_0 表示。U_0 与 R_0 的关系为

$$U_0 = \frac{U_C R_L}{R_0 + R_L} \quad \text{或} \quad R_0 = \frac{U_C R_L}{U_0} - R_L \tag{5-13}$$

式中，U_C 为测试回路电压，R_L 为负载电阻。

7. 标定气体中电压 U_{CS}

SnO_2 气敏元件在不同气体以及不同浓度气体条件下，其阻值将相应发生变化。因此，为了给出 SnO_2 气敏元件的特性，一般总是在一定浓度的气体中进行测试标定。把这种气体称为标定气体。例如，QM - N5 气敏元件用 0.1% 丁烷（空气稀释）为标定气体，TGS813 气敏元件用 0.1% 甲烷（空气稀释）为标定气体等。在标定气体中，气敏元件的负载电阻上电压的稳定值称为标定气体中电压，用 U_{CS} 表示。显然，U_{CS} 与 SnO_2 气敏元件工作电阻 R_S 相关，即有

$$U_{CS} = \frac{U_C R_L}{R_S + R_L} \quad \text{或} \quad R_S = \frac{U_C R_L}{U_{CS}} - R_L \tag{5-14}$$

8. 电压比 K_U

电压比 K_U 用于表示 SnO_2 气敏元件对气体的敏感特性,与 SnO_2 气敏元件的灵敏度相关。它的物理意义可按下式表示,即

$$K_U = \frac{U_{C_1}}{U_{C_2}} \qquad (5-15)$$

式中,U_{C_1} 和 U_{C_2} 分别为气敏元件在接触浓度为 C_1 和 C_2 的标定气体时负载电阻上电压的稳定值。

有时也用电压比表示 SnO_2 气敏元件的灵敏度。实际上,由式(5-12)和式(5-14)可得

$$\frac{U_{C_1}}{U_{C_2}} = \frac{U_C R_L}{R_S(C_1) + R_L} \Big/ \frac{U_C R_L}{R_S(C_2) + R_L} = \frac{R_S(C_2) + R_L}{R_S(C_1) + R_L}$$

一般 $R_S \gg R_L$,则有 $\dfrac{U_{C_1}}{U_{C_2}} \approx \dfrac{R_S(C_2)}{R_S(C_1)}$,即 $K_U \approx K$。

9. 回路电压 U_C

测试 SnO_2 气敏元件的测试回路所加电压称为回路电压,用 U_C 表示。这个电压对测试和使用 SnO_2 气敏元件很有实用价值。根据此电压值可以对负载电阻进行选择,并对 SnO_2 气敏元件的输出信号进行调整。对于旁热式 SnO_2 气敏元件,一般取 $U_C = 10$ V。

10. 基本测试电路

烧结型 SnO_2 气敏元件基本测试电路如图 5-32 所示。图 5-32(a)所示为采用直流电压测试旁热式 SnO_2 气敏元件电路,图 5-32(b)、5-32(c)所示分别为采用交流电压测试旁热式和直热式 SnO_2 气敏元件电路。无论以上哪种电路,都必须包括两部分,即气敏元件的加热回路和测试回路。现以图 5-32(a)为例,说明其测试原理。

在图 5-32(a)中,0~10 V 直流稳压电源与元件加热器组成加热回路,直流稳压电源供给 SnO_2 气敏元件加热电压 U_H;0~20 V 直流稳压电源与 SnO_2 气敏元件及负载电阻组成温度回路,直流稳压电源供给测试回路电压 U_C,负载电阻 R_L 兼作取样电阻。从测量回路可得到

$$I_C = \frac{U_C}{R_S + R_L} \qquad (5-16)$$

式中,I_C 为回路电流。负载电阻上的压降 U_{R_L} 为

$$U_{R_L} = I_C R_L = \frac{U_C R_L}{R_S + R_L} \quad \text{或} \quad R_S = \frac{U_C R_L}{U_{R_L}} - R_L \qquad (5-17)$$

由式(5-17)可见,U_{R_L} 与 SnO_2 气敏元件电阻 R_S 具有对应关系,当 R_S 降低时,U_{R_L} 增高,反之亦然。因此,测量 R_L 上的电压降,即可测得 SnO_2 气敏元件的电阻 R_S。

图 5-32(b)、5-32(c)测试原理与图 5-32(a)相同,用直流法还是用交流法测试,不影响测试效果,可根据实际情况选用。

5.2.6 气敏传感器的应用

由于气敏元件具有灵敏度高、响应时间和恢复时间短、使用寿命长和成本低等优点,因此得到了广泛的应用。目前,应用最广、最成熟的是烧结型气敏元件,主要是 SnO_2、ZnO 和 $\gamma - Fe_2O_3$ 等气敏元件。

这里以烧结型 SnO_2 气敏元件的应用为主,重点介绍对可燃性气体及易燃和可燃性液体蒸汽泄漏的检测、报警和监控等方面的实际应用。

1. 气敏元件的应用分类

气敏元件的应用按其用途可分为以下几种类型:

(1) 检漏仪(或称探测器)。它是利用气敏元件的气敏特性,将其作为电路中的气-电转换元件,配以相应的电路、指示仪或声光显示部分而组成的气体探测仪器。这类仪器通常都要求具有高灵敏度。

(2) 报警器。这类仪器是指对泄漏气体达到危险限值时能自动进行报警的仪器。

(3) 自动控制仪器。它是指利用气敏元件的气敏特性实现电气设备自动控制的仪器,如电子灶烹调自动控制、换气扇自动换气控制等。

(4) 测试仪器。它是利用气敏元件对不同气体具有不同的元件电阻-气体浓度关系来测量、确定气体种类和浓度的。这种应用对气敏元件的性能要求较高,同时也要配以高精度测量电路。

气敏元件的应用按其检测气体对象可分为以下几种:

(1) 特定气体的检测。应用气敏元件对某种特定的单一成分的气体如甲烷、一氧化碳、氢气等进行检测。

(2) 混合气体的选择性检测。利用气敏元件对混合气体中的某一种气体进行检测。

(3) 环境气氛的检测。环境气氛经常发生变化,如某种气体含量的变化、温度的变化、湿度的变化等,都会引起环境气氛变化。利用气敏元件来检测环境气氛的每种变化就可测定环境气氛的状态。

2. 从气敏元件获取的信号的种类

气敏元件在电路中是作为气-电转换器件而应用的,因此各种应用电路都必须从气敏元件获取信号。气敏元件获取信号的方法如下:

(1) 利用吸附平衡状态稳定值获取信号。气敏元件接触被检测气体后,气敏元件电阻将随气体种类和浓度而变化,最后达到平衡,气敏元件电阻变为该气体浓度下的稳定值。利用这一特性,可设计电路在气敏元件电阻稳定后获取信号。这是一种常用的获取信号方法。

(2) 利用吸附平衡速度获取信号。气敏元件表面对气体吸附平衡速度,因气体不同而有差异,在不同时刻,气敏元件的电阻具有不同值。利用这一特性,可以设计检测气体电路,在不同时刻获取信号,这也是气敏元件应用电路中常用的信号获取方法。

(3) 利用吸附平衡温度依存性获取信号。气敏元件表面对气体吸附的强烈程度依存于气敏元件的工作温度,每种气体都有特定的依存关系。利用这种特性,可以设计气敏元件在不同工作温度下获取信号的应用电路,在混合气体中对特定气体进行选择性检测。

3. 气敏元件输出信号处理方法

设计气敏元件应用电路时,其输出信号可以采用以下几种处理方法:

(1) 利用绝对值。这种方法以洁净空气中气敏元件输出值作为基准信号,把气敏元件在检测气体中的输出值作为直接利用的信号。如大部分气体泄漏报警器采用这种方法。

(2) 利用相对值。这是一种将一个气敏元件的某一输出值作为基准,把气敏元件在检测气体中的输出值与基准值的比值作为有用输出的处理方法。如电子灶和发酵机的自动控制、漏气探测零位调整等都采用这种处理方法。

（3）利用微分值。当气敏元件的输出信号取决于吸附平衡速度时，可对输出信号值进行微分处理。这也是一种常用的有效处理方法。

（4）利用积分值。这是对气敏元件输出信号积分值进行处理的一种方法。

以上几种处理方法的选用，视应用电路的具体情况而定。

4. 气敏传感器在可燃性气体探测和检漏中的应用

目前，气敏传感器应用较多的是用 SnO_2 气敏元件研制成的探测和检漏仪，其形式多样，广泛地用于天然气、煤气、液化石油气、一氧化碳、氢气、氨、氟利昂、烷类气体，以及醇类、醚类和酮类溶剂蒸汽等探测和检漏。应用这类仪器可直接探测上述气体的有无，还可以用于对管道容器和通信电缆进行检漏。

下面简要介绍几种实用气敏传感器电路。

1）袖珍式气体检漏仪

利用气敏元件可研制出袖珍式检漏仪，可以用电池供电，电路简单，其特点是体积小、灵敏度高、使用方便。

图 5-33 所示是采用 QM-N5 型气敏传感器元件组成的简易 XKJ-48 型袖珍式气体检漏仪原理图，用 QM-N5 型气敏元件作气-电转换元件，用电子吸气泵进行气体取样，用指针式仪表指示气体浓度，由蜂鸣器发出报警声响。该电路简单，集成化，仅需一块四与非门集成电路，用镉镍电池供电，气敏元件安装在探测杆端部，探测时，它可从机内拉出。

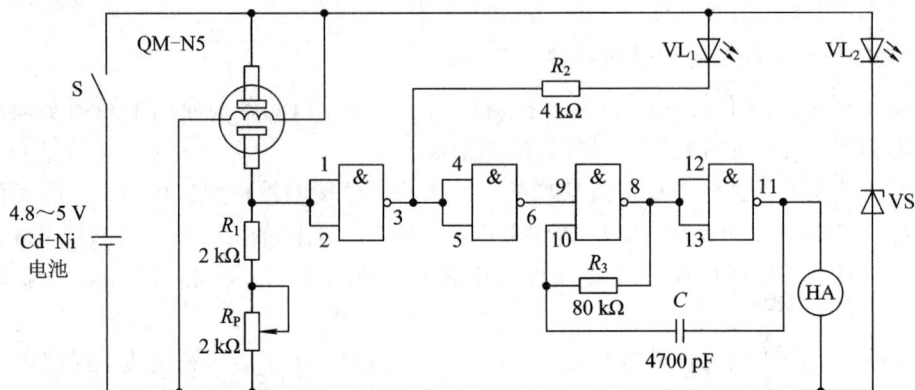

图 5-33　XKJ-48 型袖珍式气体检漏仪原理图

对检漏现场有防爆要求时，必须用防爆气体检漏仪进行检漏。与普通检漏仪不同的是，防爆气体检漏仪壳体结构及有关部件要根据探测气体和防爆等级要求设计。

2）家用气体报警器

随着气体和液体燃料在家庭、旅馆等的广泛应用，为防止它们泄漏造成灾害事故，用气敏元件设计制造的家用气体报警器给人们带来了安全保障。这种报警器可根据使用气体种类安放于气体容易泄漏的地方，如丙烷、丁烷气体报警器应安放于气体源附近的地板上方 20 cm 以内，甲烷和一氧化碳报警器应安放于气体源上方靠近天棚处。这样就可随时检测气体是否泄漏，一旦泄漏的气体达到危险浓度，报警器便会自动发出报警声。

图 5-34 所示是一种简易的家用气体报警器电路，气-电转换器件采用测试回路高电压的直热式气敏元件 TGS109。当室内可燃气体增加时，由于气敏元件接触到可燃性气体会使其阻值降低，这样流经回路的电流增加，可直接驱动蜂鸣器报警。

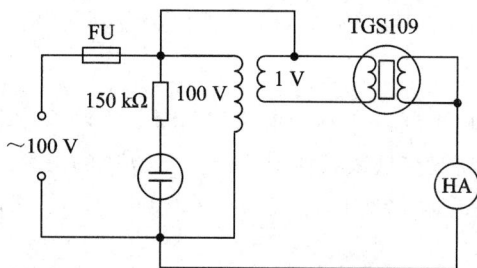

图 5-34　简易家用气体报警器电路

设计气体报警器时，关键是如何确定开始报警的气体浓度，即设计气体报警器的报警浓度下限。选低了，灵敏度高，容易产生误报；选高了，又容易造成漏报，起不到报警效果。一般情况下，对于丙烷、乙烷、甲烷等气体，报警器报警浓度下限选定为其爆炸浓度下限的十分之一。对于家用气体报警器，考虑到温度、湿度和电源电压变化的影响，报警浓度下限应有一变化范围，出厂前按标准条件调整好，以确保环境条件变化时，也不改变发生误报和漏报。

5.3　湿　敏　传　感　器

5.3.1　湿度测量的意义

湿敏传感器及应用

近代工农业生产甚至人类的生活环境对湿度测量与控制的要求愈来愈严格。例如：温室作物栽培时的湿度若不加以合理控制，势必影响产量；空调房间不只是温度一个参数控制好就令人感到舒适，实验表明，只有将相对湿度控制在 40%～70%RH，再配合以适当的温度调节才能获得满意的效果。

与温度相比，湿度的测量和控制技术落后得多。所谓湿度，就是空气中所含有水蒸气的量。空气可分为干燥空气和潮湿空气两类。理想状态的干燥空气只含有约 78% 的氮气、21% 的氧和约占 1% 的其他气体成分，而不应含水蒸气。若将潮湿空气看成是理想气体与水蒸气的混合气体，那么，它就应当符合道尔顿分压定律，即潮湿空气的全压就等于该混合物中各种气体分压之和。所以，设法测得潮湿空气中水蒸气的分压，也就等于测出了潮湿空气的湿度。

5.3.2　湿度的表示方法和单位

正确地测知湿度非常困难。首先，潮湿空气中的水蒸气含量现阶段还无法测量，因此，不得不根据物理定律和化学定律测量与湿度有关系的"二次参数"；其次，空气中的"杂质成分"对于湿度测量的影响极其复杂，而且水蒸气分压自身的变化也相当宽。

由于这些困难，长期以来人们只是从不同侧面，采用多种二次湿度参数来表征湿度的大小。

1. 水蒸气分压

水蒸气分压是指潮湿空气中水蒸气形成的压力数值。

水蒸气分压是一个现在还不能直接测量的量，但因换算相对湿度、饱和差等湿度参数时又常常用到它，因此可由"温度与饱和水蒸气压力对照表"查出。

2. 绝对湿度(AH)

绝对湿度表示单位体积潮湿空气所含水蒸气质量。绝对湿度单位一般为 g/m^3。温度 t 时，绝对湿度 AH 与该种潮湿空气或气体所含水蒸气分压的关系为

$$e = \frac{22.4 \times 101.3 \times (273 + t) \text{AH}}{18.0 \times 273} \tag{5-18}$$

水蒸气分压的单位是 Pa(1 标准大气压＝760 mmHg＝1.01325×10^5 Pa)。

式(5-18)虽是定义式，但因其分母与分子量纲不同，实际使用时相当不便，故一般用相对湿度混合比或比湿参数表示湿度。

3. 混合比

除去某气体中水蒸气，形成 1 kg 干燥气体时，所清除的水蒸气量(或此量与 1 kg 干燥气体的比)称为混合比，单位有 kg/kg、g/kg、mg/kg。

4. 比湿

1 kg 潮湿气体中所含水蒸气的质量称为比湿。单位一般用 kg/kg、g/kg、mg/kg 表示。

5. 饱和度

1 kg 干燥气体中所含水蒸气量与同温度下 1 kg 潮湿气体所能含的饱和水蒸气量之比叫作饱和度，一般用百分数表示。

6. 饱和差

气体的水蒸气分压与同温度下饱和水蒸气压的差，或者其绝对湿度与同温度时饱和状态的绝对湿度之差称为饱和差。

7. 相对湿度

气体的水蒸气分压与同温度下饱和水蒸气压的比值，或者其绝对湿度与同温度时饱和状态的绝对湿度的比值称为相对湿度。相对湿度一般用百分数表示，记作"％RH"。

8. 露点

保持压力一定而降低待测气体温度至某一数值时，待测气体中的水蒸气达到饱和状态，开始结露或结霜，此时的湿度称为这种气体的露点或霜点(℃)。

5.3.3　湿度的测量方法及湿敏元件

长期以来，人们积累了许多测量湿度的方法。例如，有设法吸收试样气体所含水蒸气，然后再测出水蒸气质量的绝对测湿法，还有利用热力学原理的干湿球湿度计的相对湿度测量法和按毛发伸长来测量湿度的毛发湿度计法以及简易的露点计法，等等。这些方法测湿度方便，应用广泛。但是，这些方法使用的湿度计体积大，对湿度变化响应缓慢，而且还需要进行目测和查表换算等。随着现代科学技术的发展，一方面对湿度的测量提出精度高、速度快的要求；另方面又要求把湿度转换成电信号，以满足自动检测、自动控制的要求。于

是，人们相继开发出基于不同工作原理的湿敏元件。

湿敏元件可分为两类：一类是水分子亲和力型湿敏元件，它是利用水分子有较大的偶极矩，易于附着并渗入固体表面内的现象而制成的湿敏元件；另一类与水分子亲和力毫无关系，称为非水分子亲和力型湿敏元件。到目前为止，前者应用多于后者。

在湿敏元件发展过程中，由于金属氧化物半导体陶瓷材料具有较好的热稳定性及抗沾污的特点，因而相继出现了各种各样的烧结型半导体陶瓷湿度敏感元件。本节主要介绍这种湿敏元件。

5.3.4　烧结型半导体陶瓷湿敏元件

由于烧结型半导体陶瓷湿敏元件具有使用寿命长、可在恶劣的条件下工作、可检测到 1%RH 的低湿状态、响应时间短、测量精度高、使用温度范围宽(低于 150℃)以及湿滞环差较小等优点，所以它在当前湿敏元件生产和应用中占有很重要的位置。

1. 工作原理

烧结型半导体陶瓷材料一般为多孔结构的多晶体，而且在其形成过程中伴随有半导化过程。半导体陶瓷多系金属氧化物材料，半导化通常是通过调整配方进行掺杂，或通过控制烧结气氛有意造成氧元素过剩或不足而得以实现的。半导化的结果使晶粒中产生了大量的载流子——电子或空穴。这样一方面使晶粒体内的电阻率降低，另一方面又使晶粒之间的界面处形成界面势垒，致使界面处的载流子耗尽而出现耗尽层。因此，晶粒界面的电阻率将远大于晶粒体内的电阻率，而成为半导体陶瓷材料在通电状态下电阻的主要部分。湿敏半导体陶瓷材料正是由于水分子在其表面和晶粒界面间的吸收所引起的表面和晶粒界面处电阻率的变化，才具有湿敏特性的。大多数半导体陶瓷属于负感湿特性的半导体陶瓷，其电阻率随环境(空气)湿度的增加而减小。

湿敏金属氧化物半导体陶瓷之所以具有负感湿特性，是由于水分子在陶瓷晶粒间界的吸附，可离解出大量导电的离子，这些离子在水吸附层中就如同电解质溶液中的电离子一样担负着电荷的运输，也就是说，电荷的载流子是离子。

在完全脱水的金属氧化物半导体陶瓷的晶粒表面上，裸露着正金属离子和负氧离子。水分子电离后，离解为正氢离子和负氢氧根离子，于是，在陶瓷晶粒的表面上就形成了负氢氧根离子和正金属离子以及氢离子与氧离子之间的第一层吸附——化学吸附。

在上面已形成的化学吸附层中，吸附的水分子和由氢氧根离解出来的正氢离子，就以水合质子 H_3O^+ 的形式构成为导电的载流子。水分子在已完成第一层化学吸附之后，随之形成第二、第三层的物理吸附，同时使导电载流子 H_3O^+ 的浓度进一步增大。这些 H_3O^+ 在吸附水层中的导电行为，将同导电的电解质溶液中的导电离子的行为一样。在这种情况下，必将导致金属氧化物半导体陶瓷总阻值的下降，从而具有感湿特性。

金属氧化物半导体陶瓷材料结构不是很致密，各晶粒之间带有一定的间隙，呈多孔毛细管状。因此，水分子可以通过陶瓷材料中的细孔，在各晶粒表面和晶粒间界上吸附，并在晶粒间界处凝聚。陶瓷材料的细孔孔径越小，则水分子越容易凝聚，因此，这种凝聚现象就容易发生在各晶粒间界的颈部。晶粒间界的颈部接触电阻是陶瓷体整体电阻的主要部分，水分子在该部位凝聚，其结果必将引起晶粒间界处接触电阻明显的下降。当环境湿度增加时，水分子将在整个晶粒表面上由于物理吸附而形成多层水分子层，从而在测量电极之间存在一个均匀的电解质层，使材料的电阻率明显降低。

2. MgCr$_2$O$_4$ - TiO$_2$ 半导体陶瓷湿度敏感元件

在众多的金属氧化物半导体陶瓷湿度敏感元件（简称湿敏元件）中，由日本松下公司于 1978 年研制成功的、用 MgCr$_2$O$_4$ - TiO$_2$ 固溶体组成的多孔性半导体陶瓷，是一种较好的感湿材料。利用它制得的湿敏元件，具有使用范围宽、湿度温度系数小、响应时间短、特别是在对其进行多次加热清洗之后性能仍较稳定等诸多优点。目前，国内也有此类产品，如 SM - I 型半导体湿敏元件。

MgCr$_2$O$_4$ - TiO$_2$ 半导体陶瓷具有多孔结构，气孔量较大（其气孔率约为 25％～40％），气孔平均直径约在 100～300 nm 范围内。因此，它具有良好的吸湿和脱湿特性，并能经得住热冲击。

由金属氧化物的晶体结构可知，MgCr$_2$O$_4$ 属于立方尖晶石型结构，按其导电机构属于 P 型半导体。TiO$_2$ 属于金红石型结构，属于 N 型半导体。因此，MgCr$_2$O$_4$ - TiO$_2$ 半导体陶瓷属于复合型半导体陶瓷。只要适当选择二者成分的配比，完全可以获得感湿特性和温度特性均较理想的感湿材料。

MgCr$_2$O$_4$ - TiO$_2$ 半导体陶瓷湿敏元件的结构如图 5 - 35 所示。

在 4 mm×5 mm×0.3 mm 的 MgCr$_2$O$_4$ - TiO$_2$ 陶瓷片的两面，设置有多孔金电极，并用掺金玻璃粉将引出线与金电极烧结在一起。在半导体陶瓷片的外面，安放有一个由镍铬丝烧制而成的加热清洗线圈，以便对元件经常进行加热清洗，排除有害气

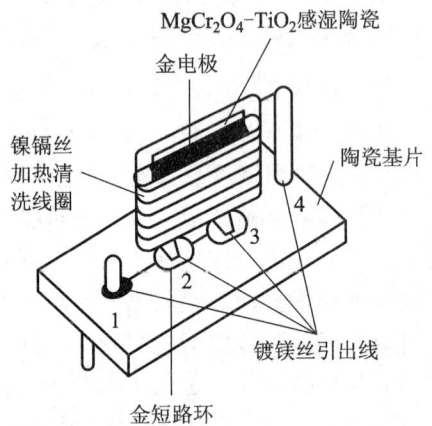

图 5 - 35　MgCr$_2$O$_4$ - TiO$_2$ 湿敏元件
结构示意图

氛对元件的污染。元件安装在一种高度致密的、疏水性的陶瓷基片上。为消除底座上测量电极 2 和 3 之间由于吸湿和沾污而引起的漏电，在电极 2 和 3 的四周设置了金短路环。图 5 - 35 中 1 和 4 为加热清洗线圈的引出线。

湿敏元件的生产采用一般的陶瓷器件生产工艺。首先用天然的 MgCr$_2$O$_4$（或者用 MgO 和 Cr$_2$O$_3$ 人工制备）和 TiO$_2$ 按适当的配比进行配料，放入球磨机中加水研磨约 24 h，待其粒度符合要求后取出干燥；接着经压模成型后放入烧结炉中，在空气中用 1250～1300℃的高温烧结 2 h 左右；再将烧结后所得的半导体陶瓷块，用金刚石切割机切割成 4 mm×5 mm×0.3 mm 的薄片，并在此元件芯片上用屏蔽印制技术涂敷金浆，将镍引线用掺金玻璃粉粘接在电极引出端上，在 850℃的温度下烧结；然后，把已有电极及电极引出线的芯片，通过焊接工艺与底座组装起来；最后配置上加热清洗线圈，经老化、检测、定标后，即可使用。

加热清洗圈是在 350～450℃的温度下工作的，使用时需要通电 30～60 s，对芯片表面进行热处理，以消除由于诸如油及各种有机蒸气等的污染。这也是此类湿敏元件所具有的特点之一。

3. MgCr$_2$O$_4$ - TiO$_2$ 湿敏元件的性能

1）感湿特性曲线

MgCr$_2$O$_4$ - TiO$_2$ 半导体陶瓷湿敏元件的感湿特性曲线如图 5 - 36 所示。为了便于比

较,在同一图中给出了 SM-I 型和松下-I 型、松下-II 型的感湿特性曲线。由图 5-36 可知,SM-I 型和松下-II 型湿敏元件的阻值与环境相对湿度之间呈现一种较理想的指数函数关系,即

$$R = R_0 \exp(\beta\mathrm{RH}) \tag{5-19}$$

式中,β 是与材料有关的常数。

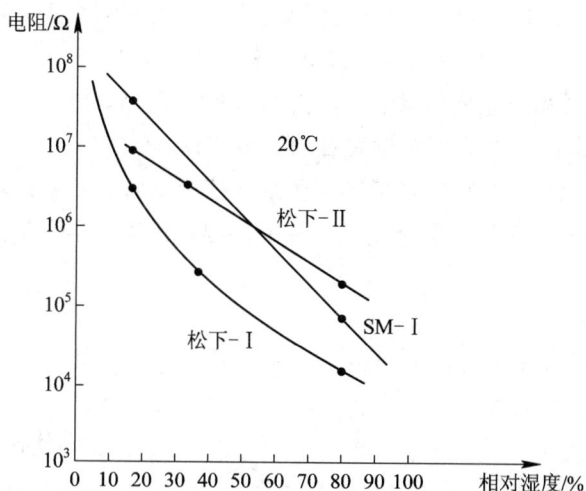

图 5-36　$MgCr_2O_4 - TiO_2$ 湿敏元件的感湿特性曲线

$MgCr_2O_4 - TiO_2$ 半导体陶瓷湿敏元件的阻值变化,在环境湿度 1%～100%RH 的范围内为 $10^4 \sim 10^8\,\Omega$。

2)加热清洗特性

湿敏元件大都要在较恶劣的气氛中工作,环境中的油雾、粉尘以及各种有害气体在元件上的吸附,必将导致元件有效感湿面积减小,使湿敏元件感湿性能退化和精度下降。为此,在使用过程中,可通过对湿敏元件进行加热清洗恢复其对水汽的吸附能力。SM-I 型湿敏元件配置的加热器加热清洗电压为 9 V,加热时间为 10 s,加热温度约为 400～500℃。对 SM-I 型湿敏元件进行加热清洗后,元件的阻值在 240 s 后即恢复到初始值,其阻值在加热清洗时的瞬态变化如图 5-37 所示。

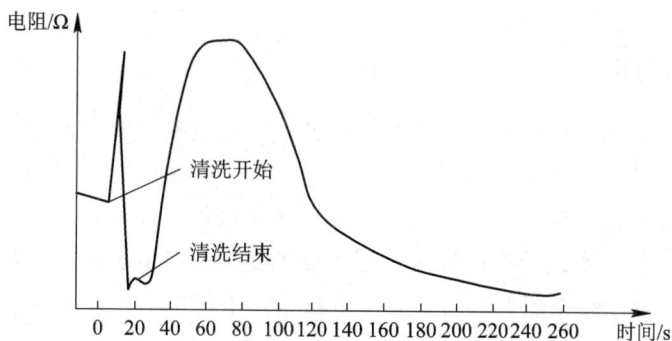

图 5-37　加热清洗时 SM-I 型湿敏元件阻值的瞬态变化

5.3.5　湿敏传感器的应用

湿敏传感器广泛应用于各种场合的湿度检测、控制与报警。在军事、气象、农业、工业（特别是纺织、电子、食品工业）、医疗、建筑以及家用电器等方面，湿敏传感器的应用必将日益扩大。

作为应用实例，湿敏传感器广泛用于自动气象站的遥测装置上，采用耗电量很小的湿敏元件，可以由蓄电池供电，长期自动工作，几乎不需要维护。

湿敏传感器还广泛用于仓库管理。为防止仓库中的食品、被服、金属材料以及仪器仪表等物品霉烂与生锈，必须在仓库中设有自动去湿装置。有些物品，如水果、种子、肉类等却需要仓库保证一定湿度，而这些都需要自动湿度控制装置。一般自动湿度控制装置都是利用湿度传感器的输出信号与一事先设定的标定值进行比较，进行有差调节。

📖 读一读

无论是气敏传感器，还是湿度传感器，吸附并产生化学反应，进而实现自身的功能和价值是其共性。吸附、相互吸引、亲和力、真诚、平等、尊重都是"友善"的表现，正如人与人之间的亲近和睦、趣味相投、待人宽厚、助人为乐、相互支持、彼此成就的关系。友善强调的是营造一种良好的社会公共空间和社会氛围，每一个公民都能从中受益。例如，英国剑桥大学的卡文迪许实验室是由电磁学之父詹姆斯·克拉克·麦克斯韦于1871年创立的物理实验室，实验室的名师们研究当时物理学最前沿的领域问题，作为助手的学生从中学到了相关的知识和研究方法，逐渐地也成为该领域的名师。该实验室先后有30多位科学家获得诺贝尔奖，正是得益于一代代人的友善待人、精诚合作精神。

任 务 实 施

任务五　基于霍尔传感器的车速测量仪的设计与制作

（一）任务描述

利用霍尔传感器测速往往需要在被测旋转轴上已经装有铁磁材料制造的齿轮，或者在非磁性盘上安装有若干个磁钢，也可利用被测物齿轮上的缺口或凹陷来实现测速。目前，用于测速的霍尔传感器主要为霍尔开关集成传感器及霍尔接近开关。

学会使用单片机技术设计测速仪具有很重要的意义。要测速，首先要解决的是采样的问题。在使用模拟技术制作测速仪时，常采用测速发电机的方法，即将测速发电机的转轴与待测轴相连，测速发电机的电压高低反映了转速的高低。使用单片机进行测速，可以使用简单的脉冲计数法，即转轴每旋转一周，就产生一个或固定的多个脉冲，将脉冲送入单片机中进行计数，即可获得转轴转速。

下面以常见的玩具电机作为测速对象，用 YH3144 霍尔传感器设计信号获取电路，通过电压比较器实现计数脉冲的输出，既可利用单片机实验箱进行转速测量，也可直接将计数脉冲输出接到频率计或脉冲计数器，便可得到单位时间内的脉冲数，进行换算即可得到电机转速。

(二) 实施步骤

测速的方法决定了测速信号的硬件连接。测速实际上就是测频，因此，频率测量的一些原则同样适用于测速。通常可以用计数法、测脉宽法和等精度法来进行测速。所谓计数法，就是给定一个闸门时间，在闸门时间内计数输入的脉冲个数。测脉宽法是利用待测信号的脉宽来控制计数门，对一个高精度的高频计数信号进行计数。由于闸门与被测信号不能同步，因此，这两种方法都存在 ±1 误差的问题，第一种方法适合信号频率高时使用，第二种方法则在信号频率低时使用。等精度法则对高、低频信号都有很好的适应性。

图 5-38 所示是测速电路原理图，在电源输入端加入电容 C_2 用来滤去电源尖啸，使霍尔元件稳定工作。在霍尔元件输出端(引脚 3)与地之间并联电容 C_1 以滤去波形尖峰，再接一个上拉电阻 R_1，然后将其接入 LM393PSR 的引脚 3。用 LM393PSR 构成一个电压比较器，将霍尔元件输出电压与电位器 R_{P1} 比较得出高低电平信号输送给单片机读取。C_3 用于波形整形，以保证获得良好数字信号。LED 用于观察信号，当比较器输出高电平时不亮，低电平时亮。

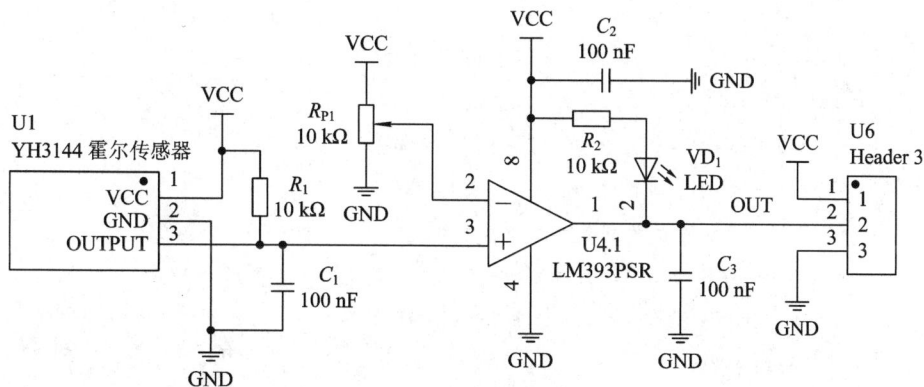

图 5-38　测速电路原理图

电压比较器的功能是比较两个电压的大小(用输出电压的高或低电平表示两个输入电压的大小关系)：当"＋"输入端电压高于"－"输入端时，电压比较器输出为高电平；当"＋"输入端电压低于"－"输入端时，电压比较器输出为低电平。

比较器还有整形的作用，利用这一特点可使单片机获得良好稳定的输出信号，不至于丢失信号，能提高测速的精确性和稳定性。

(三) 测速程序测试

使用霍尔传感器测量转速时，被测轴上安装有 1 只磁钢，即转轴每转一周，霍尔传感器就产生 1 个脉冲，并要求将转速值(转/分)显示在数码管上。

用 C 语言编制的程序如下：

```
//硬件：单片机实验板
//P0-1口接转速脉冲
#include<reg52.h>
Unsignedchardate；
#defineucharunsignedchar
#defineuintunsignedint
sbitkey1=P0^1；
/*函数申明——————————————————————————————*/
voiddelay(uintz)；
voidInitial_com(void)；


//********************************************
/********************************************
**函数名称：delay(uintz)
**函数功能：延时函数
********************************************/
voiddelay(uintz)
{
    Uinti,j;
    for(i=z;i>0;i--)
    for(j=110;j>0;j--);
}
//******************************
//*****串口初始化函数*************
//******************************
voidInitial_com(void)
{
    EA=1;                  //开总中断
    ES=1;                  //允许串口中断
    ET1=1;                 //允许定时器 T1 的中断
    TMOD=0x20;             //定时器 T1，在方式 2 中断产生波特率
    PCON=0x00;             //SMOD=0
    SCON=0x50;             //方式 1 由定时器控制
    TH1=0xfd;              //波特率设置为 9600
    TL1=0xfd;
    TR1=1;                 //开定时器 T1 运行控制位
}
```

```
//************************
//***********主函数*************
//************************
main( )
{
    Initial_com();
    while(1)
    {
        if(key1==0)
        {
            delay();              //消抖动
            if(key1==0)           //确认触发
            {
            SBUF=0X01;
            delay(200);
            }
        }
        if(RI)
        {
            date=SBUF;            //单片机接收
            SBUF=date;            //单片机发送
            RI=0;
        }
    }
}
```

（四）电路制作

根据电路原理图，选择合适的元器件进行电路制作和传感器安装，其中霍尔传感器为外接。电路制作完成后，即可进行电路调试。

工作电压：DC 5 V。

输出形式：数字量输出。

磁极性：单极，有磁极性。

注意事项：正确接线，切勿将电源正负极接反。

（五）电路调试

测试工具：示波器、直流稳压电源、万用表、一字螺丝刀（小）。

电路调试前电路接入 5 V 电源，并接好地线。

1. 硬件调试

调节 R_{P1}，使被测转轴的磁钢通过霍尔传感器时，LM393 的输出刚好是高电平，可以通过反复调节实现。

2. 软件调试

使用下载器把程序烧入单片机，进行硬件仿真调试，可以逐步调试。使用的工具为 KEIL4 和仿真器。

（六）霍尔开关传感器的安装

应用霍尔开关传感器测量转速时，霍尔开关传感器的安装位置与被测物的距离视安装方式而定，一般为几到十几毫米。图 5-39 所示为在一圆盘上安装一磁钢，霍尔开关传感器则安装在圆盘旋转时磁钢经过的地方。圆盘上磁钢的数目可以为 1、2、4、8 个等，应均匀地分布在圆盘的一面。图 5-40 所示为被转轴上已经有磁性齿轮的霍尔开关传感器安装示意图，此时，工作磁钢固定在霍尔传感器的背面（外壳上没有打标志的一面），当齿轮的齿顶经过传感器时，有多个磁力线穿过传感器，使霍尔集成开关传感器输出导通，而当齿谷经过霍尔开关传感器时，穿过传感器的磁力线较少，霍尔开关传感器输出截止，即每个轮齿经过传感器时则产生一个脉冲信号。

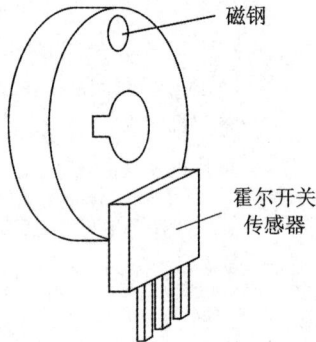

图 5-39　圆盘上安装有磁钢的安装示意图

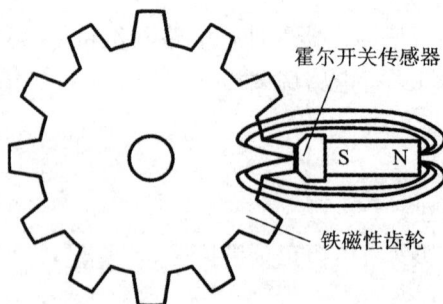

图 5-40　被测转轴上已有磁性齿轮的安装示意图

考 核 评 价

　　本项目主要考核学生在项目过程中的操作规范、职业素养、作品的功能实现、工艺与技术指标是否符合要求,评分细则如表 5-1 所示。

表 5-1　项目考核评分细则

评价内容		配分	考核标准	得分
职业素养与操作规范（50分）	系统设计	15	(1) 任务分析不正确,扣 4 分; (2) 设计方案不准确,扣 4 分; (3) 元器件选择不正确,扣 4 分; (4) 程序流程图画法不正确,扣 3 分	
	系统安装	15	(1) 不能在开发平台上建立工程项目,扣 3 分; (2) 不能编译并生成 HEX 或 BIN 文件,扣 2 分; (3) 不能下载程序至单片机,扣 2 分; (4) 元器件布局不规范,系统有干扰,扣 5 分; (5) 无节能意识及成本意识,扣 3 分	
	系统调试	10	(1) 通电测试前没进行短路检测,扣 5 分; (2) 使用仪器仪表方法不当,扣 5 分; (3) 烧坏元器件,扣 5 分;损坏仪表,扣 10 分	
	6S 规范	10	(1) 工位不整洁,扣 3 分; (2) 工具摆放不整齐,扣 3 分; (3) 没有安全文明生产,扣 4 分	
作品（50分）	工艺	20	(1) 导线零乱,不规范,扣 5 分; (2) 有脱焊、漏焊、裂纹、拉尖、多锡、少锡、针孔、吹孔、空洞、焊盘剥离等,扣 0.5 分/处; (3) 有开路/短路、锡球、锡溅、锡桥,扣 0.5 分/处; (4) 元器件有扭曲、倾斜、移位、管脚共面性差等,扣 0.5 分/处; (5) 有元器件、焊盘或印制板损伤,扣 0.5 分/处	
	功能	20	产品基本功能应完好,每缺失一项功能扣 5 分;功能项缺失超过 80%,本小项记 0 分	
	指标	10	基本参数指标应符合任务规定的要求,以±5% 为上下限,每超出 10% 扣 5 分,扣完为止;元器件参数选择不合理,扣 3 分;程序编辑格式不规范,扣 3 分	
合　　计				

拓 展 训 练

(1) 什么是霍尔效应？霍尔传感器的输出霍尔电压与哪些因素有关？

(2) 霍尔传感器的工作原理是什么？

(3) 霍尔开关传感器分为哪些类型？

(4) 请自己设计测速仪单片机部分的电路。

(5) 查找关于霍尔电子点火器的原理，试设计用运算放大器和晶体管组成的混合型霍尔电子点火器，并叙述其工作原理。

项目六
基于热电式传感器的测温电路的设计与制作

项 目 描 述

在各类工业检测、控制和日常生活中，温度检测的应用都很广泛。热电式传感器是利用某种材料或元器件与温度有关的物理特性，将温度的变化转换成电量变化的装置或器件。常见的热电式传感器有热电阻传感器、热敏电阻传感器及热电偶传感器。随着半导体技术的快速发展，利用 PN 结温度特性的集成数字温度传感器的使用也越来越多。热电式传感器还可用于测量与温度相关的其他物理量，如流速、金属材质、气体成分等。

本项目利用热电偶测量热源温度，并分析热电偶的工作原理及应用，掌握热电偶的选型及温度补偿的方法，最终实现利用热电偶传感器完成测温电路的设计和制作，并实现温度的补偿和控制。

项 目 目 标

1. 知识目标

（1）理解热电阻式传感器的工作原理。

（2）熟悉常用热敏电阻的特性。

（3）掌握热敏电阻的测温方法及电路原理。

（4）掌握热电效应的概念和热电动势的组成。

（5）掌握热电偶的工作原理、外形特性、分类、使用方法、温度校正方法。

（6）了解热电偶测温电路及应用。

（7）熟练掌握热电偶型号选择方法与补偿导线的匹配原则。

（8）熟练使用热电偶分度表。

2. 能力目标

（1）能根据设计要求正确选用、检测热电式传感器等元器件。

（2）能根据不同的工作环境，灵活选择温度校正方案。

（3）能根据需求选择合适的温度传感器并设计出相应的温度检测电路。

（4）能完成对测温电路的安装与调试。

3. 思政目标

（1）培养学生的民族自豪感。

（2）培养学生爱岗敬业、无私奉献的职业道德。

（3）培养学生精益求精的工匠精神。

（4）训练和培养学生获取信息的能力。

（5）培养学生团结协作、交流协调的能力。

（6）培养学生注重安全生产、遵守操作规程等良好职业素养。

知 识 准 备

6.1 热 电 阻

热电阻式传感器是一种将温度变化转换成电阻变化的传感器，可分为金属热电阻式传感器和半导体热电阻式传感器，前者简称为热电阻或金属热电阻，后者简称为热敏电阻或半导体热敏电阻。

6.1.1 金属热电阻及其测量电路

金属热电阻由电阻体、绝缘管和接线盒等主要部件组成，其中，电阻体是热电阻的最主要部分。金属热电阻作为反映电阻和温度关系的检测元件，要有尽可能大而且稳定的电阻系数（最好为常数）、稳定的

金属热电阻

化学和物理性能，以及大的电阻率。作为测温用的热电阻材料应满足下列条件：较大的温度系数和较高的电阻率，以减小体积和质量，减小热惯性，改善动态特性，提高灵敏度；在测量范围内，有良好的输出特性，即有线性的或近似线性的输出；在测量范围内，热电阻材料的化学、物理性质稳定，以保证测量的正确性；良好的工艺性，复现性好，易于批量生产。

满足上述要求的金属材料有铂、铜、铁、镍。目前常用的金属热电阻有铂热电阻和铜热电阻等。

1. 铂热电阻

铂热电阻的结构如图 6-1 所示。直径为 0.05～0.07 mm 的纯铂丝（即铂热电阻线）绕在云母制成的片型支架上，云母片的边缘有锯齿形的缺口；绕组的两面再用云母夹住绝缘。为了改善热传导，在云母片两侧用花瓣形铜制薄片与云母片和盖片铆在一起，并和保护管紧密接触。用银丝做成的引出线和铂丝绕组的出线端焊在一起，并用双眼瓷绝缘套管加以保护，以便于

与外面的保护管绝缘。根据铂热电阻的不同用途，保护管可选用黄铜、碳钢或不锈钢制成。

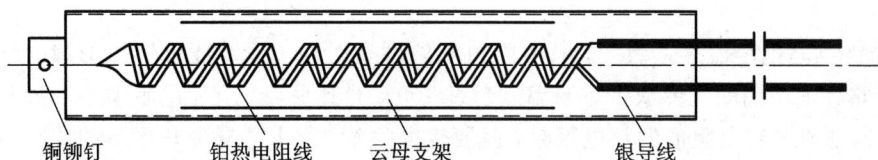

图 6-1　铂热电阻的结构

铂热电阻的精度高、稳定性好、性能可靠，这是因为铂在氧化性介质中甚至在高温时物理、化学性质都稳定，并且在很宽的温度范围内都可以保持良好的特性。因此铂热电阻可以用来作为工业测温元件。按国际电工委员会（International Electrotechnical Commission，IEC）的标准，铂热电阻的使用温度范围为$-200 \sim +850 \, ℃$。在还原性介质中，特别是在高温下，铂热电阻很容易被从氧化物中还原出来的蒸汽所玷污，容易使铂丝变脆，并会改变它的电阻与温度间的关系。

为了确保测量的准确性和可靠性，对铂的纯度有一定的要求。通常以 $W(100) = R_{100}/R_0$ 来表征铂的纯度，$W(100)$ 越高，铂丝的纯度就越高，其中 R_{100} 和 R_0 分别为铂热电阻在 $100 \, ℃$ 和 $0 \, ℃$ 时的电阻值。根据国际温标规定，铂热电阻作为基准器使用时，$W(100)$ 应不小于 1.3925。工业上常用的铂热电阻的 $W(100)$ 在 $1.387 \sim 1.391$ 之间。

在 $-200 \sim 0 \, ℃$ 范围内，铂的电阻值与温度的关系可用下式表示，即

$$R_t = R_0 [1 + At + Bt^2 + C(t-100)t^3] \tag{6-1}$$

在 $0 \sim 850 \, ℃$ 范围内，有

$$R_t = R_0(1 + At + Bt^2) \tag{6-2}$$

在以上两式中：R_t 为温度为 $t \, ℃$ 时的电阻值；R_0 为温度为 $0 \, ℃$ 时的电阻值；A、B、C 为常数，对 $W(100) = 1.391$，有 $A = 3.96847 \times 10^{-3}/℃$，$B = -5.847 \times 10^{-7}/℃^2$，$C = -4.22 \times 10^{-12}/℃^4$。

2. 铜热电阻

铜热电阻的结构如图 6-2 所示。在尺寸大约为 $\Phi 8 \, \text{mm} \times 40 \, \text{mm}$ 的塑料线圈骨架上分层绕有直径为 $0.1 \, \text{mm}$ 的漆包绝缘铜热电阻线。为防止铜热电阻线被氧化以及提高其导热性，整个元件要经过酚醛树脂浸渍处理。与铜热电阻线串联的有补偿线组，其材料及电阻值由铜热电阻线的特性来定。若铜热电阻线的电阻温度系数大于理论值时，则需选用电阻温度系数很小的锰铜作为补偿线组；而当铜热电阻线的电阻温度系数小于理论值时，则要选用电阻温度系数大的镍丝作为补偿线组。

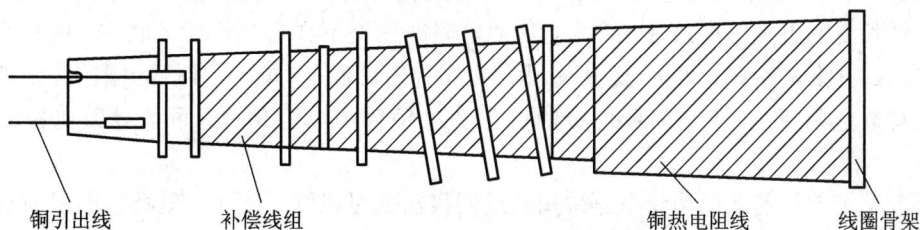

图 6-2　铜热电阻的结构

铜热电阻出线端用直径为 1 mm 的铜线引到接丝盒外,并用绝缘套管使铜导线与保护管绝缘。

铜的优点是电阻温度系数大,其电阻值与温度呈线性关系,且容易加工和提纯,资源丰富、价格便宜。铜的主要缺点是当温度超过 100℃时容易被氧化,电阻率小,约为铂电阻的 1/6,当制成一定电阻值的热电阻时,就要求电阻丝细而长,导致热电阻的体积较大,难以测量小的被测对象的温度,同时热电阻的机械强度也低。

铜热电阻适用于较低温度,一般在 -50~150℃之间,以及无水分和无腐蚀性条件下的温度测量,其特点是测量精度高、稳定性好。

在 -50~150℃温度范围内,铜热电阻的电阻值与温度之间的关系为

$$R_t = R_0(1 + \alpha t) \tag{6-3}$$

式中,R_t 和 R_0 分别为铜热电阻在 t℃和 0℃时的电阻值,α 为铜热电阻的电阻温度系数 ($\alpha = (4.25 \sim 4.28) \times 10^{-3}/℃$)。

3. 其他金属热电阻

(1) 铟热电阻。铟热电阻可以用于 4.2 K 至室温范围内的测温,尤其适用于低温区域测量,在 1.5~4.2 K 范围内,其灵敏度要比铂热电阻高 10 倍。铟热电阻是用高纯度 (99.999%) 的铟丝绕制而成的,但其材料质地太软,难以加工,且复制性差。

(2) 镍热电阻。镍的电阻率及其温度系数比铂和铜大得多,故镍热电阻的灵敏度较高,且可做得很小以便测量小尺寸被测对象的温度。镍在常温下的化学稳定性很高,一般用镍热电阻来测量 60~180℃的温度。镍的缺点是提纯较难,其复现性较差,且镍热电阻没有统一的分度表,只能个别标定。

4. 金属热电阻测量电路

金属热电阻(简称热电阻)进行温度测量时是安装在工业现场的,而检测仪表是安装在控制室的,因此热电阻和控制室之间需要引线相连。因为引线本身具有一定的阻值,并与热电阻相串联,且引线电阻阻值随环境温度而变,所以会造成测量误差。因此必须采取相应的测量电路来改善测量精度。

热电阻测量电路大多采用电桥电路,常采用三线制和四线制连接法。利用电桥电路的特性可以提高测量精度。

工业用热电阻测量电路一般采用三线制。热电阻测量电路的三线制接法是指热电阻的一端与一根引线相连,另一端同时连接两根引线。图 6-3 所示是三线制两种连接法的原理图。图中,G 为检流计,R_1、R_2、R_3 为固定电阻,R_a 为零位调节电阻。热电阻 R_t 通过电阻为 r_1、r_2、r_3 的 3 根导线与电桥连接,r_1 和 r_2 分别接在相邻的两桥臂内,当温度变化时,只要它们的长度和电阻温度系数相等,它们的电阻变化就不会影响电桥的状态。电桥在零位调整时,必须使 $R_3 = R_a + R_{t0}$,其中 R_{t0} 为热电阻在参考温度(如 0℃)时的电阻值。三线制接法中,调节电阻 R_a 的触点,可使接触电阻和电桥臂的电阻相连,可能导致电桥的零点不稳。

一般的工业用热电阻测量电路采用三线制接法就可以满足要求,但精密测量时应采用四线制接法。四线制接法是指热电阻的两端各用两根引线连接到测量仪表上,接线图如 6-4 所示。其工作原理是在热电阻中通入恒定电流,用输入阻抗大的电压表测量热电阻两

端的电压，由此计算出的电阻值将不包括引线电阻，只有热电阻阻值的变化被测量出来。

(a) 接法一　　　　　　　　　　(b) 接法二

图 6-3　三线制接法原理图

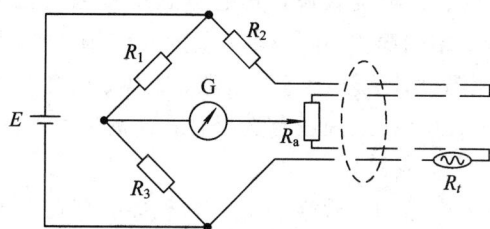

图 6-4　四线制接法

　　热电阻测量电路四线制接法不仅可以消除热电阻与测量仪器之间连接导线电阻的影响，而且可以消除测量电路中寄生电势引起的测量误差，多用于标准计量或实验室中。在图 6-4 中，调零用的 R_a 电位器的接触电阻和检流计串联，这样，接触电阻的不稳定不会破坏电桥的平衡和正常工作状态。

　　为避免热电阻中流过电流的加热效应，在设计电桥时，应使流过热电阻的电流尽量小，一般小于 10 mA，小负荷工作状态时一般为 4～5 mA。

　　近年来，温度检测和控制有向高精度、高可靠性发展的趋势，特别是各种工艺的信息化及运行效率的提高，对温度的检测提出了更高的要求。以往用铂热电阻测温具有响应速度慢、容易破损、难以测定狭窄位置的温度等缺点，现在逐渐使用能克服上述缺点的极细型铠装铂热电阻测温，因而将使铂热电阻测温应用领域进一步扩大。

　　铂热电阻主要应用于钢铁或石油化工的各种工艺过程、纤维等工业的热处理工艺、食品工业的各种自动装置、空调或冷冻冷藏工业、宇航和航空领域、物化设备及恒温槽等。

📖 读一读

　　温度是衡量蔬菜大棚质量的重要指标，它会直接影响蔬菜的生长和产量。采用温度传感器就可以实时监测大棚内部环境的温度，然后把相应的温度数据转换成电信号，并及时传送给大棚中的智能系统，智能系统根据传感器反馈的信息进行分析，从而自动调节大棚的温度。

　　脱贫攻坚战的全面胜利，标志着建设美丽新中国的目标又更进了一步。脱贫是建设美丽新中国的一个重要环节，只有实施乡村振兴，才能从根本上解决贫困问题，才能建设好美丽新中国。随着各种先进技术的不断发展应用，我国科技创新不断结出丰硕成果。习近平总书记曾强调，科技创新是核心，抓住了科技创新就抓住了牵动我国发展的牛鼻子。只有以科技创新引领乡村振兴，驱动乡村高质量发展，中国乡村才会生机勃勃。

6.1.2 热敏电阻

热敏电阻也称半导体热敏电阻，它基于半导体电阻对温度的依赖性。这种温度依赖性的机理是半导体的载流子及迁移率是随温度的变化而变化的，当温度升高时，载流子数增加，电阻下降，所以呈现负温度系数。同时，这种依赖性与半导体中掺入的杂质成分和浓度有关，在重掺杂时，半导体呈现为金属的特性，即在一定温度范围内呈正温度系数。

半导体热敏电阻

热敏电阻的主要特点为：灵敏度较高，其电阻温度系数要比金属大 $10\sim100$ 倍以上，能检测出 10^{-6} ℃温度变化；结构简单，体积小，重量轻，响应速度快，元件尺寸可做到直径为 0.2 mm，能够测量其他温度计无法测量的空隙、腔体、内孔及生物体内血管的温度；使用方便，电阻值可在 $0.1\sim100$ kΩ 之间任意选择；适合批量生产，价格便宜，机械性能好，使用寿命长。

热敏电阻的最大缺点是产品的一致性（互换性）较差，存在严重的非线性。所以热敏电阻用于精度要求较高的温度测量时必须先进行线性化。

1. 热敏电阻的分类

热敏电阻按温度变化的典型特性分为负温度系数（NTC）型热敏电阻、正温度系数（PTC）型热敏电阻和在某一特性温度下电阻值发生突变的临界温度（CTR）型热敏电阻三类。NTC、PTC 及 CTR 型热敏电阻的电阻率-温度特性曲线如图 6-5 所示。

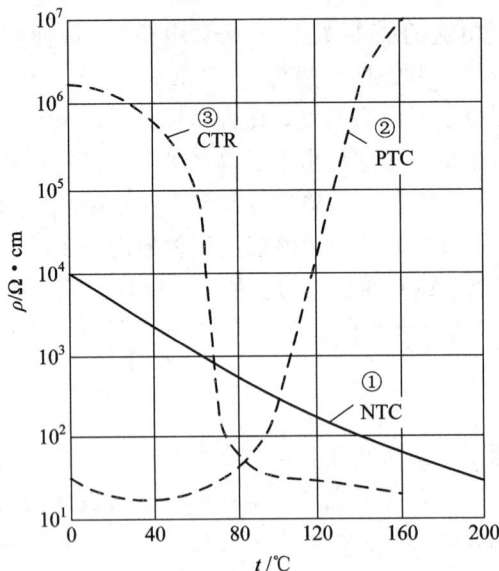

图 6-5 热敏电阻率-温度特性曲线

NTC 型热敏电阻的主要材料有 Mn、Co、Cu 和 Fe 等金属氧化物，它们均具有很高的负温度系数，广泛用于点温、温差、表面温度、温场的 $-100\sim+300$ ℃的温度测量，在自动

控制、电子线路补偿等领域得到了大量应用。

　　PTC 型热敏电阻主要采用 $BATO_3$ 系列材料，通过改变掺入的 Pb、Ca、LA、Sr 等杂质来调整材料的居里点，从而调整材料的温度特性。当温度升高时，其电阻值随之增大，而且阻值的变化与温度的变化呈正比例关系。但当温度超过一定值时，其阻值将急剧增大，当增大到最大值时，电阻值将随温度的增加而开始下降。PTC 型热敏电阻主要用于电气设备的过热保护、热源的温度控制及限流元件中。

　　CTR 型热敏电阻材料主要是 V、Ba、Ag、P 等元素氧化物的混合烧结体，是半玻璃状的半导体。CTR 型热敏电阻也称为玻璃态热敏电阻，具有负电阻突变特性，在某一温度下，其电阻值随温度的增加而急剧减小，具有很大的负温度系数。随着 Ge、W、Mo 等氧化物不同含量的掺入，使氧化钒的晶格间隔不同，造成温度骤变。若在适当的还原气氛中五氧化二钒还原为二氧化钒，则电阻急变温度变大；若进一步还原为三氧化二钒，则电阻急变温度消失。产生电阻急变的温度对应于半玻璃状半导体物性急变的位置，因此会产生半导体-金属相移。CTR 型热敏电阻能够应用于控温报警等方面。

2. 热敏电阻的结构

　　热敏电阻分直热式和旁热式两种。直热式热敏电阻多由金属氧化物（如锰、镍、铜和铁等）粉料按一定比例挤压成型，也有用小珠成型工艺或印刷工艺等制成的球状、薄膜、厚膜、线状、塑料薄膜，经过 $1273\sim1773K$ 高温烧结而成，其引出极一般为银电极。旁热式热敏电阻除半导体外还有金属丝绕制的加热器，两者紧紧耦合在一起，互相绝缘，密封于高真空的玻璃壳内。常用的热敏电阻外形及其符号如图 6-6 所示。

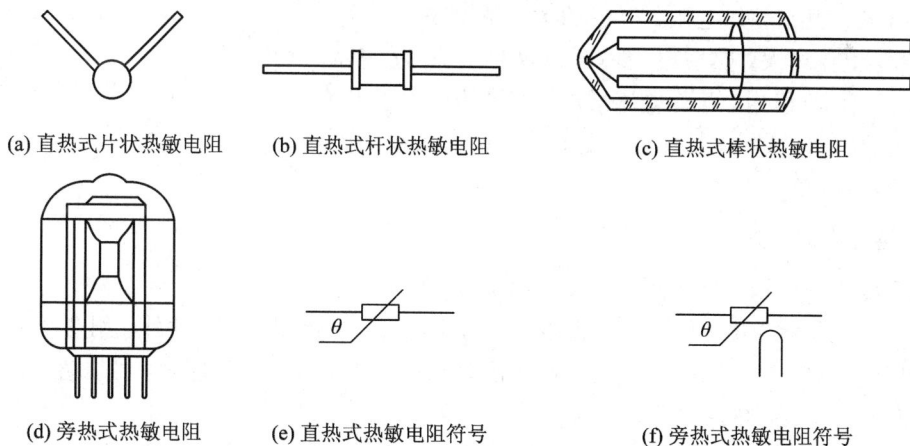

(a) 直热式片状热敏电阻　(b) 直热式杆状热敏电阻　(c) 直热式棒状热敏电阻

(d) 旁热式热敏电阻　(e) 直热式热敏电阻符号　(f) 旁热式热敏电阻符号

图 6-6　热敏电阻外形图及其符号

3. 常用热敏电阻的特性

　　热敏电阻是非线性电阻，它的非线性特性表现为其电阻值与温度间呈指数关系，且电流随电压的变化不服从欧姆定律。

　　图 6-7(a) 给出了国产的 RRC4 型热敏电阻的温度特性曲线，图 6-7(b) 则是 (Ba-Sr) TiO_3+La 热敏电阻的温度特性曲线，该曲线具有较大的正温度系数。

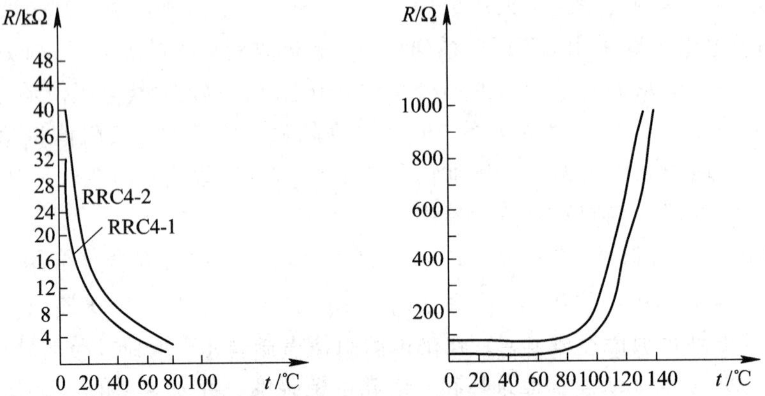

(a) RRC4 型热敏电阻温度特性曲线　　(b) (Ba-Sr)TiO₃＋La 热敏电阻温度特性曲线

图 6-7　热敏电阻的温度特性曲线图

图 6-8 给出了热敏电阻的 U-I 特性(称伏安特性)曲线。伏安特性表征热敏电阻静态时电流与热敏电阻电压之间的关系，这个关系由热敏电阻的结构尺寸、电阻值、电阻温度系数值、周围介质及热敏电阻与该介质间热量交换的程度而定。但一般说来，对于同一种热敏电阻，其伏安特性的形状大致相似。在热敏电阻伏安特性曲线中，刚开始 Oa 段近似于线性上升，这是因电压低时电流亦小，温度没有显著升高，其电压、电流的关系服从欧姆定律；a 点以后，电流增大，热敏电阻本身温度稍有升高，电阻下降，因此在 ab 段内，随着电流增加，压降的增加越来越

图 6-8　热敏电阻的伏安特性曲线

小；b 点以后，电阻的减少速度高于电流的增加速度，因此压降反而下降。图 6-8 上的数字代表该点温度(单位为℃)。

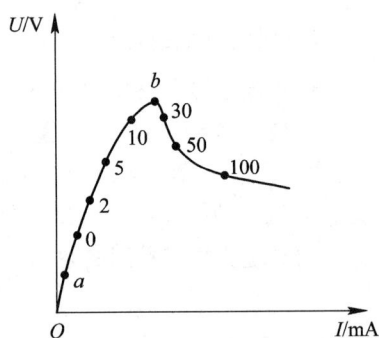

4. 热敏电阻的应用

热敏电阻的应用十分广泛，主要有以下方面：

(1) 可以测量变化范围不大的温度，如海水温度、人体温度等。此外，用热敏电阻还能控制温度，特别是 PTC 和 CTR 型热敏电阻，当其工作在居里点附近时，可以直接测温、控温，如火灾报警、过热保护等。

(2) 用 NTC 型热敏电阻可测量流体流速和流量，主要有温度检测法和耗散因数测定法，而后一种方法的工作点应在 U-I 特性曲线的负阻区。

(3) 用 NTC 和 PTC 型热敏电阻可测量液位。这是利用元件在空气中和液体中的耗散系数(冷却度)不同的原理进行测量的。

(4) 用 PTC 型热敏电阻可控制家用电器的温度。电流通过热敏电阻后引起热敏电阻的温度升高，当超过居里点温度后，由 R-T 特性曲线可知，热敏电阻的电阻值增大，则电流下降，相应热敏电阻的温度亦降低，从而热敏电阻的电阻值减小。这又导致电流增加，热敏电阻的温度升高，随即热敏电阻的电阻值增加，电流降低，如此重复，这样热敏电阻本身就起到了自动调节温度的作用。

（5）利用 PTC 型热敏电阻可做成恒流电路、恒压电路。通常电阻两端电压增加时其电流亦同时增加，而 PTC 型热敏电阻具有负阻特性，因此将一般电阻与 PTC 型热敏电阻并联，可在某一电压范围内使电流不随电压变化而构成恒流电路。若 PTC 型热敏电阻与一般电阻串联，则可构成恒压电路。

下面介绍一种用热敏电阻传感器组成的热敏继电器作为电动机过热保护的例子，电路图如图 6-9 所示。把 3 只特性相同的 RRC6 型热敏电阻（经测试，阻值在 20℃时为 10 kΩ，100℃时为 1 kΩ，110℃时为 0.6 kΩ）放在电动机绕组中，紧靠绕组，每相各放一只，滴上万能胶固定在电动机上，正常运转时，温度较低，继电器 K 不动作，当电动机过负荷或断相或一相通地时，电动机温度急剧升高，热敏电阻阻值急剧减小，小到一定值时，三极管 VT 完全导通，继电器 K 吸合，起到保护作用。另外可根据电动机各种绝缘等级的允许温升来调试偏流电阻 R_2 的值。实践表明，这种热继电器比熔丝及双金属热继电器效果好。

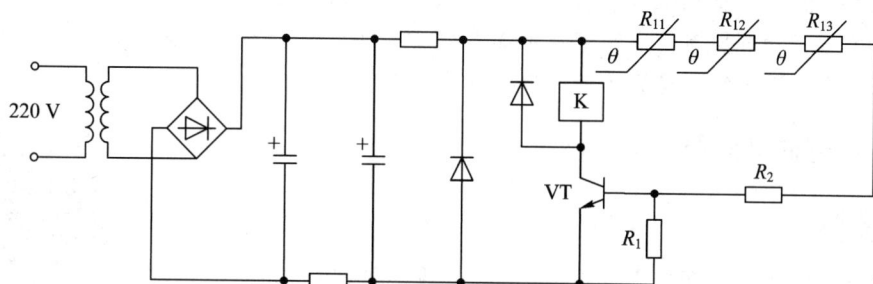

图 6-9　热继电器电路

图 6-10 给出了一种双桥温差测量电路。它是由 A 及 A′ 两个电桥共用一个指示仪表 P 组成的。两个热敏电阻 R_t 及 R_t' 放在两个不同的测温点，则流经表 P 的两个不平衡电流恰好方向相反，表 P 指出的电流值是两个电流值的差。注意，进行温差测量时要选用特性相同的两个热敏电阻，且阻值误差不应超过 ±1%。

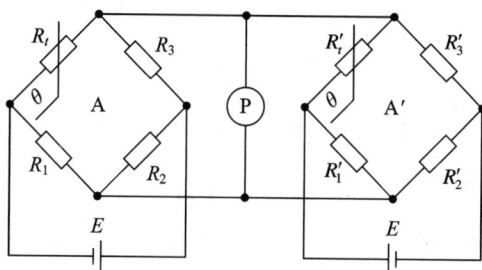

图 6-10　双桥温差测量电路

6.2　热　电　偶

热电偶是一种结构简单、性能稳定、准确度高、测温范围广的温度传感器。它广泛用于测量 -200～+1300℃ 之间的温度，特殊情况下，可测量 2800℃ 的高温或 -269℃ 的低温。热电偶将温度转换为电动势进行检测，使温度的测量、控制及对温度信号的放大和变换都很方便，适用于远距离信号传送与集中监测及自动控制。在接触式测温法中，热电偶的应用最为普遍。

📖 读一读

　　中国是世界上最大的钢铁生产和消费国，现已建成世界上最为完备、先进的钢铁生产体系，为实现低碳绿色高质量发展奠定了坚实基础。

　　中国的工业化进程是从大炼钢铁开始的。新中国成立初期，中国每年钢产量只有 16 万吨，如今中国钢铁行业产量居世界第一。从一穷二白到世界钢铁生产大国，中国仅仅用了 60 年时间。值得一提的是，中国的钢铁工业水平几十年里获得了空前的提高，我们所生产的钢铁品种越来越多，甚至还打造出了一些国际上难得一见的钢铁品种，比如著名的手撕钢。这种钢材比 A4 纸还薄，厚度只有 0.02 mm，只要轻轻用力就能撕开。即便是世界上现在手撕钢生产最先进的国家如德国和日本制造的手撕钢厚度也有 0.05 毫米。这种钢材到底有什么重要用途呢？因为这种钢材的柔韧性非常好，而且重量极低，所以经常被运用在航空航天、深海探测等重要的高精尖技术领域。

6.2.1　热电偶测温的基本原理

1. 热电效应

　　如图 6-11 所示，两种不同成分的导体(或半导体)A 和 B 的两端分别连接或焊接在一起构成一个闭合的回路，如果将它们的两个接点分别置于温度各为 T 及 T_0(假定 $T > T_0$)的热源中，则在该回路内就会产生热电动势，这种现象称作热电效应。该效应是 T. J. Seebeck 于 1821 年用铜和锑做实验时所发现的，所以也称为赛贝克效应。

热电偶的认识与
基本原理

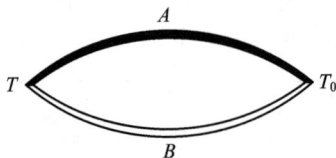

图 6-11　两种不同材料构成的热电偶

　　构成热电偶的两种导体(或半导体)A 或 B 称为热电极。两个连接点，一个称为工作端或热端(T)，测量时置于被测温度场中；另一个称为参考端或冷端(T_0)，测量时要求温度恒定。热电动势的大小与两种金属材料的性质及两个连接点的温度有关。

　　在图 6-11 所示的热电偶回路中，所产生的热电动势由接触电动势和温差电动势组成。

2. 接触电动势

　　热电极 A 和 B 接触在一起(如图 6-12 所示)时，由于电极材料的成分不同，其电子密度也不同，于是在接触面上将产生自由电子的扩散现象。设电极 A 的自由电子密度大于电极 B，则自由电子由 A 向 B 扩散得多，从而使电极 A 因失电子而带正电荷，电极 B 因得到电子而带负电荷。于是在接触面处形成电场，此电场将阻止自由电子扩散的进一步发生，直到扩散作用与电场的阻止作用相等，此过程便处于动态平衡。此时，在 A、B 接触面形成

一个稳定的电位差 $U_A - U_B$，即接触电动势。接触电动势用 $E_{AB}(T)$ 表示，它的大小与两个电极的材料有关，也与接触面处（接点）的温度有关。

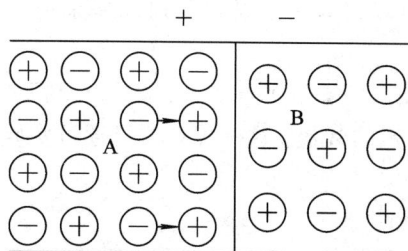

图 6-12　接触电动势产生原理

根据珀尔帖效应，在接触面（接点）的温度为 T 和 T_0 时，其接触电动势的表达式分别为

$$E_{AB}(T) = \frac{kT}{e} \ln \frac{N_A}{N_B} \tag{6-4}$$

$$E_{AB}(T_0) = \frac{kT_0}{e} \ln \frac{N_A}{N_B} \tag{6-5}$$

式中：k 为玻尔兹曼常数（$k = 1.38 \times 10^{-23}$ J/K）；e 为单位电荷（$e = 1.602 \times 10^{-19}$ C）；N_A、N_B 分别为电极 A 和 B 的自由电子密度。

一般可以认为金属导体电极的自由电子密度与温度无关，但当电极为半导体材料时，电子密度是温度的函数。

在热电偶回路中，总接触电动势为

$$E_{AB}(T) - E_{AB}(T_0) = \frac{k}{e}(T - T_0) \ln \frac{N_A}{N_B} \tag{6-6}$$

3. 温差电动势

温差电动势是指在同一导体的两端因其温度不同而产生的一种热电动势。由于高温扩散端扩散到低温端的电子数比从低温端扩散到高温端的电子数多，从而使高温端失去电子而带正电荷，低温端因得到电子而带负电荷，从而形成一个静电场。此时，在导体的两端便产生了一个相应的电位差，当两端温差一定时，电位差的数值也一定，这就是温差电动势。

温差电动势由下式求得，即

$$E_A(T, T_0) = \int_{T_0}^{T} \sigma_A \, dt \tag{6-7}$$

$$E_B(T, T_0) = \int_{T_0}^{T} \sigma_B \, dt \tag{6-8}$$

式中，T、T_0 分别为电极两端的热力学温度，σ_A、σ_B 分别为电极两端的汤姆逊系数。

在热电偶回路中，总的温差电动势为

$$E_A(T, T_0) - E_B(T, T_0) = \int_{T_0}^{T} (\sigma_A - \sigma_B) \, dt \tag{6-9}$$

4. 热电偶的总热电动势

根据式（6-6）、式（6-9）可得热电偶回路的总的热电动势为

$$E_{AB}(T, T_0) = \frac{k}{e}(T - T_0) \ln \frac{N_A}{N_B} + \int_{T_0}^{T} (\sigma_A - \sigma_B) \, dt \tag{6-10}$$

若热电偶材料一定，则热电偶的总热电动势 $E_{AB}(T, T_0)$ 为温度 T 和 T_0 的函数差，即

$$E_{AB}(T, T_0) = f(T) - f(T_0) \tag{6-11}$$

如果使冷端温度 T_0 固定，则对一定材料的热电偶来说，其总热电动势就只与温度 T 成单值函数关系，即有

$$E_{AB}(T, T_0) = f(T) - C = \psi(T) \tag{6-12}$$

式中，C 为由固定温度 T_0 决定的常数。这一关系式可通过实验方法获得，它在实际测温中是很有用处的。

从热电偶的工作原理可知：

（1）如果热电偶两个电极的材料相同，即使两个连接点的温度不同，也不能构成热电偶。因为材料成分相同时，$N_A = N_B$，则有 $\ln \dfrac{N_A}{N_B} = 0$，以及 $\sigma_A = \sigma_B$，回路中的总热电动势仍为零。

（2）热电偶所产生的总热电动势的大小与热电极的长度和直径无关，只与热电偶电极材料的成分（要求是均值的）和两端温度有关。

（3）如热电偶两个接点温度相同，即 $T = T_0$，则尽管导体 A、B 的材料不同，热电偶回路内的总热电动势亦为零，即有

$$E_{AB}(T, T_0) = \frac{k}{e}(T - T_0) = \ln \frac{N_A}{N_B} + \int_{T_0}^{T} (\sigma_A - \sigma_B) \mathrm{d}t = 0$$

（4）热电偶的总热电动势与 A、B 材料的中间温度无关，只与接点温度有关。

6.2.2 热电偶的工作定律及法则

1. 均质导体定律

由一种均质导体组成的热电偶闭合回路，不论导体的长度、横截面积大小及温度分布如何，均不产生热电动势。两种均质导体构成的热电偶回路的热电动势大小仅与两连接点的温度和均质导体材料有

热电偶基本定律
及常见热电偶

关，与热电偶的电极直径、长度及温度分布无关。如果热电极为非均质电极，并处于具有温度梯度的温度场时，则将产生附加电动势，并会产生无法估计的测量误差。

2. 中间导体定律

在热电偶的参考端接入第三根电极 C，只要接入导体的两端温度相等，就均不影响原热电偶的热电动势的大小。在实际测温电路中，必须有连接导线和显示仪器，若把连接导线和显示仪器看成为第三种导体（即第三根电极），只要连接点两端温度相同，则也不影响热电偶的热电动势输出。这一性质称为中间导体定律。证明如下：

（1）证明图 6-13(a) 所示的情况。设 C 和 B 的两个接点的温度都是 T_1，则回路的总热电动势（因温差电动势很小，主要是各接点的接触电动势决定的回路的总电动势）为

$$\begin{aligned}
E_{ABC}(T, T_1, T_0) &= E_{AB}(T) + E_{BC}(T_1) + E_{CB}(T_1) + E_{BA}(T_0) \\
&= E_{AB}(T) + E_{BC}(T_1) - E_{BC}(T_1) + E_{BA}(T_0) \\
&= E_{AB}(T) - E_{AB}(T_0) \\
&= E_{AB}(T, T_0)
\end{aligned}$$

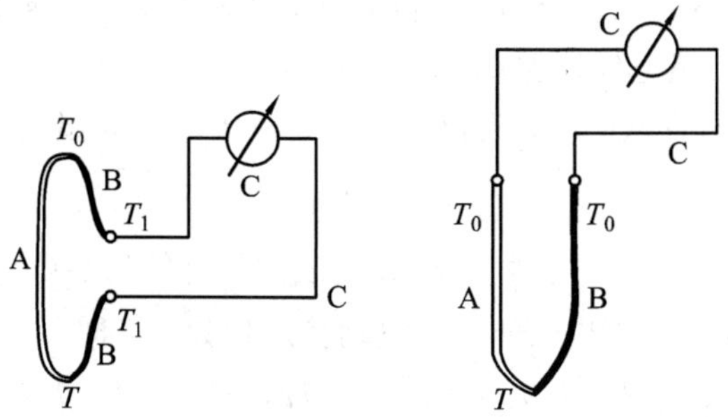

(a) 接入方式一   (b) 接入方式二

图 6-13 热电偶回路接入第三种导体

由此可知，按图 6-13(a) 所示方式接入第三种导体，只要接点处的温度都是 T_1，则对原热电偶回路的热电动势没有影响。

(2) 证明图 6-13(b) 所示的情况。先设 A、B、C 三个接点的温度都是 T_0，求得此时热电偶回路的总热电动势为

$$E_{ABC}(T_0) = E_{AB}(T_0) + E_{BC}(T_0) + E_{CA}(T_0) \tag{6-13}$$

根据式 (6-5)，可将式 (6-13) 写成

$$\begin{aligned}
E_{ABC}(T_0) &= \frac{kT_0}{e}\ln\frac{N_A}{N_B} + \frac{kT_0}{e}\ln\frac{N_B}{N_C} + \frac{kT_0}{e}\ln\frac{N_C}{N_A} \\
&= \frac{kT_0}{e}\left(\ln\frac{N_A}{N_B} + \ln\frac{N_B}{N_C} + \ln\frac{N_C}{N_A}\right) \\
&= \frac{kT_0}{e}\ln\left(\frac{N_A}{N_B}\frac{N_B}{N_C}\frac{N_C}{N_A}\right) \\
&= 0 \tag{6-14}
\end{aligned}$$

即

$$E_{AB}(T_0) + E_{BC}(T_0) + E_{CA}(T_0) = 0 \tag{6-15}$$

或

$$E_{BC}(T_0) + E_{CA}(T_0) = -E_{AB}(T_0) \tag{6-16}$$

于是，图 6-13(b) 所示的回路总热电动势可写成

$$E_{ABC}(T, T_0) = E_{AB}(T) + E_{BC}(T_0) + E_{CA}(T_0) \tag{6-17}$$

将式 (6-16) 代入式 (6-17) 可得

$$E_{ABC}(T, T_0) = E_{AB}(T) - E_{AB}(T_0) = E_{AB}(T, T_0)$$

由此证明，这一回路的总电动势不受导体 C 接入的影响。因此，若接入测量仪表时所用连接导线的两端温度相同，则不会影响原回路的总热电动势。

根据中间导体定律，热电偶可以用来测量液态金属和固体金属表面的温度。

3. 中间温度法则

由导体 A、B 组成的热电偶在接点温度为 T_1、T_3 时的热电动势，等于此热电偶在接点温度为 T_1 和 T_2 与 T_2 和 T_3 两个不同状态下的热电动势之和，此法则的证明如下：

$$\begin{aligned}
E_{AB}(T_1, T_3) &= E_{AB}(T_1) - E_{AB}(T_3) \\
&= E_{AB}(T_1) - E_{AB}(T_2) + E_{AB}(T_2) - E_{AB}(T_3) \\
&= E_{AB}(T_1, T_2) + E_{AB}(T_2, T_3)
\end{aligned}$$

这一法则为将要讲述的延伸导线(补偿导线)的应用提供了理论依据。由此还可以看出,只要是均质的电极,热电偶回路的总热电动势只与两个接点的温度有关,而与电极的中间温度无关。故在使用热电偶时,可以不考虑其电极的中间温度变化。

4. 标准热电极法则

当接点温度为 T、T_0 时,用导体 A 与 B 组成的热电偶的热电动势等于导体 A、C 组成的热电偶和导体 C 与 B 组成的热电偶的热电动势之代数和,即

$$E_{AB}(T, T_0) = E_{AC}(T, T_0) + E_{CB}(T, T_0)$$

式中,导体 C 称为标准电极(一般由铂制成),故把这一性质称为标准热电极法则。证明如下:

设由三种材料成分不同的导体(热电极)A、B、C 分别组成三对热电偶回路(如图 6-14 所示),这三对热电偶工作端的温度都是 T,而参考端温度都是 T_0,则热电偶 AC、BC 的热电动势分别为

$$E_{AC}(T, T_0) = E_{AC}(T) - E_{AC}(T_0)$$
$$E_{BC}(T, T_0) = E_{BC}(T) - E_{BC}(T_0)$$

上述两式相减,得到

$$E_{AC}(T, T_0) - E_{BC}(T, T_0)$$
$$= E_{AC}(T) - E_{AC}(T_0) - E_{BC}(T) + E_{BC}(T_0)$$
$$= -[E_{BC}(T) + E_{CA}(T)] + [E_{BC}(T_0) + E_{CA}(T_0)] \tag{6-18}$$

由式(6-15)可知

$$-[E_{BC}(T) + E_{CA}(T)] = E_{AB}(T) \tag{6-19}$$
$$E_{BC}(T_0) + E_{CA}(T_0) = -E_{AB}(T_0) \tag{6-20}$$

将式(6-19)及式(6-20)代入式(6-18)可得

$$E_{AC}(T, T_0) - E_{BC}(T, T_0) = E_{AB}(T) - E_{AB}(T_0) = E_{AB}(T, T_0) \tag{6-21}$$

由式(6-21)可看出,由导体 A 与 B 组成的热电偶产生的热电动势可由导体 A、C 组成的热电偶和由导体 B 与 C 组成的热电偶的热电动势通过计算求得。标准电极 C 通常用纯度很高、物理和化学性能非常稳定的铂制成。

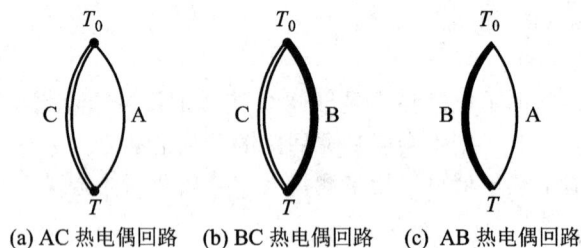

(a) AC 热电偶回路　(b) BC 热电偶回路　(c) AB 热电偶回路

图 6-14　标准热电极法则

不同材料与标准铂电极组成的热电偶,当参考端温度为 0℃、工作端温度为 100℃ 时所产生的热电动势数值如表 6-1 所示。利用此表和式(6-21)便可知同一温度范围内任选两电极所组成的热电偶的热电动势。

表 6-1　不同材料与标准铂电极组成热电偶的热电动势 $E(100, 0)$

材料名称	热电动势/mV	材料名称	热电动势/mV	材料名称	热电动势/mV
硅	44.80	镁	0.42	银	0.72
镍铬	2.40	铝	0.40	金	0.75
铁	1.80	碳	0.30	锌	0.75
钨	0.80	汞	0.00	镍	1.50
钢	0.77	铂	0.00	镍铝（镍硅）	1.70
铜	0.76	铑	−0.64	康铜	3.40
锰铜	0.76	铱	−0.65	考铜	3.60

6.2.3　热电偶的种类及结构

1. 热电偶的类型

适于制作热电偶的材料有 300 多种，其中广泛应用的材料有 40～50 种。

国际电工委员会向全世界推荐了 8 种热电偶作为标准化热电偶，我国标准化热电偶也有 8 种，分别是铂铑$_{10}$-铂热电偶（分度号为 S）、铂铑$_{30}$-铂铑$_6$ 热电偶（分度号为 B）、镍铬-镍硅热电偶（分度号为 K）、镍铬-康铜热电偶（分度号为 E）、铜-康铜热电偶（分度号为 T）、铁-康铜热电偶（分度号为 J）、铂铑$_{13}$-铂热电偶（分度号为 R）、镍铬硅-镍硅热电偶（分度号为 N）。下面只介绍其中常用的 4 种。

1）铂铑$_{10}$-铂热电偶

铂铑$_{10}$-铂热电偶由 $\Phi 0.5$ mm 的纯铂丝和相同直径的铂铑丝（铂 90%，铑 10%）制成。铂铑丝为正极，纯铂丝为负极。该热电偶的优点为：热电性能好，抗氧化性强，宜在氧化性、惰性介质中连续使用；长期使用的温度为 1400℃，短期使用的温度为 1600℃；在所有的热电偶中，它的准确度等级最高，通常用作标准或测量高温的热电偶；使用温度范围广，均质性及互换性好。其主要缺点为：热电动势较弱；在高温时易受还原性气体所发出的蒸气和金属蒸气的侵害而变质；铂铑丝中的铑分子在长期使用后因受高温作用而会产生挥发现象，使铂丝受到污染而变质，从而引起热电偶特性的变化，失去测量准确性；S 型热电偶材料为贵金属，成本较高，其输出热电动势较小，需配置灵敏度高的显示仪表。

2）镍铬-康铜热电偶

镍铬-康铜热电偶由镍铬材料与镍、铜合金材料组成，镍铬为正极，康铜为负极，电极直径为 1.2～2.0 mm。该热电偶的优点为：适于在−250～+870℃范围内的氧化性或惰性介质中使用；长期使用温度不要超过 600℃，尤其适宜在 0℃以下使用；其输出热电动势在常用热电偶中最大，灵敏度最高，价格便宜。其缺点为：测温范围低且窄，康铜合金丝易受氧化而变质，且由于材料的质地坚硬而不易得到均匀的线径。

3）镍铬-镍硅热电偶

镍铬-镍硅热电偶的镍铬为正极，镍硅为负极，电极直径为 1.2～2.5 mm。该热电偶的优点为：高温下性能较稳定；短期使用温度为1200℃，长期使用温度为1000℃；适用于在氧化性和惰性介质中连续使用；输出热电动势和温度的关系近似呈线性，产生的热电动势大；价格便宜。其缺点为：在还原性介质中容易腐蚀，只能在500℃以下温度使用；测量精度偏低，但完全能满足工业测量要求。因此此种热电偶是目前工业生产中用量最大的一种热电偶。

4）铂铑$_{30}$-铂铑$_6$热电偶

铂铑$_{30}$-铂铑$_6$热电偶以铂铑$_{30}$丝（铂70％，铑30％）为正极，铂铑$_6$丝（铂94％，铑6％）为负极。其优点为：性能稳定，精度高，适于氧化性和中性介质中，可长期测量1600℃的高温，短期可测1800℃的高温。其缺点是：产生的热电动势小，灵敏度低，且价格高。

2. 热电偶的结构

1）工业用普通热电偶的结构

工业用普通热电偶由热电极、绝缘套管、保护套管和接线盒组成，如图6-15所示。热电极亦称热电偶丝，是热电偶的基本组成部件；绝缘套管亦称绝缘子，是进行绝缘保护的部件；保护套管是保护元件免受被测介质的化学腐蚀和机械损伤的部件；接线盒是用于固定接线座和连接补偿导线的部件。工业用普通热电偶多用于测量气体、液体等介质的温度，测量时应将测量端插入被测介质的内部，在实验室使用时，可不加保护套管，以减小热惯性。

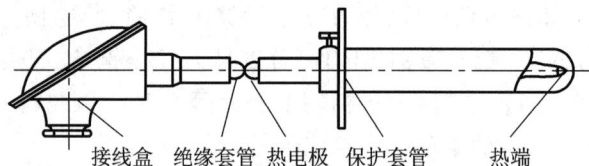

接线盒　绝缘套管　热电极　保护套管　　　热端

图6-15　工业用普通热电偶的结构

2）铠装热电偶的结构

铠装热电偶是用特殊的加工方法，把热电极、绝缘材料和保护套管三者组合成一体的特殊结构的热电偶，也称为套管热电偶或缆式热电偶，其结构如图6-16所示。铠装热电偶由于其热端形状的不同又分为碰底型、不碰底型、露头型和帽型等。铠装热电偶的特点是：热惯性小，动态响应快，有良好的柔性，便于弯曲；抗震性能好，耐冲击；适用于测量位置狭小的对象上各点的温度；测温范围在1100℃以下。

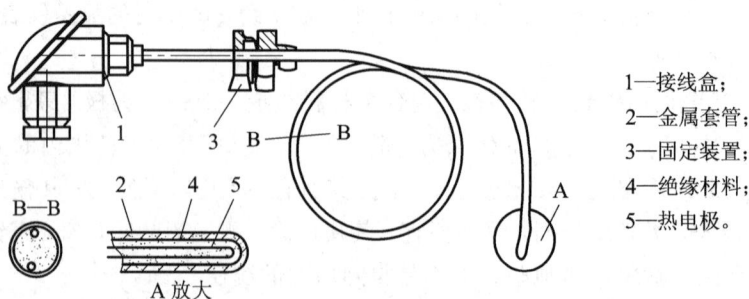

1—接线盒；
2—金属套管；
3—固定装置；
4—绝缘材料；
5—热电极。

图6-16　铠装热电偶结构

6.2.4　热电偶冷端温度补偿

热电偶冷端温度补偿

根据热电偶测温原理，热电偶的输出热电动势只与热电极材料及两个连接点的温度有关。只有当热电偶冷端的温度保持不变时，热电动势才是被测温度的单值函数。常用的分度表及显示仪表都是以热电偶冷端的温度为 0℃ 作为先决条件的。

在实际使用中，因热电偶长度受到一定限制，冷端温度直接受到被测介质与环境温度的影响，不仅难以保持 0℃，而且往往是波动的，将带来测量误差，因此，必须对热电偶冷端温度采取相应的补偿措施和修正方法。

1. 补偿导线

为了使热电偶冷端温度保持恒定（最好为 0℃），当然可以把热电偶做得很长，使冷端远离工作端，并连同测量仪表一起放置到恒温或温度波动比较小的地方。但这种方法一方面安装使用不方便，另一方面也要多耗费许多贵重的金属材料。因此，一般是用一种导线（称补偿导线）将热电偶冷端延伸出来（如图 6-17 所示），这种导线在一定温度范围内（0～100℃）具有和所连接的热电偶相同或相近的热电性能。廉价金属制成的热电偶，可用其本身材料作为补偿导线将冷端延伸到温度恒定的地方。常用热电偶的补偿导线列于表 6-2 中。

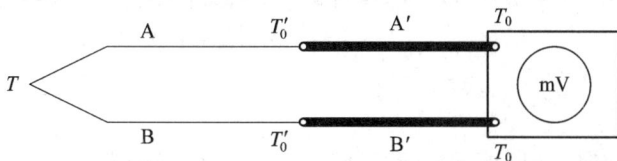

A、B—热电偶电极；A′、B′—补偿导线；T_0'—热电偶原冷端温度；T_0—热电偶新冷端温度。

图 6-17　补偿导线在测温回路中的连接

表 6-2　常用热电偶的补偿导线

热电偶名称	补偿导线				工作端为 100℃，冷端为 0℃ 时的标准电动势/mV
	正 极		负 极		
	材料	颜色	材料	颜色	
铂铑-铂	铜	红	镍铜	白	0.64±0.03
镍铬-镍硅（镍铝）	铜	红	康铜	白	4.10±0.15
镍铬-考铜	镍铬	褐绿	考铜	白	6.95±0.30
铁-考铜	铁	白	考铜	白	5.75±0.25
铜-康铜	铜	红	康铜	白	4.10±0.15

必须指出，只有当新增的冷端温度恒定或配用的仪表本身具有冷端温度自动补偿装置时，应用补偿导线才有意义。因此，热电偶冷端必须妥善装置，其方法参看图 6-18 所示。

此外，热电偶和补偿导线连接端所处的温度不应超出 100℃，否则也会由于热电特性不同带来新的误差。

1—热电偶；2—铜线；3—补偿导线；4—冷端恒温槽；5—恒温箱式冷端装置；6—室温式冷端装置。

图 6 - 18 热电偶与冷端恒温装置

2. 0℃恒温法

0℃恒温法是指将热电偶的冷端置于盛满冰水混合物的器皿中，使冷端温度保持在0℃，如图 6 - 19 所示，此方法主要用于实验室的标准热电偶校正和高精度温度测量。为避免冰水导电引起两个连接点短路，必须把两个连接点分别置于两个玻璃试管中。这种方法能使热电偶冷端温度误差完全消除。

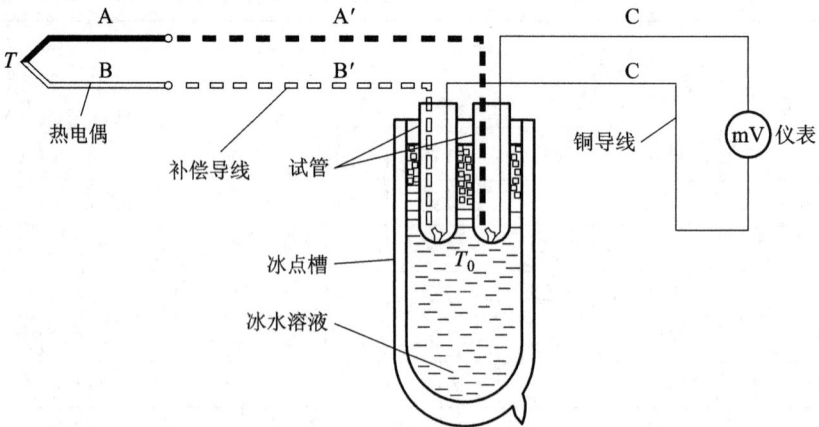

图 6 - 19 0℃恒温法结构图

3. 冷端温度校正法

由于热电偶的温度-热电动势关系曲线（刻度特性）是在冷端温度保持 0℃ 的情况下得到

的，与它配套使用的仪表又是根据这一关系曲线进行刻度的，因此冷端温度不等于 0℃时，就需对仪表指示值加以修正。例如，冷端温度高于 0℃，如恒定于 T_0，则测得的热电动势要小于该热电偶的分度值。此时，为求得真实温度，可利用下式进行修正：

$$E(T, 0) = E(T, T_0) + E(T_0, 0)$$

4. 补偿电桥法

补偿电桥法是指利用不平衡电桥产生的电动势来补偿热电偶因冷端温度变化而引起的热电动势变化值。图 6-20 所示为具有补偿电桥的热电偶测量电路，图中不平衡电桥（即补偿电桥）由电阻 r_1、r_2、r_3（锰铜丝绕制）、r_{Cu}（铜丝绕制）4 个桥臂和桥路稳压电源所组成，该电桥串联在热电偶测量回路中，热电偶冷端与电阻 r_{Cu} 感受相同的温度。通常，取 20℃时电桥平衡（$r_1=r_2=r_3=r_{Cu}$），此时对角线 a、b 两点电位相等（即 $u_{ab}=0$），电桥对仪表的读数无影响。当环境温度高于 20℃时，r_{Cu} 增加，平衡被破坏，a 点电位高于 b 点，产生一不平衡电压 u_{ab} 并与热端电动势相叠加，一起送入测量仪表。适当选择桥臂电阻和电流的大小，可使电桥产生的不平衡电压 u_{ab} 正好可以补偿由于冷端温度变化而引起的热电动势变化值，仪表即可指示正确的温度。由于电桥是在 20℃时平衡的，因此采用这种补偿电桥需把仪表的机械零位调整到 20℃。

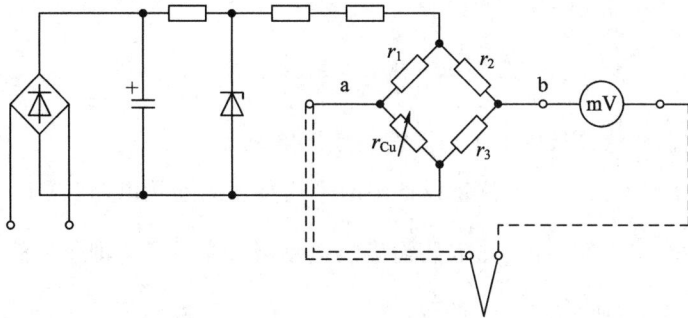

图 6-20　具有补偿电桥的热电偶测量电路

6.2.5　热电动势的测量电路

1. 测量某点温度的基本电路

图 6-21 所示是一个热电偶和一个仪表组成的测量某点温度的基本电路。图 6-21(a) 所示是冷端被延伸到仪表内的电路图，只要 C 的两端温度相等，则对测量精度无影响。图 6-21(b) 所示是冷端在仪表外面（如放于恒温器中）的电路图。如果配用的仪表是动圈式的，则补偿导线电阻应尽量小。

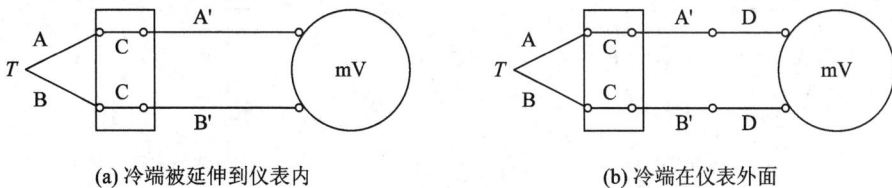

(a) 冷端被延伸到仪表内　　　　　　　　　(b) 冷端在仪表外面

A、B—热电偶；A′、B′—补偿导线；C—铜接线柱；D—铜导线。

图 6-21　测量某点温度的基本电路

2. 利用热电偶测量两点之间温度差的连接电路

图 6-22 所示是测量两点之间温度差的一种连接电路,两个同型号热电偶配用相同的补偿导线,使两点的热电动势互相抵消,从而可测得 T_1 和 T_2 的温度差值。这里必须要注意的是,两个热电偶新的冷端温度必须一样,且它们的热电势 E 都必须与温度 T 呈线性关系,否则将产生测量误差。

图 6-22 热电偶测温差连接电路

3. 利用热电偶测量设备中的平均温度的连接电路

图 6-23 所示是利用热电偶测量设备中的平均温度的连接电路。在图 6-23(a)中,输到仪表两端的热电动势值为 3 个热电偶输出热电动势的平均值,即 $E=\dfrac{E_1+E_2+E_3}{3}$,若 3 个热电偶均工作在特性曲线的线性部分,则代表了各点温度的算术平均值。为此,每个热电偶需串联 1 个阻值较大的电阻。此种电路的优点是仪表的分度仍旧和单独使用 1 个热电偶时一样。其缺点是当某一热电偶烧断时,不能很快地觉察出来。

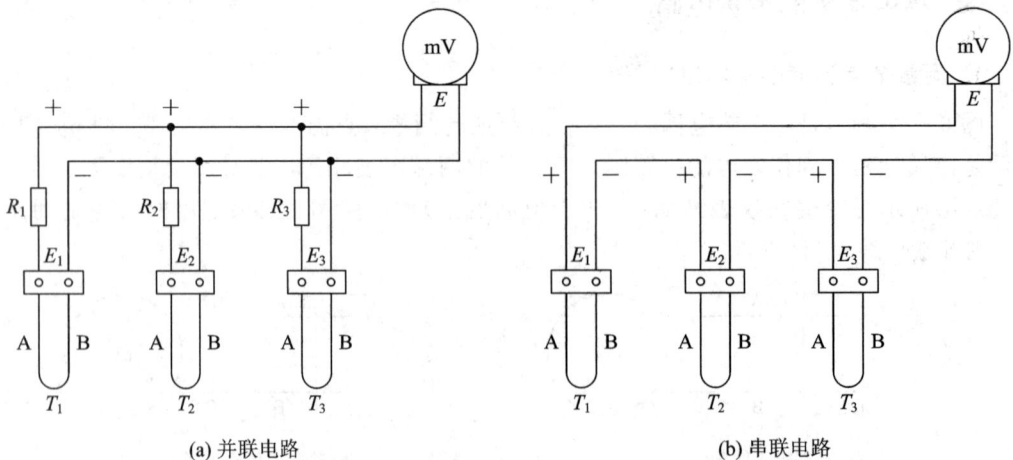

(a) 并联电路 (b) 串联电路

图 6-23 热电偶测量设备中的平均温度的连接电路

在图 6-23(b)中,输入到仪表两端的热电动势为 3 个热电偶产生的热电动势的总和,

即 $E=E_1+E_2+E_3$，可直接从仪表读出，经过简单计算即可得到平均值。此种电路的优点是热电偶烧坏时可立即被察觉，还可获得较大的热电动势。应用此种电路时，每一个热电偶引出的补偿导线还必须回接到仪表中的冷端处。注意：使用以上两种电路时，必须避免测量点接地。

任务实施

任务六　利用 NTC 热敏电阻进行温度测量

（一）任务描述

1. 电阻-温度关系

NTC 热敏电阻 CWF2-502F3950 各温度点的电阻值，即电阻-温度关系，如表 6-3 所示。从提供的电阻-温度关系表中可以看出该热敏电阻的测温范围为 $-55\sim+125\,℃$，其电阻值的变化范围为 $250062\sim242.64\ \Omega$。

表 6-3　电阻-温度关系表

温度/℃	电阻值/Ω	温度/℃	电阻值/Ω	温度/℃	电阻值/Ω
−55	250062	−39	104261	−23	43744
−54	237404	−38	98621.7	−22	41519
−53	225239	−37	93295.5	−21	39418.8
−52	213575	−36	88267.4	−20	37435.9
−51	202412	−35	83521.8	−19	35563.5
−50	191750	−34	79043.9	−18	33795
−49	181580	−33	74819.2	−17	32124.4
−48	171895	−32	70833.9	−16	30545.8
−47	162684	−31	67074.7	−15	2905.8
−46	153933	−30	63529	−14	27643.3
−45	145638	−29	60184.6	−13	26309.5
−44	137753	−28	57030.2	−12	25047.9
−43	130293	−27	54054.7	−11	23854.2
−42	123231	−26	51247.9	−10	22724.6
−41	116550	−25	48600	−9	21655.3
−40	110232	−24	46101.6	−8	20642.7

温度/℃	电阻值/Ω	温度/℃	电阻值/Ω	温度/℃	电阻值/Ω
−7	19683.6	26	4810.9	59	1510.74
−6	18774.9	27	4630.01	60	1463.08
−5	17913.6	28	4456.93	61	1417.14
−4	17097.1	29	4291.28	62	1372.87
−3	16332.9	30	4132.69	63	1330.18
−2	15588.4	31	3980.83	64	1289.02
−1	14891.5	32	3835.38	65	1249.32
0	14230	33	3696.03	66	1211.03
1	13601.9	34	3562.49	67	1174.09
2	13005.4	35	3434.5	68	1138.44
3	12438.7	36	3311.78	69	1104.04
4	11900.1	37	3194.1	70	1070.83
5	11388.2	38	3081.22	71	1038.78
6	10901.3	39	2972.92	72	1007.82
7	10438.3	40	2869	73	977.93
8	9997.74	41	2769.24	74	949.06
9	9578.41	42	2673.47	75	921.17
10	9181	43	2581.5	76	894.22
11	8799	44	2493.17	77	868.18
12	8436.83	45	2408.3	78	843.02
13	8091.73	46	2326.76	79	818.69
14	7762.78	47	2248.38	80	795.17
15	7449.16	48	2173.04	81	772.43
16	7150.04	49	2100.6	82	750.44
17	6864.7	50	2032	83	729.17
18	6592.4	51	1963.92	84	708.6
19	6332.49	52	1899.44	85	688.7
20	6084.32	53	1837.4	86	669.44
21	5847.31	54	1777.68	87	650.8
22	5620.89	55	1720.2	88	632.76
23	5404.53	56	1664.85	89	615.3
24	5197.72	57	1611.54	90	598.39
25	5000	58	1560.2	91	582.02

温度/℃	电阻值/Ω	温度/℃	电阻值/Ω	温度/℃	电阻值/Ω
92	566.17	104	410.26	116	302.16
93	550.81	105	399.69	117	294.76
94	535.94	106	389.44	118	287.57
95	521.53	107	379.5	119	280.59
96	507.57	108	369.85	120	273.8
97	494.05	109	360.48	121	267.21
98	480.94	110	351.4	122	260.8
99	468.23	111	342.57	123	254.58
100	453.3	112	334.01	124	248.52
101	443.97	113	325.69	125	242.64
102	432.38	114	317.62	—	—
103	421.15	115	309.77	—	—

2. 不平衡电桥的非线性输出特性

图 6-24 给出了一种常见的热敏电阻不平衡电桥电路。图中电桥的工作电源由稳压电源 U_S 提供。R_T 为热敏电阻,其温度与电阻的关系特性可近似表达为

$$R_T = Ae^{B/T}$$

式中:R_T 为热敏电阻在温度为 T 时的电阻值;A、B 为常数系数。

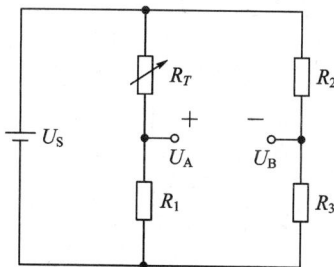

图 6-24　热敏电阻不平衡电桥电路

电路中 R_1、R_2、R_3 为固定电阻,电桥输出电压为 $U_A - U_B$,其中,$U_B = U_S R_3/(R_2 + R_1)$ 为固定值,$U_A = U_S R_1/(R_1 + R_T)$。所以有

$$U_A - U_B = \frac{U_S R_3}{R_2 + R_1} - \frac{U_S R_1}{R_1 + R_T}$$

由于 R_T 与 T 的关系为非线性,且 $U_A - U_B$ 与 T 的关系也为非线性,因此必须给予非线性补偿。

(二) 实施步骤

1. 电路原理分析

利用 NTC 热敏电阻测温电路如图 6-25(a)所示。由固定电阻 R_1、R_2,热敏电阻 R_{T1}、

$R_{T2}+R_4$ 及 R_3+R_{P1} 构成测温电桥,测温电桥将温度的变化转化成微弱的电压变化,再由运算放大器 LM358(其引脚图如图 6-25(b)所示)进行差动放大,运算放大器的输出端接5 V的直流电压表用来显示温度值。电阻 R_1 与热敏电阻 R_{T1} 的连接点接运算放大器的反相输入端,当被测温度升高时该点电位降低,运算放大器输出电压升高,电压表指针偏转角度增大以指示较高的温度值,反之当被测温度降低时,电压表指针偏转角度减小以指示较低的温度值。

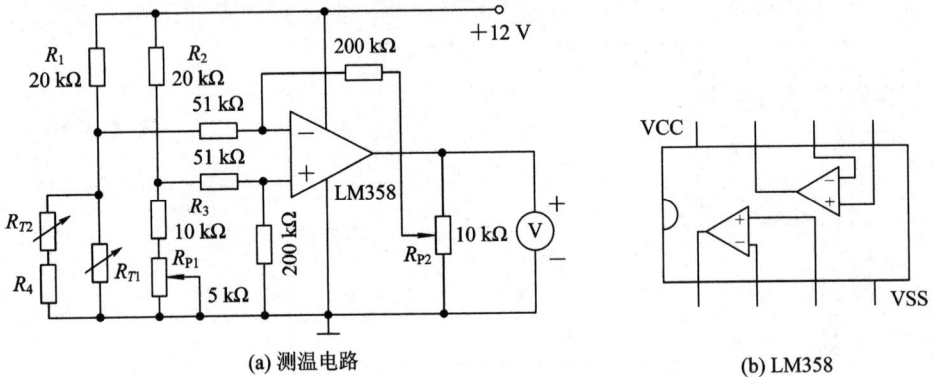

(a) 测温电路   (b) LM358

图 6-25   热敏电阻测温电路

R_{P1} 用于调零;R_{P2} 用于调节放大器的增益,即分度值。电阻 R_4 与热敏电阻 R_{T2} 串联组合起分流作用。当温度较低时,R_{T2} 的阻值很大,因此分流作用不明显;当温度较高时,R_{T2} 的阻值变小,分流作用加强,而此时 R_{T1} 的阻值也开始变小,因此其合成电阻值与 T 的关系几乎呈线性。如果合理选择 R_4 及热敏电阻 R_{T1}、R_{T2},则该电路测量温度范围可达到 $0\sim100\,℃$,最大非线性度可为 $\pm0.3\,℃$。

2. 电路制作

1) 材料准备

所需材料如下:

(1) NTC 热敏电阻。

(2) 集成运算放大器 LM358 或 LM324。

(3) 10 kΩ 微调电位器。

(4) 10 V 电压表头。

(5) 12 V 稳压电源、实验板、电阻、水银温度计、盛水容器(为了减缓温度的变化速度,盛水量应不少于 2L)等。

2) 电路安装

按图 6-25 所示将电路焊接在实验板上,认真检查电路,确认电路正确无误后接好热敏电阻和电压表。

3) 调试

调试步骤为:

(1) 准备盛水容器、冷水、60℃以上热水、水银温度计、搅棒等;把传感器和水银温度计放入盛水容器中,接通电路电源;加入冷水和热水(不断搅动),通过调节冷、热水比例使水温为 20℃,调节电路的 R_{P1} 使电压表指针正向偏转,然后回调 R_{P1} 使指针返回,当电压表指针刚刚指到 0 V 刻度上时停止调节(电压表指针指示的起点定为 20℃)。

(2) 容器中加热水和冷水,不断搅动,将水温调整到 50℃,通过调节电路的 R_{P2} 使电压表指针指在 10 V 刻度处。

(3) 重复上述步骤 2～3 次,电路调试完成。电压表指针指示的电压值乘以 2 再加上 20 就等于所测温度。

用水银温度计检验在 20～50℃ 范围内所测的任一温度点的温度是否正确,水银温度计的读数与指针式温度表的读数是否一致,误差应不大于 0.5℃。

注意:调试过程中要不断搅动,使热敏电阻与水银温度计感受同一温度,同时要等水银温度计的读数稳定后再调试电路。

由于热敏电阻是一个电阻,电流流过它时会产生一定的热量,因此设计电路时应确保流过热敏电阻的电流不能太大,以防止热敏电阻自热过度,否则系统测量得到的是热敏电阻发出的热度而不是被测介质的温度。在这个电路里我们通过 R_{T2} 与 R_4 可以比较好地解决这个问题,并且改善了电路的性能,提高了线性度与测量精度。

任务七　利用热电偶进行温度测量

(一)任务描述

本任务是利用热电偶直接测量温度,热电偶的相关知识可参考 6.2 节内容,这里不再赘述。

(二)实施步骤

1. 材料准备

所需材料有水银温度计、T 型热电偶若干、数字万用表、导线若干。将热电偶、数字万用表、导线按图 6-26 所示连接,可用于测量某点温度。

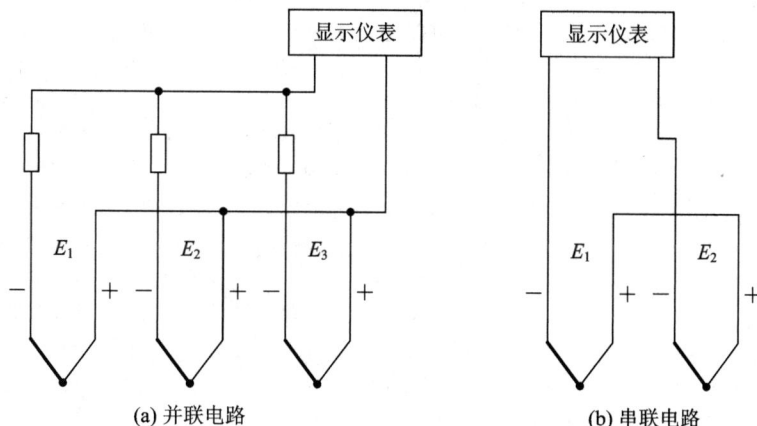

图 6-26　利用热电偶直接测温度电路图

2. 具体步骤

(1) 分别制作若干不同温度的热水备用。

（2）将连接好电路的热电偶感热端分别浸入水中，并将数字万用表读数分别记入表6-4中。

（3）利用T型热电偶分度表分别换算各电压读数对应的温度，并填入表6-4的换算温度栏。

（4）用水银温度计分别测量实际水温，并填入表6-4的实际温度栏。

（5）比较换算温度与实际温度的误差。

表6-4 实验数据记录表

类 别	1	2	3	4	5
实际温度					
数字万用表读数					
换算温度					
误差					

考 核 评 价

本项目应重点考核学生在项目实施过程中的操作规范、职业素养、作品的功能实现、工艺与技术指标等是否符合要求，并要求学生要注重关注知识的拓展性，要能在教学做合一的模式中领会热电偶传感器的应用，而不局限于一种应用的掌握。具体考核可采取教师评价、学生互评、学生自评相结合的方式，按照5:3:2的比例进行综合评分。具体内容详见表6-5。

表6-5 项目考核评分细则

评价内容		配分	考核标准	得分
职业素养与操作规范（50分）	系统设计	15	（1）任务分析不正确，扣5分； （2）设计方案理解不准确，扣5分； （3）元器件选择不正确，扣5分	
	系统安装	15	（1）不能按要求完成系统安装，扣5分； （2）不能正确完成线路连接，扣3分/处； （3）电路布局不规范，系统被干扰，扣3分； （4）无节能意识及成本意识，浪费资源，扣3分	
	系统调试	10	（1）通电测试前没进行短路检测，扣5分； （2）使用仪器仪表方法不当，扣5分； （3）烧坏元器件，扣5分；损坏仪表，扣10分	
	6S规范	10	（1）工位不整洁，扣5分； （2）工具摆放不整齐，扣5分； （3）没有安全文明生产，扣5分	

评 价 内 容		配分	考 核 标 准	得分
作品 (50分)	工艺	20	（1）导线零乱，不规范，扣5分； （2）有脱焊、漏焊、裂纹、拉尖、多锡、少锡、针孔、空洞、焊盘剥离等，扣0.5分/处； （3）有开路/短路、锡球、锡溅、锡桥，扣0.5分/处； （4）元器件有扭曲、倾斜、移位、引脚共面性差等，扣0.5分/处； （5）有元器件、焊盘或印制板损伤，扣0.5分/处	
	功能	20	产品基本功能每缺失一项，扣5分；功能项缺失超过80%本小项记0分	
	指标	10	基本参数指标应符合任务规定的要求，以±5%为上下限，每超出10%扣5分，扣完为止；元器件参数选择不合理扣3分；程序编辑格式不规范扣3分	
合　　计				

拓 展 训 练

（1）热电阻式传感器的主要优缺点是什么？主要应用在哪些方面？

（2）热电阻式传感器按制造材料不同主要有哪几种？各有什么特点？

（3）热电阻的测量电路有哪几种形式？并加以阐述说明。

（4）流过热敏电阻的电流过大，可能导致测试不正确，除本书介绍的方法以外，还有什么解决方案？

（5）什么是热电效应？试述热电偶测温的基本原理和基本定律。

（6）简述热电偶的冷端温度补偿方法。

（7）补偿导线分哪两类？且各自的型号是如何命名的？

（8）热电偶与补偿导线应如何连接？接反后会出现什么结果？

（9）用镍铬-镍硅（K型）热电偶测炉温，当冷端温度 $T_0 = 30\,℃$ 时，测得热电动势为 $E(T, T_0) = 44.66\ \mathrm{mV}$，则实际炉温是多少摄氏度？

（10）已知分度号为 K 的热电偶热端温度 $T = 800\,℃$，冷端温度 $T_0 = 30\,℃$，求回路的实际总热电动势。

项目七
基于压电陶瓷传感器的声波检测仪的设计与制作

项目描述

压电传感器是指利用某些晶体受力后在其表面产生电荷,当外力去掉后又重新恢复到不带电状态的压电效应而制成的传感器。利用压电传感器可以测量各种物理量,如压力、应力、加速度等。

声波检测最常见的仪器就是分贝计,比如人讲话声音大小、噪声大小等都可以用分贝计来进行检测。当今社会防盗系统越来越受到人们的青睐,尤其是在一些无人值守的区域。本项目利用压电陶瓷的开关特性来制作声波检测报警装置(也称为声波检测仪)。在此电路基础上,只需更换相应的报警显示元件即可改装成不同类型的报警器,如红外报警器等。声波检测仪电路主要由声控放大电路、单稳态触发器电路、报警电路组成,利用压电陶瓷片作为声传感器获得信号并将其转换为电压信号,经场效应管放大后触发由 NE555 集成芯片构成的单稳态触发器和多谐振荡器,输出电压驱动蜂鸣器工作。本项目利用压电陶瓷传感器设计制作一个声波检测仪,可用于各种场合的声音报警器中。

项目目标

1. 知识目标

(1)掌握压电效应的概念和压电材料的种类。

(2)掌握石英晶体和压电陶瓷的工作原理、外形特性、分类、使用方法等。

(3)了解压电传感器测量电路及应用。

2. 能力目标

(1)根据不同的工作环境,灵活选择声波检测方法。

(2)熟练掌握压电陶瓷片的选型和参数查阅。

(3)熟练使用压电材料进行相关电路设计,最终能够使用压电传感器进行某种物理量的测量。

3. 思政目标

(1) 培养学生养成严谨的工作作风。

(2) 培养学生精益求精的工匠精神。

(3) 训练和培养学生获取信息的能力。

(4) 提高学生对传感器资料的查找能力与综合应用能力。

(5) 培养学生注重安全生产、遵守操作规程等良好职业素养。

知 识 准 备

7.1　压电效应和压电材料

7.1.1　压电效应

压电效应与压电材料

对于某些电介质，当沿着一定的方向对它施加力而使其变形时，其内部就产生极化现象，同时在它的两个表面产生极性相反的电荷，当外力去掉后，又重新恢复不带电状态，这种现象称为顺压电效应。当作用力的方向改变时，电荷的极性也随着改变。若在电介质的极化方向上施加电场，这些电介质也会产生变形，当去掉外电场时，电解质的变形也随之消失，这种现象称为逆压电效应(也称电致伸缩效应)。顺压电效应和逆压电效应统称为压电效应，即压电效应是可逆的。压电效应原理图如图7-1(a)所示，其能量转换图如图7-1(b)所示。

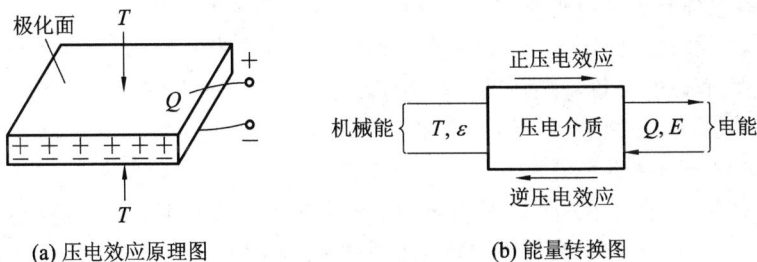

(a) 压电效应原理图　　　　(b) 能量转换图

图 7-1　压电效应原理图及能量转换图

具有压电效应的电介质称为压电材料。压电材料有很多种，如天然形成的石英晶体、人工制造的压电陶瓷等。

压电材料的压电特性常用压电方程来描述，即

$$q_i = d_{ij}\sigma_j \quad 或 \quad Q = d_{ij}F \tag{7-1}$$

式中：q 为电荷的表面密度(C/cm^2)；Q 为总电荷量(C)；σ 为单位面积上的作用力，即应力(N/cm^2)；F 为作用力；d_{ij} 为压电常数(C/N)，其中 $i=(1,2,3)$，$j=(1,2,3,4,5,6)$。

压电方程中有两个下角标。第一个下角标 i 表示晶体的极化方向，当产生电荷的表面垂直于 x 轴(或 y 轴或 z 轴)时，记为 $i=1$(或 2 或 3)；第二个下角标 $j=(1,2,3,4,5,6)$，分别表示沿 x 轴、y 轴、z 轴方向的单向应力，以及在垂直于 x 轴、y 轴、z 轴的平面(即 yz 平面、zx 平面、xy 平面)内作用的剪切力。单向应力的正负规定拉应力为正，压应力为负；剪切力的正

负用右螺旋定则确定。图 7-2 所示为各个力的方向。另外，还需要对因逆压电效应在晶体内产生的电场方向进行规定，以确定 d_{ij} 的正负，使得方程组具有更普遍的意义。即当电场方向指向晶轴的正向时为正，反之为负。

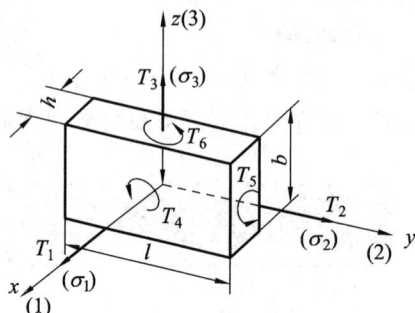

图 7-2 压电元件的各个力坐标系表示法

晶体在任意受力状态下产生的表面电荷密度可由下列方程组决定，即

$$\begin{cases} q_1 = d_{11}\sigma_1 + d_{12}\sigma_2 + d_{13}\sigma_3 + d_{14}\sigma_4 + d_{15}\sigma_5 + d_{16}\sigma_6 \\ q_2 = d_{21}\sigma_1 + d_{22}\sigma_2 + d_{23}\sigma_3 + d_{24}\sigma_4 + d_{25}\sigma_5 + d_{26}\sigma_6 \\ q_3 = d_{31}\sigma_1 + d_{32}\sigma_2 + d_{33}\sigma_3 + d_{34}\sigma_4 + d_{35}\sigma_5 + d_{36}\sigma_6 \end{cases} \quad (7-2)$$

式中：q_1、q_2、q_3 分别为垂直于 x 轴、y 轴、z 轴的平面上的电荷面密度；σ_1、σ_2、σ_3 分别为沿着 x 轴、y 轴、z 轴的单向应力；σ_4、σ_5、σ_6 分别为垂直于 x 轴、y 轴、z 轴的平面内的剪切应力；d_{ij} 为压电常数，$i=(1,2,3)$，$j=(1,2,3,4,5,6)$。

1. 石英晶体压电效应

石英晶体是最常用的压电晶体。图 7-3(a) 所示为天然结构的左旋石英晶体外形，它是一个正六面体，在晶体学中可以把它用三根互相垂直的轴来表示，如图 7-3(b) 所示。其中纵向轴 z 轴称为光轴；经过六面体棱线，并垂直于光轴的 x 轴称为电轴；与 x 轴和 z 轴同时垂直的 y 轴（垂直于正六面体的棱角）称为机械轴。把沿电轴 x 方向的力作用下产生电荷的压电效应称为"纵向压电效应"，而把沿机械轴 y 方向的力作用下产生的压电效应称为"横向压电效应"，沿光轴 z 方向受力时不产生压电效应。从晶体上沿轴线切下的一片平行六面体称为压电晶体切片，如图 7-3(c) 所示。当晶片在沿 x 轴方向受到外力 F_x 作用时，晶片将产生厚度变形，并产生极化现象。在晶体线性弹性范围内，极化强度 P_x 与应力 $\sigma_x (=F_x/lb)$ 呈正比，即

$$P_x = d_{11}\,\sigma_x = d_{11}\frac{F_x}{lb} \quad (7-3)$$

式中：F_x 为沿晶体 x 方向施加的压缩力；d_{11} 为压电系数；l、b 分别为石英晶片的长度和宽度。

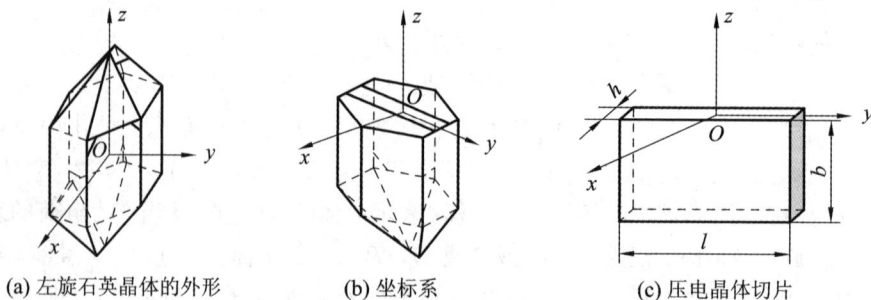

(a) 左旋石英晶体的外形   (b) 坐标系   (c) 压电晶体切片

图 7-3 石英晶体的外形、坐标系及切片

当石英晶体受力方向和变形不同时，其压电系数也不同。当石英晶体的 $d_{11} = 2.3 \times 10^{-12}$ C · N^{-1}，极化强度 P_x 等于晶片表面的电荷密度时，即有

$$P_x = \frac{q_x}{lb} \tag{7-4}$$

式中 q_x 为垂直于 x 轴平面上的电荷。

把(7-4)代入式(7-3)得

$$q_x = d_{11} F_x \tag{7-5}$$

由式(7-5)可以看出，当晶片受到 x 轴方向的压力作用时，q_x 与作用力 F_x 呈正比，而与晶体的几何尺寸无关。在 x 轴方向施加压力时，左旋石英晶体的 x 轴正向带正电，如图 7-4(a)所示。如果作用力 F_x 改为拉力时，则在垂直于 x 轴的平面上仍出现等量电荷，但极性相反，如图 7-4(b)所示。

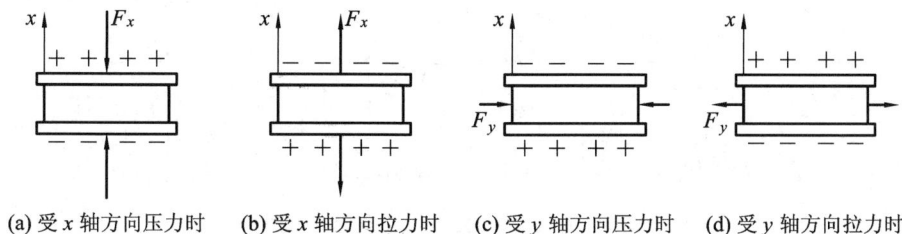

(a) 受 x 轴方向压力时　(b) 受 x 轴方向拉力时　(c) 受 y 轴方向压力时　(d) 受 y 轴方向拉力时

图 7-4　晶片上电荷极性与受力方向的关系

如果在同一晶片上作用力(包括压力和拉力)是沿着机械轴的方向(y 轴方向)，则其电荷仍在与 x 轴垂直的平面上出现，其极性分别如图 7-4(c)、图 7-4(d)所示，此时电荷的大小为

$$q_x = d_{12} \frac{lb}{bh} F_y = d_{12} \frac{l}{h} F_y \tag{7-6}$$

式中，d_{12} 为石英晶体在 y 轴方向上受力时的压电系数。

根据石英晶体的对称条件 $d_{12} = -d_{11}$，则式(7-6)变为

$$q_x = -d_{11} \frac{l}{h} F_y \tag{7-7}$$

式中：h 为石英晶片的厚度；负号表示沿 y 轴的压力产生的电荷与沿 x 轴施加的压力产生的电荷极性相反。由式(7-7)可见，沿机械轴方向对晶片施加作用力时，产生的电荷量是与晶片的几何尺寸有关的。此外，石英晶体除有纵向压电效应、横向压电效应外，在切向应力作用下也会产生压电效应。

石英晶体在机械力的作用下为什么会在其表面产生电荷呢？下面进行具体分析。

压电晶体的压电效应是由于晶体的晶格结构在机械力的作用下发生变形所引起的。石英晶体的化学分子式为 SiO_2，在 1 个晶体结构单元(晶胞)中，有 3 个硅离子和 6 个氧离子，后者是成对的，所以 1 个硅离子和两个氧离子交替排列。为了讨论方便，我们将石英晶体的内部结构等效为硅、氧离子的正六边形排列，形成 3 个互成 120°夹角的电偶极矩 P_1、P_2 和 P_3。

当晶体没有外力作用时，$P_1 + P_2 + P_3 = 0$，所以晶体表面没有带电现象，如图 7-5(a)所示。

当晶体受到外力作用时，P_1、P_2、P_3 在 x(或 y)方向净余电偶极不为零，则相应晶面产生极化电荷而带电，其电荷面密度 q 与应变(应力)σ 呈正比，$q = d\sigma$。

当晶体受到沿 x 轴方向的压力(σ_1)作用时(如图 7-5(b)所示)：由于 $(P_1 + P_2 + P_3)_x > 0$，

即 $P_x > 0$，所以在 x 轴的正向出现正电荷；由于 $(P_1 + P_2 + P_3)_y = 0$，所以在 y 轴方向不出现正负电荷；由于 P_1、P_2 和 P_3 在 z 轴方向上的分量为零，不受外力作用的影响，因此在 z 轴方向上也不出现电荷。因此可知，石英晶体的压电常数 $d_{11} \neq 0$，$d_{21} = d_{31} = 0$。

当晶体受到沿 y 轴方向的压力（σ_2）作用时，晶体沿 y 方向将产生压缩，其电荷排列如图 7-5(c) 所示。与图 7-5(b) 情况相似，此时 P_1 增大，P_2、P_3 减小，在 x 轴方向出现电荷，其极性与图 7-5(b) 的相反，而在 y 轴和 z 轴方向上则不出现电荷。因此，压电常数 $d_{12} = -d_{11} \neq 0$，$d_{22} = d_{32} = 0$。

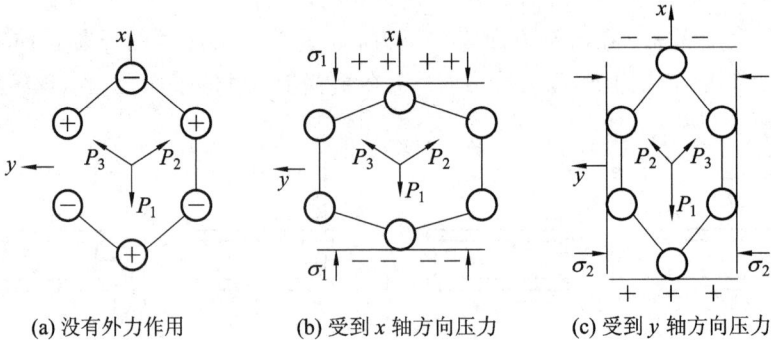

(a) 没有外力作用   (b) 受到 x 轴方向压力   (c) 受到 y 轴方向压力

图 7-5 石英晶体的压电效应示意图

当沿 z 轴力向（即与纸面垂直方向）上施加作用力（σ_3）时，因为晶体在 x 方向和 y 方向产生的变形完全相同，所以其正、负电荷中心保持重合，电偶极矩矢量和为零，晶体表面无电荷呈现。这表明沿 z 轴方向施加作用力（σ_3），晶体不会产生压电效应，其相应的压电常数 $d_{13} = d_{23} = d_{33} = 0$。

2. 压电陶瓷的压电效应

压电陶瓷是一种常见的压电材料。它与石英晶体不同，石英晶体是单晶体，压电陶瓷是人工制造的多晶体。压电陶瓷在没有极化之前不具有压电效应，是非压电体。但压电陶瓷经过极化处理后就具有了非常高的压电系数，为石英晶体的几百倍。如图 7-6(a) 所示，压电陶瓷在极化面上受到垂直于它的均匀分布的作用力时（亦即作用力沿极化方向），则在这两个镀银的极化面上分别出现正、负电荷。其电荷量 q 与力 F 成正比，比例系数为 d_{33}，亦即

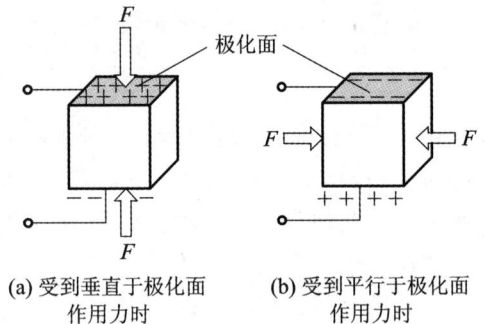

(a) 受到垂直于极化面   (b) 受到平行于极化面
    作用力时   作用力时

图 7-6 压电陶瓷压电原理图

$$q = d_{33}F \tag{7-8}$$

式中，d_{33} 为纵向压电常数。

压电常数 d 的下标意义与石英晶体的相同，但在压电陶瓷中，通常把它的极化方向定为 z 轴（下标 3），z 轴也是它的对称轴。在垂直于 z 轴的平面上，因为任意选择的正交轴为 x 轴和 y 轴，下标为 1 和 2，所以下标 1 和 2 是可以互换的。极化压电陶瓷的平面是各向同性的，压电常数可用等式 $d_{32} = d_{31}$ 表示。它表明平行于极化轴（z 轴）的电场与沿着 y 轴（下标 2）或 x 轴

（下标1）的轴向应力的作用关系是相同的。极化压电陶瓷受到如图7-6(b)所示的平行于极化面的均匀分布的作用力 F 时，在镀银的极化面上会分别出现正、负电荷 q，即有

$$q = \frac{-d_{32}FS_x}{S_y} = -\frac{d_{31}FS_x}{S_y} \qquad (7-9)$$

式中：S_x 为极化面的面积；S_y 为受力面的面积。

7.1.2　压电材料

目前，在压电传感器中常用的压电材料有压电晶体、压电陶瓷和压电半导体等，它们各自有各自的特点。选取合适的压电材料是生产压电传感器的关键。

对压电材料的特性选择一般遵循如下原则：具有较大的压电系数；压电元件的机械强度高、刚度大、具有较高的固有震动频率；具有较高的电阻率和较大的介电常数，用以减少电荷的泄漏以及外部分布电容的影响，以获得良好的低频特性；具有较高的居里点（居里点是指压电性能破坏时的温度转折点），居里点高可以得到较宽的工作温度范围；压电材料的压电特性不随时间蜕变，有较好的的时间稳定性。

1. 压电晶体

压电晶体一般指压电单晶体，包括石英晶体、水溶性压电晶体、铌酸锂晶体。

（1）石英晶体。石英晶体即二氧化硅（SiO_2），有天然和人工合成两种类型。人工合成的石英晶体的物理、化学性质与天然石英晶体基本相同，因此目前广泛应用成本较低的人工合成石英晶体。石英晶体的压电系数在几百度的温度范围内不随温度而变，但当温度为575℃时，石英就会完全丧失压电性质。575℃就是它的居里温度（也称为居里点）。由于石英的熔点为1750℃，密度为 2.65×10^3 Kg/m³，且有很大的机械强度和稳定的力学性能，没有热释电效应，因而曾被广泛地应用。但是由于它的压电常数比其他压电材料要低得多，且灵敏度低，因此逐渐为其他的压电材料所代替。

（2）水溶性压电晶体。最早发现的酒石酸钾钠、硫酸锂、磷酸二氢钾等都是水溶性压电晶体。水溶性压电晶体具有较高的压电灵敏度和压电常数，但易于受潮，机械强度低，电阻率也低，因此应用只限于在室温（<45℃）和温度低的环境下。

（3）铌酸锂晶体。铌酸锂晶体是一种无色或浅黄色的单晶体。因为它是单晶体，所以其时间稳定性远比多晶体的压电陶瓷好。铌酸锂晶体是一种压电性能良好的电声换能材料，其居里温度为1210℃左右，远比石英和压电陶瓷高，所以在耐高温的传感器上得到了广泛的应用。它在机械性能方面各向异性很明显，与石英晶体相比，晶体很脆弱，而且热冲击性很差，因此在加工装配和使用过程中必须小心谨慎，避免用力过猛和急热急冷。

2. 压电陶瓷

压电陶瓷是一种应用最普遍的人工合成压电材料，具有烧制方便、耐湿、耐高温、易于成形等特点。压电陶瓷种类很多，包括钛酸钡压电陶瓷、锆钛酸铅压电陶瓷、铌酸盐压电陶瓷、铌镁酸铅压电陶瓷，其中钛酸钡和锆钛酸铅压电陶瓷应用最为广泛。

（1）钛酸钡压电陶瓷。钛酸钡（$BaTiO_3$）是由 $BaCO_3$ 和 TiO_2 两者在高温下合成的，具有比较高的压电常数（$d_{33} = 1.9 \times 10^{-10}$ C/N），介电常数和体电阻率也都比较高，但它的居里温度较低，约为115℃，此外机械强度也不及石英。由于它的压电系数高（约为石英的50

倍），因而在传感器中得到广泛应用。

（2）锆钛酸铅压电陶瓷(PZT)。锆钛酸铅压电陶瓷是 $PbTiO_2$ 和 $PbZrO_3$ 组成的固溶体 $Pb(ZrTiO_3)$，它有较高的压电常数（$d_{33} = (2 \sim 4) \times 10^{-10}$ C/N）和居里温度（300℃以上），各项机电参数随温度、时间等外界条件的变化较小，是目前经常采用的一种压电材料。在锆钛酸铅压电陶瓷的基本配方中掺入其他一些元素，如镧(La)、铌(Nb)、锑(Sb)、锡(Sn)、锰(Mn)、钨(W)等，可获得不同的 PZT 材料。

（3）铌酸盐压电陶瓷。这种压电陶瓷是以铌酸钾($KNbO_3$)和铌酸铅($PbNbO_2$)为基础的。铌酸铅具有很高的居里温度（570℃）和低的介电常数。在铌酸铅中用钡或锶替代一部分铅，可引起其性能的根本变化，从而得到具有较高机械品质因数的铌酸盐压电陶瓷。铌酸钾是通过热压过程制成的，它的居里温度也较高（480℃），特别适应于做 $10 \sim 40$ MHz 的高频换能器。近年来，铌酸盐压电陶瓷在水声传感器方面受到了重视，由于它的性能比较稳定，适用于深海水听器。

（4）铌镁酸铅压电陶瓷(PMN)。铌镁酸铅压电陶瓷由 $Pb(M g_{\frac{1}{3}} Nb_{\frac{2}{3}})O_3$、$PbTiO_3$、$PbZrO_3$ 组成，它是在 $PbTiO_3$ 和 $PbZrO_3$ 的基础上加上一定量的 $Pb(Mg_{\frac{1}{3}} Nb_{\frac{2}{3}})O_3$ 制成的，具有较高的压电常数和居里温度，能在较高压力时可连续工作，因此可作为高温下的力传感器。

3. 压电半导体

有些晶体既有半导体特性又同时具有压电效应，如 ZnS、CaS、GaAS 等，因此既可利用它的压电特性研制传感器，又可利用它的半导体特性用微电子技术制成电子元器件。两者结合起来，就出现了集转换元件和电子线路为一体的新型传感器——压电半导体，它具有很好的应用前景。

📖 读一读

压电效应指的是材料在受挤压或拉伸时可以产生电，或在材料两端施加电压后材料伸长或缩短的特性。具有压电效应的压电材料不仅可以直接将电力转化成驱动力，可用于用电产生声波、超声波，还可以用于制造超声传感、加速度传感器等，可广泛应用于消费类电子产品、医疗和国防等众多领域。

然而，在消费类电子产品日益精细化、柔性化的时代潮流面前，传统压电陶瓷材料制造温度高、硬度大、具有一定毒性等特点成了其发展的阻碍。

于是，学术界和产业界试图在另一类压电材料——由分子组成的"分子材料"上寻找答案。与压电陶瓷材料相比，"分子材料"拥有结构灵活多变、性质设计调控空间大、制作成本低、容易制成薄膜、柔韧性好、可降解、无毒害等许多优点。

研究者们近百年来一直在努力提升分子材料的压电性能，希望能用分子材料来弥补压电陶瓷的短板，但却收效甚微。在这一背景下，我国研究团队突破传统的合成思路，另辟蹊径，创新性的从提升铁电极轴数量入手，利用相变前后对称性的巨大变化，发现了一类具有优异压电性能的分子铁电材料。

据悉，这种新型分子铁电材料不但秉承了分子材料的种种优势，同时首次在压电性能上达到了传统压电陶瓷的水平。虽然研究还仅存在于实验室内，但随着新型分子铁电体的开发和进步，制作出具有实用性的柔性薄膜压电元件不再是一件难以企及的梦想。

未来，这种具有优良压电特性的分子铁电材料将会使计算机芯片的体积进一步缩小，使能像纸张一样折叠弯曲的心率计、B超机成为可能，或者利用衣物的弯折可对手机充电。同时凭借着分子材料的良好生物兼容性，人们将制作出更加安全的医学植入器件。除此以外，这种分子铁电材料还在传感器、人机交互技术、微机电系统、纳米机器人以及有源柔性电子学等领域具有重大的应用前景。

7.2　压电元件的连接方式

为了提高压电传感器的灵敏度，压电元件一般采用两片或两片以上压电片组合使用。由于压电元件是有极性的，因此连接方式有并联连接和串联连接两种。

压电元件的连接与等效电路

1. 压电元件的并联方式与特点

如图 7-7(a)所示，负电荷集中在中间电极上，而正电荷出现在上下两边的电极上，这种接法称为并联。此时，相当于两个电容器并联。其总电容量 C' 为单个压电片输出电容 C 的两倍，而输出电压 U' 等于单个压电片输出电压 U，极板上电荷量 q' 为单个压电片上电荷量 q 的两倍，即

$$C' = 2C; \quad U' = U; \quad q' = 2q$$

可见，压电元件采用这种连接方式输出电荷大，本身电容和时间常数也大，故宜于测量慢变信号，并且适用于以电荷为输出量的情况。

(a) 并联方式　　　　(b) 串联方式

图 7-7　压电元件的串联和并联方式

2. 压电元件的串联方式与特点

如图 7-7(b)所示，正电荷集中在上极板，负电荷集中在下极板，而中间的极板上片产生的负电荷与下片产生的正电荷相互抵消，这种接法称为串联。此时，相当于两个电容器串联，总电荷量 q' 等于单片电荷 q，输出电压 U' 为单片电压 U 的两倍，总电容 C' 为单片电容 C 的一半，即

$$q' = q; \quad U' = 2U; \quad C' = \frac{C}{2}$$

可见，压电元件采用这种连接方式输出电压大，本身电容小，故适用于以电压作为输出信号并且测量电路输入阻抗很高的场合。

压电元件在传感器中必须有一定的预应力，以保证在作用力发生变化时，压电元件始终受到压力，另外要保证压电元件与作用力之间全面均匀接触，以获得输出电压（或电荷）与作用力的线性关系。但是预应力不能太大，否则将会影响其灵敏度。

在压电传感器中，一般利用压电材料纵向压电效应的较多，这时所使用的压电材料大

多做成圆片状，也有利用其横向压电效应的产生，如图7-8所示的用压电陶瓷做成的双片弯曲式压电传感器就是利用横向压电效应的一种形式。在图7-8(a)中，当压电传感器自由端受力 F 时，它将产生形变，放大后的形变如图7-8(b)所示。其中心面 oo' 的长度没有改变，中心面上的 aa' 被拉长了，而中心面下面的 bb' 被压而缩短了，可见上面的一块压电片被拉伸，下面的一块压电片被压缩，这时每片压电片产生的电荷和电压为

$$q = \frac{3}{8} \times \frac{dl^3}{t^2} F$$

$$U = \frac{3}{8} \times g \times \frac{l}{bt} F$$

式中：l 为压电片的悬臂长度；b 为压电片的宽度；t 为单片压电片的厚度；d 为压电系数（描述电荷灵敏度）；g 为压电系数（描述电压灵敏度）。

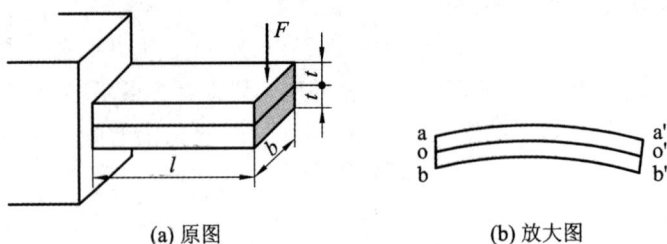

(a) 原图　　　　　　　　(b) 放大图

图 7-8　双片弯曲式压电传感器原理

产生的电荷分布在 aa' 和 bb' 面上，利用这种形式制成的传感器有加速度传感器、测量表面粗糙度的轮廓仪的测量头等。

7.3　压电传感器的等效电路和测量电路

7.3.1　压电传感器的等效电路

当压电传感器的压电元件受到外力作用时，就会在受力纵向或横向的两个表面上分别聚集数量相等、极性相反的电荷。因此，压电传感器可以看作是一个静电荷发生器。而两个极板聚集电荷，中间为绝缘体的压电元件，又可看作是一个电容器，其电容为

压电传感器的测量电路

$$C_a = \frac{\varepsilon_0 \varepsilon_r S}{d} = \frac{\varepsilon S}{d} \tag{7-10}$$

式中：S 为压电片面积(m^2)；d 为压电片厚度(m)；ε 为压电晶体的介电常数($F \cdot m^{-1}$)；ε_0 为真空介电常数($\varepsilon_0 = 8.85 \times 10^{-12} F \cdot m^{-1}$)；$\varepsilon_r$ 为压电材料的相对介电常数；C_a 为压电元件的内部电容(F)。于是，可把压电传感器等效为一个电荷源与一个电容器并联的电荷源电路，如图7-9(a)所示。电容器上的开路电压 U_a、电容 C_a 与压电效应所产生的电荷 q 三者的关系为

$$U_a = \frac{q}{C_a} \tag{7-11}$$

因此，也可以把压电传感器等效为一个电压源与一个电容器相串联的电压源等效电路，如图7-9(b)所示。

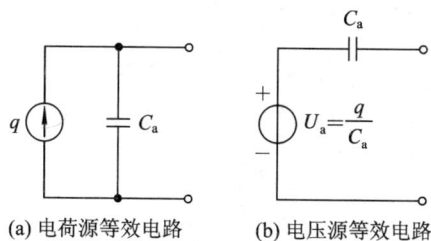

(a) 电荷源等效电路　　(b) 电压源等效电路

图 7-9　压电传感器的等效电路

在利用压电传感器测量某种物理量的过程中必须考虑压电传感器的内部泄漏电阻（压电元件的绝缘电阻 R_a），并需把前置放大器的输入电阻 R_i、输入电容 C_i 以及低噪声电缆的电容 C_c 包括进去，便可得到图 7-10 所示的实际等效电路。图 7-10 中，一种是电荷等效电路，另一种是电压等效电路，这两种电路的形式虽然不同，但是其作用是等效的。

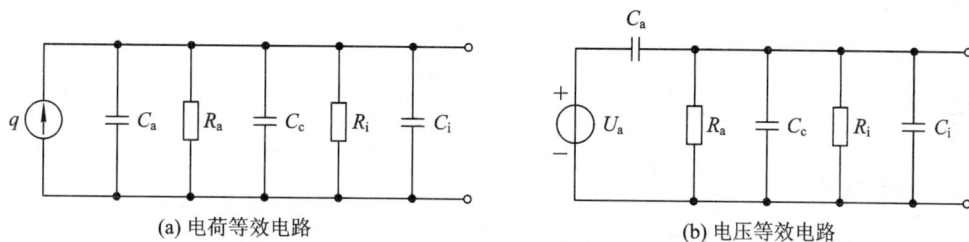

(a) 电荷等效电路　　　　　　　　　　(b) 电压等效电路

图 7-10　压电传感器实际等效电路

7.3.2　压电传感器的测量电路

压电传感器本身的内阻抗很高，而输出的能量又非常微弱，因此使用压电传感器时它的负载电阻应有很大的数值，这样才能减小测量误差。因此，与压电传感器配合的测量电路通常是具有高输入阻抗的前置放大器。

压电传感器的前置放大器有两个作用：一是把压电传感器的高输出阻抗变换成低阻抗输出；二是放大压电传感器输出的微弱信号。压电传感器的工作原理也有两种形式：一是电压放大器，其输出电压与输入电压（传感器的输出电压）呈正比；另一种是电荷放大器，其输出电压与输入电荷呈正比。

1. 电压放大器

压电传感器接到电压放大器的等效电路如图 7-11(a) 所示，其简化的等效电路如图 7-11(b) 所示。

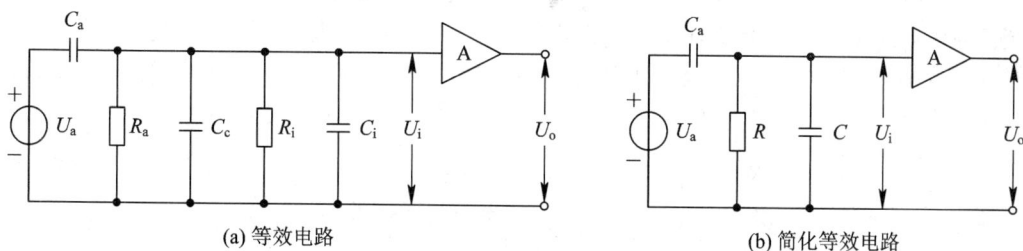

(a) 等效电路　　　　　　　　　　　(b) 简化等效电路

图 7-11　压电传感器接至电压放大器的等效电路

在图 7 - 11(b)中，等效电阻

$$R = \frac{R_a R_i}{R_a + R_i}$$

等效电容

$$C = C_c + C_i$$

而

$$U_a = \frac{q}{C_a}$$

假设压电元件受到角频率为 ω 的力

$$f = F_m \sin(\omega t) \tag{7-12}$$

式中，F_m 为作用力的幅值。

又设压电元件为压电陶瓷材料，其压电系数为 d，则在外力作用下，压电元件电压值为

$$U_a = \frac{dF_m}{C_a} \sin(\omega t) \tag{7-13}$$

或

$$U_a = U_m \sin(\omega t) \tag{7-14}$$

式中 U_m 为电压的幅值，$U_m = \frac{dF_m}{C_a}$。

由图 7 - 11(b)可知送入放大器的输入端电压是 U_i，写成复数的形式为

$$U_i = df \frac{j\omega R}{1 + j\omega R(C + C_a)} \tag{7-15}$$

U_i 的幅值

$$U_{im} = \frac{dF_m \omega R}{\sqrt{1 + \omega^2 R^2 (C_a + C_c + C_i)^2}} \tag{7-16}$$

输出电压与作用力之间的相位差

$$\phi = \frac{\pi}{2} - \arctan[\omega(C_a + C_c + C_i)R] \tag{7-17}$$

令 $\tau = R(C_a + C_c + C_i)$，$\tau$ 为测量电路的时间常数，并令 $\omega_0 = \frac{1}{\tau}$，则可得

$$U_{im} = \frac{dF_m \omega R}{\sqrt{1 + (\omega/\omega_0)^2}} \approx \frac{dF_m}{C_a + C_c + C_i} \tag{7-18}$$

由式(7 - 18)可知，$\omega/\omega_0 \gg 1$（即 $\omega\tau \gg 1$）时，即作用力变化频率与测量电路时间常数的乘积远大于 1 时，前置放大器的输入电压幅值 U_{im} 与频率无关。由此说明，在测量电路时间常数一定的条件下，压电传感器高频响应很好，这是其优点之一。但是，当被测动态量变化缓慢，而测量电路时间常数又不大时，则将使压电传感器的灵敏度下降。因此，为了扩展压电传感器工作频带的低频端，就必须尽量提高测量电路的时间常数 τ。根据电压灵敏度 K_u 的定义，由式(7 - 16)可得

$$K_u = \frac{U_{im}}{F_m} = \frac{d}{\sqrt{\frac{1}{(\omega R)^2} + (C_a + C_c + C_i)^2}} \tag{7-19}$$

因为 $\omega R \gg 1$，故传感器的电压灵敏度近似为 $K_u \approx \dfrac{d}{C_a + C_c + C_i}$，由式(7 - 19)可以看

出,传感器的电压灵敏度K_u是与电容呈反比的,增加测量电路的电容势必会使传感器的灵敏度下降。为此,常常通过提高测量电路的电阻来增大时间常数。故测量电路常采用输入电阻很大的前置放大器,放大器输入电阻越大,测量电路的时间常数越大,传感器的低频响应也就越好。

由式(7-18)可见,当改变连接压电传感器与前置放大器的电缆长度时,C_c将改变,U_{im}也随着变化,从而使前置放大器的输出电压$U_o = KU_{im}$也发生变化(K为前置放大器增益)。因此,压电传感器与前置放大器组合系统的输出电压与电缆电容有关。在设计时,常常把电缆长度定为一常值,使用时如果要改变电缆的长度,就必须重新校正灵敏度,否则由于电缆电容C_c的改变,将会引起测量误差。

随着集成电路技术的发展,超小型阻抗变换器已能直接装进压电传感器内部,从而组成一体化压电传感器。由于压电元件到放大器的引线很短,因此,引线电容几乎等于零,这就避免了长电缆对压电传感器灵敏度的影响。这种内部装有超小型阻抗变换器的石英压电传感器,能直接输出高电平、低阻抗的信号,且一般不需要再附加放大器,并可以用普通的同轴电缆输出信号。另外,由于这种石英压电传感器采用石英晶片作为压电元件,因此在很宽的温度范围内其灵敏度十分稳定,而且长期使用,性能也几乎不变。

2. 电荷放大器

电荷放大器是一个具有深度电容负反馈的高增益运算放大器电路。当略去压电传感器的泄漏电阻R_a、反馈电容的漏电阻R_f以及放大器的输入电阻R_i时,它的等效电路如图7-12所示。

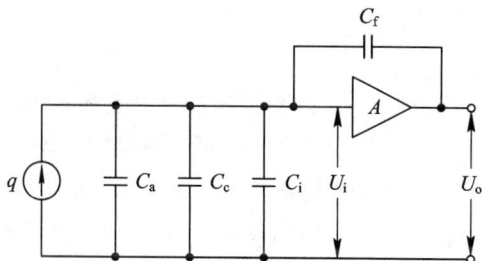

图7-12　电荷放大器等效电路

从电路分析角度来看,由于反馈的加入,将会引起输入电压U_i的变化,而电路中电压的变化又可以等效为阻抗的变化(根据补偿定理)。因此,对于前置放大器的输入端来说,反馈电容的加入相当于改变了输入端的阻抗。根据密勒定理,可将反馈电容C_f折算到输入端,其等效电容为$(1-K)C_f$,(K为运算放大器的开环增益,$K = -A$,"$-$"表示放大器的输出与输入反相),该等效电容与电容C_a、C_c和C_i并联,于是放大器的输入电压

$$U_i = \frac{q}{C_a + C_c + C_i + (1-k)C_f} = \frac{q}{C_a + C_c + C_i + (1+A)C_f}$$

输出电压

$$U_o = KU_i = \frac{-Aq}{C_a + C_c + C_i + (1+A)C_f} \qquad (7-20)$$

当放大器增益$A \gg 1$时,$(1+A)C_f \gg C_a + C_c + C_i$,式(7-20)可简化为

$$U_o \approx -\frac{q}{C_f} \qquad (7-21)$$

式(7-21)所表示的是电荷放大器理想工作情况下的输出电压,它的条件是放大器的输入电阻R_i和反馈电容C_f的漏电阻R_f都趋于无穷大,而且$(1+A)C_f \gg C_a + C_c + C_i$。

通常,当$(1+A)C_f$大于$C_a + C_c + C_i$ 10倍以上,即可以认为压电传感器的输出灵敏度与电缆电容无关。但由于电缆的分布电容C_c随着传输距离的增加而增大,因此在远距离传输时,需要考虑电缆电容C_c对测量精度的影响。由此而产生的测量误差可由下式求得,即有

$$\delta = \frac{-Aq/(1+A)C_f - \{-Aq/[C_a + C_c + (1+A)C_f]\}}{-Aq/(1+A)C_f} = \frac{C_a + C_c}{C_a + C_c + (1+A)C_f}$$

$$(7-22)$$

由上式可知,增大A和C_f均可提高测量精度,或者可在精度保持不变的情况下,增加连接电缆的允许长度,反馈电容C_f的值也不受放大器输出灵敏度的限制。在电荷放大器的实际电路中,考虑到被测物理量有不同量程,通常将反馈电容C_f的电容量做成可选择的,选择范围一般在$100 \sim 10000$ pF之内。选用不同容量的反馈电容,可以改变前置放大器的输出大小。

实际的电荷放大器电路 通常在反馈电容的两端并联一个大的电阻R_f(约为$10^8 \sim 10^{10}$ Ω),其作用是提供直流反馈,减少放大器的零漂,使电荷放大器工作稳定。

电荷放大器的低频特性好,适当选取C_f和R_f,可使电荷放大器的低频截止频率几乎接近于零,这也是电荷放大器的另一个显著优点。

电荷放大器虽然允许使用长电缆并具有较好的低频响应特性,但与电压放大器相比,它的价格较高,电路也较复杂,调整也困难,这是电荷放大器的不足之处。

📖 **读一读**

在进行自动检测系统设计时,作为一名具备基本职业素养和工匠精神的仪器类创新应用工程师,应从职业道德规范的角度出发,时刻保持清醒的头脑,严肃地回答"该不该做?""可不可以做?"和"值不值得做?"等问题,并从自身做起,从每一个项目做起,树立良好的个人形象、职业操守和社会风气。因为唯利是图演变出的他害终将害己,这也是相互效仿的"破窗效应"和逐利互害的必然后果。工程师对社会进步有着重要的推动作用,如果我们每一个人在进行工程系统设计时都从尊重生命开始,以所设计的产品不违背公序良俗和工程伦理为基本原则,人性向善,给科技赋予人性,将价值观注入技术之中,并融入家国情怀,精益求精,排斥损人利己,社会因我而进步,中华民族伟大复兴的"中国梦"是不是可以更早得到实现呢?

学习不是单纯的知识和认知的堆积,而是"学业之美在德行,不仅文章"。

7.4 压电传感器的应用

7.4.1 压电加速度传感器

压电加速度传感器是一种常用的加速度计,其固有频率高,高频响应好,如配以电荷放大器,低频特性也很好(可低至0.3 Hz)。压电加

压电加速度传感器

速度传感器的优点是体积小，重量轻，缺点是要经常校正灵敏度。

图 7-13 所示是一种压缩式压电加速度传感器结构图，压电元件一般由两片压电片组成，采用并联接法。引线一根接至两压电片中间的金属片电极上，另一根直接与基座相连。压电片通常用压电陶瓷材料制成。压电片上放一块比重较大的质量块，然后用一段弹簧和螺栓、螺帽对质量块预加载荷，从而对压电片施加预应力。整个组件装在一个厚基座的金属壳体中，为了隔离被测试件的任何应变传递到压电元件上去，避免产生虚假信号输出，一般要加厚基座或选用刚度较大的材料来制造基座。

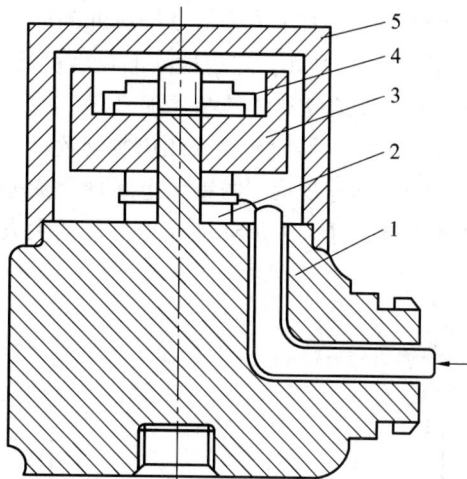

1—基座；2—压电片；3—质量块；4—弹簧；5—壳体。

图 7-13 压缩式压电加速传感器结构图

测量时，将传感器基座与被测试件刚性地固定在一起，传感器与被测试件感受相同的振动。由于弹簧的作用，质量块就有一正比于加速度的交变惯性力作用在压电片上，由于压电效应，压电片的两个表面上就产生交变电荷。当振动频率远低于传感器的固有频率时，传感器的输出电荷（电压）与作用力呈正比，亦即与被测试件的加速度呈正比。输出电量由传感器的输出端引出，输入到前置放大器后就可以用普通的测量仪器测出试件的加速度。如果在放大器中加进适当的积分电路，就可以测出被测试件的振动速度或位移。

这种结构压电传感器的谐振频率高、频响范围宽、灵敏度高，而且结构中敏感元件（质量块和压电元件）不与外壳直接接触，受环境影响小，是压电加速度传感器目前应用得最多的结构形式之一。

另一种压电加速度传感器的结构如图 7-14所示，也称为剪切式压电加速度传感器，它利用了压电元件的切变效应。其压电元件是一个压电陶瓷圆筒，在组装前，先在与圆筒轴向垂直的平面上涂上预备电极，使圆筒沿轴向极化。极化后磨去预备电极，将圆筒套在传感器底座的圆柱上，压电元件的外面再套上惯性质量环。当压电加速度传感器受到振动时，惯性质量环的振动由于惯性有一滞后，这样在压电元件上出现剪切应力，产生剪切形变，从而在压电元件的内外表面上产生电荷，其电场方向垂直于极化方向。这种结构压电加速度传感器有很高的灵敏度，而且横向灵敏度小，因此其他方向的作用力造成的测量误差也很小。另外它有很高的固有频率和宽的频率响应范围，且受环境的影响也比较小。

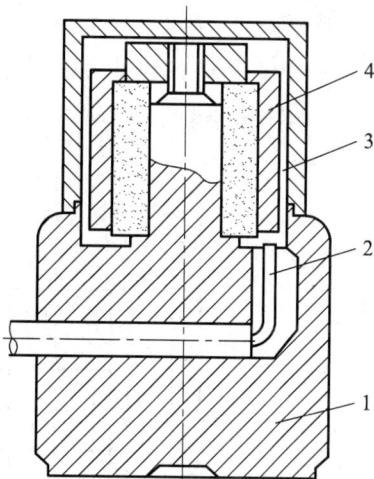

1—基座；2—引线；3—压电陶瓷圆筒；4—质量块。

图 7-14 剪切式压电加速度传感器结构图

利用压缩式加速度传感器在进行冲击测量时，因为加速度很大，应采用质量小的质量块，弯曲式压电加速传感器可解决此问题。弯曲式压电加速度传感器由特殊的压电悬梁构成，如图 7-15 所示。它有很高的灵敏度和很低的频率响应，主要用于医学上和其他低频响应的领域，如地壳和建筑物的振动等。

图 7-16 所示为差动式压电加速度传感器的结构简图，它有效地消除了横向效应。利用它在测量加速度时，两组压电元件组成差动输出，有横向效应作用时，它们是同相输出，因此相互抵消了，于是环境的影响也就大大削弱了。

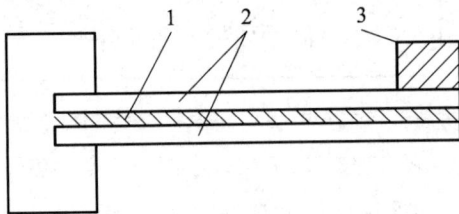

1—金属片；2—压电片；3—质量块。

图 7-15　弯曲式压电加速度传感器结构图

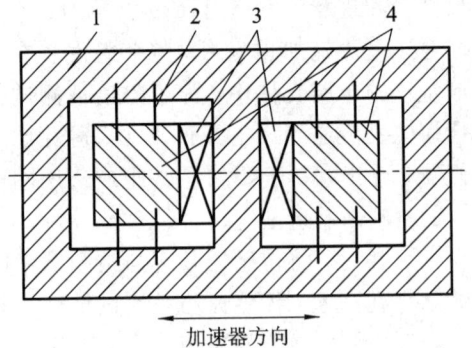

加速器方向

1—壳体；2—弹簧环；3—压电元件；4—质量块。

图 7-16　差动式加速度传感器结构简图

7.4.2　压电压力传感器

压电压力传感器主要用于发动机内部燃烧压力的测量与真空度的测量。它既可用来测量大的压力，也可以用来测量微小的压力。

发动机上的压电压力传感器的压电元件大都由一对石英晶片或数片石英片叠堆组成，如图 7-17 所示。这种传感器实质上是由刚度为 k_1 的晶片和刚度为 k_2 的预紧力弹簧组成。外力 F 同时作用在晶体叠堆和弹簧上，晶体叠堆上的力为 F_1，弹簧上的预紧力为 F_2。设压缩变形为 Δx，则可得

压电压力传感器及
压电传感器的应用

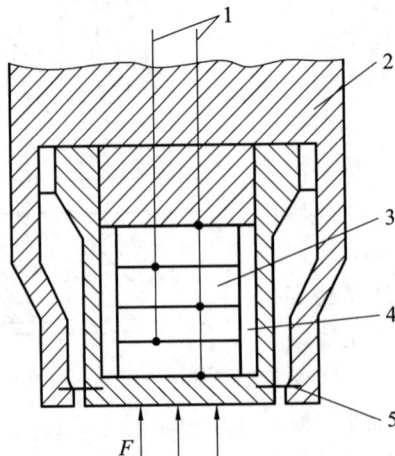

1—引线；
2—外壳；
3—压电晶体；
4—薄壁圆筒；
5—膜片弹簧。

F

图 7-17　压电压力传感器结构图

$$F = F_1 + F_2 = (k_1 + k_2)\Delta x \tag{7-23}$$

力的有效分量为

$$\frac{F_1}{F} = \frac{k_1}{k_1 + k_2} = \frac{1}{1 + \dfrac{k_2}{k_1}} \tag{7-24}$$

式(7-24)表明，$\dfrac{F_1}{F}$ 随着 $\dfrac{k_2}{k_1}$ 的减少而增加，也就是说，在晶片叠堆的刚度 k_1 给定时，压电压力传感器的灵敏度随预紧力弹簧的刚度变弱而增加。

压电压力传感器具有体积小、重量轻、结构简单、工作可靠、测量频率范围宽等优点。合理的设计能使它有较强的抗干扰能力，所以是一种应用较为广泛的力传感器。但它不能测量频率太低的被测量，特别是不能测量静态参数，因此多用于测量加速度和动态力或压力。

任务实施

任务八　基于压电陶瓷传感器的声波检测仪的设计与制作

（一）任务描述

高灵敏声控报警器电路如图 7-18 所示。场效应管 VT$_1$ 组成一级电压放大器，通过可调电阻 R_P 调节场效应管放大器的栅极偏压来调节电压放大器的增益。由于场效应管放大器具有很高的电压增益，因此用一级放大器就可满足电路的要求。压电陶瓷传感器被声波激发后输出脉冲电信号，并经过 VT$_1$ 放大后由漏极 D 输出，通过耦合电容 C_1 去触发一个单稳态触发器。

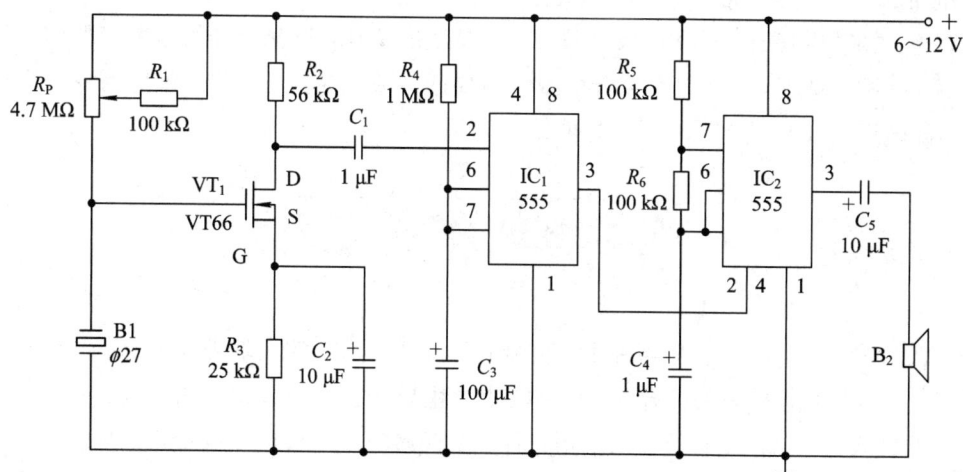

图 7-18　声控报警器电路原理

由 555 时基集成电路 IC_1 与 R_4、C_3 组成的单稳态触发器，受低电平或脉冲下降沿的触发而翻转。平时，IC_1 的 3 脚输出低电平。当声传感器受到触发后输出脉冲信号并经 VT_1 放大后由漏极 D 输出时，输出脉冲的下降沿将单稳态器触发并使其翻转，3 脚输出高电平。IC_1 翻转后，电路进入暂稳态，电源通过 R_4 向 C_2 充电，充电时间约 2 min。2 min 后，C_3 充电电压升高到 6 脚的阈值电平，单稳态触发器自动翻转，3 脚恢复低电平，电路进入稳态。

报警声发生电路是一个由 555 时基集成电路 IC_2 组成的多谐振荡器，受总复位端 4 脚的控制而工作。平时由于 IC_1 的 3 脚输出低电平，振荡器不工作，当 IC_1 输出高电平时，振荡器开始工作，发出报警声。多谐振荡器的振荡频率由 R_5、R_6 与 C_4 的数值决定，本电路约为 4.8 kHz。调整 R_5、R_6 及 C_4 的数值，可得到所需要的振荡频率和报警声。

（二）实施步骤

1. 所需材料及设备准备

图 7 - 18 中 IC_1 与 IC_2 可选用 NE555、LM555 或用一只 556 来代替两只 555；场效应三极管选用 VT66 或 V40AT 型场效应管；压电陶瓷传感器 B_1 选用直径为 27 mm 的压电陶瓷片，如 FT - 27、HTD27A - 1 型等，B_2 均选用 YD57 - 2 型等 0.25W 小型动圈式扬声器；其他元器件无特殊要求，可按图 7 - 18 所标明的型号及参数选用。

2. 电路制作

按图 7 - 18 所示将电路焊接在电路板上，认真检查电路，确认正确无误后接好压电陶瓷片和扬声器，并通电检测。

3. 调试

调试步骤为：

（1）用手指按住压电陶瓷传感器，检测扬声器是否报警。

（2）大声说话发出声音，检测电路对声波是否报警，可调节电位器 R_P，改变场效应管放大电路的放大倍数和报警电路的灵敏度。

注意：场效应管放大电路放大倍数越大，灵敏度越高，报警器开始报警需要的声波就越小，反之则灵敏度越低，报警器开始报警需要的声波就越大。例如，夜间需要值守的区域，装配的声波报警器需要的灵敏度就要比较高。

考 核 评 价

本项目考核应重点考核学生在项目实施过程中的操作规范、职业素养、作品的功能实现、工艺与技术指标等是否符合要求。并要求学生要注重关注知识的拓展性，要能在教学做合一的模式中领会压电传感器的应用，而不能仅局限于一种应用的掌握。具体考核可采取教师评价、学生互评、学生自评相结合的方式，按照 5：3：2 的比例进行综合评分。具体内容详见表 7 - 1。

表 7-1　项目考核评分细则

评价内容		配分	考核标准	得分
职业素养与操作规范（50分）	系统设计	15	（1）任务分析不正确，扣5分； （2）设计方案理解不准确，扣5分； （3）元器件选择不正确，扣5分	
	系统安装	15	（1）不能按要求完成系统安装，扣5分； （2）不能正确地完成线路连接，扣3分/处； （3）电路布局不规范，系统被干扰，扣3分； （4）无节能意识及成本意识，浪费资源，扣3分	
	系统调试	10	（1）通电测试前没进行短路检测，扣5分； （2）使用仪器仪表方法不当，扣5分； （3）烧坏元器件，扣5分；损坏仪表，扣10分	
	6s规范	10	（1）工位不整洁，扣5分； （2）工具摆放不整齐，扣5分； （3）没有安全文明生产扣5分	
作品（50分）	工艺	20	（1）导线零乱，不规范，扣5分； （2）有脱焊、漏焊、裂纹、拉尖、多锡、少锡、针孔、吹孔、空洞、焊盘剥离等，扣0.5分/处； （3）有开路/短路、锡球、锡溅、锡桥，扣0.5分/处； （4）元器件有扭曲、倾斜、移位、管脚共面性差等，扣0.5分/处； （5）有元器件、焊盘或印制板损伤，扣0.5分/处	
	功能	20	产品基本功能应完好，每缺失一项功能，扣5分；功能项缺失超过80%，本小项记0分	
	指标	10	基本参数指标应符合任务规定的要求，以±5%为上下限，每超出10%扣5，扣完为止；元件参数选择不合理，扣3分	
	合计			

拓 展 训 练

（1）什么叫作压电效应？什么叫作顺压电效应？什么叫作逆压电效应？

（2）叙述石英晶体的压电效应的产生过程。石英晶体的横向和纵向压电效应的产生与外力作用的关系是什么？

（3）$BaTiO_3$压电陶瓷一般怎样极化？它可以用哪些压电常数表示？若外界的作用力源为气体，则怎样利用$BaTiO_3$压电陶瓷测量其压强？

（4）设某石英晶片的输出电压幅值为 200 mV，若要产生一个大于 500 mV 的信号，需采用什么样的连接方法和测量电路可达到该要求？

（5）试叙述双向力传感器测量力的原理。

项目八
基于光电传感器的倒车雷达的设计与制作

项目描述

　　光电传感器是指利用光敏元件将光信号转换为电信号的装置。使用它测量非电量时，首先要将这些非电物理量的变化转换成光信号的变化，然后由光电传感器将光信号的变化转变为电信号的变化。光电传感器的这种测量方法具有结构简单、非接触、高可靠、高精度和反应速度快等特点。光电传感器是目前产量最多、应用最广的一种传感器，它在自动控制和非电量测量中占有非常重要的地位。光电传感器的物理基础是光电效应。

项目目标

1. 知识目标
（1）掌握光电效应的概念及分类。
（2）掌握光电传感器的工作原理。
（3）了解光电传感器的基本结构、工作类型及各自特点。

2. 能力目标
（1）能根据不同测量物理量选择合适的传感器。
（2）掌握光电传感器的应用场合，能完成传感器与外电路的接线及调试。
（3）能分析和处理使用过程中的常见故障。

3. 思政目标
（1）培养学生民族自豪感。
（2）培养学生精益求精的工匠精神。
（3）训练学生获取信息的能力。
（4）培养学生团结协作、交流协调的能力。
（5）培养学生注重安全生产、遵守操作规程等良好职业素养。

知 识 准 备

8.1　光　电　效　应

光电效应

光电传感器的工作原理是基于不同形式的光电效应。根据光的波粒二象性，我们可以认为光是一种以光速运动的粒子流，这种粒子称为光子。每个光子具有的能量 $h\nu$ 正比于光的频率 ν。

每个光子的能量为 $E=h\nu$。式中，h 为普朗克常数，$h = 6.6626 \times 10^{-34} \text{J} \cdot \text{s}$，$\nu$ 为光的频率（s^{-1}）。

由此可见，对不同频率的光，其光子能量是不相同的，频率越高，光子能量就越大。用光照射某一物体，可以看作是物体受到一连串能量为 $h\nu$ 的光子的袭击，组成这种物体的材料吸收光子能量而发生相应电效应的物理现象称为光电效应。光电效应通常分为以下 3 类。

1. 外光电效应

在光线作用下能使电子逸出物体表面的现象成为外光电效应。当物体在光线照射作用下，一个电子吸收了一个光子的能量后，其中的一部分能量消耗于电子由物体内逸出表面时所做的溢出功，另一部分则转化为逸出电子的动能。根据能量守恒定律可得

$$h\nu = \frac{mv_0^2}{2} + A_0$$

式中：m 为电子的质量；v_0 为逸出电子的初速度；A_0 为电子逸出物体表面所需的功（或物体表面束缚能）。

这也是著名的爱因斯坦光电方程式，它阐明了光电效应的基本规律。由上式可以得知如下结论：

（1）光电子能否产生，取决于光电子的能量是否大于该物体的表面电子溢出功 A_0。不同的物质具有不同的逸出功，即每一个物体都有一个对应的光频阈值，称为红线频率或波长限。光线频率低于红线频率，光电子能量不足以使物体内的电子逸出，因而小于红线频率的入射光，光强再大也不会产生光电子逸出；反之，入射光频率高于红线频率，即使光线微弱，也会有光电子逸出。

（2）如果产生了光电子，在入射光频率不变的情况下，逸出的电子数目与光强呈正比。光强愈强意味着入射的光子数目愈多，受轰击逸出的电子数目也愈多。基于外光电效应的光电元件有光电管、光电倍增管等。

2. 内光电效应

在光线作用下能使物体的电阻率改变的现象称为内光电效应。用光照射半导体时，若光子能量大于半导体材料的禁带宽度 E_g，则禁带中的电子吸收一个光子就足以跃迁到导带，使被激发出来的电子成为一个自由电子，同时也产生一个空穴，从而增强了材料的导电性能，使材料的电阻值降低。一般来说，照射的光线愈强，阻值变得愈低，半导体材料的

导电能力就愈强。光照停止后，自由电子与空穴逐渐复合，电阻值又恢复到原值。基于内光电效应的光电元件有光敏电阻、光敏二极管、光敏三极管、光敏晶闸管等。

3. 光生伏特效应

在光线作用下，物体产生一定方向电动势的现象称为光生伏特效应。光生伏特效应可分为以下两类。

（1）势垒光电效应。以 PN 结为例，当光照射 PN 结时，若光子能量大于半导体材料的禁带宽度 E_g，则使价带的电子跃迁为导带，产生自由电子-空穴对。在 PN 结阻挡层内电场的作用下，被激发的电子移向 N 区的外侧，被激发的空穴移向 P 区的外侧，从而使 P 区带正电，N 区带负电，形成光电动势。

（2）侧向光电效应。当半导体光电器件受光照不均匀时，出现的载流子浓度梯度将会产生侧向光电效应。当光照部分吸收入射光子的能量产生电子-空穴对时，光照部分载流子浓度比未受光照部分的载流子浓度大，就出现了载流子浓度梯度，因而载流子就要扩散。如果电子迁移率比空穴大，那么空穴的扩散不明显，则电子向未被光照部分扩散，就造成光照射的部分带正电，未被光照射部分带负电，从而使光照部分与未被光照部分产生光电动势。基于光生伏特效应的光电元件有光电池。

8.2 光 电 器 件

8.2.1 光电管

光电管

1. 结构与工作原理

光电管的结构如图 8-1 所示。光电管有真空光电管和充气光电管两类，二者结构相似，它们都由一个涂有光电材料的阴极和一个阳极组成，并封装在玻璃壳内，当入射光照射在阴极上时，阴极就会发射电子，由于阳极的电位高于阴极，在电场力的作用下，阳极便收集由阴极发射出来的电子。因此，在光电管组成的回路中形成了光电流，并在负载电阻上输出电压。在入射光的频谱成分和光电管电压不变的条件下，输出电压与入射光通量呈正比。

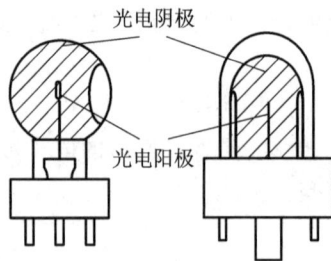

图 8-1　充电管的结构

2. 光电管特性

光电管的特性主要有伏安特性、光电特性、光谱特性、响应特性、响应时间、峰值探测

率、温度特性等。下面仅对其中的主要特性做简单介绍。

1）光电特性

光电特性表示当阳极电压一定时，阳极电流 I 与入射在光电管阴极上光通量之间的关系。光电特性的斜率称为光电管的灵敏度。

2）伏安特性

当入射光的频谱及光通量一定时，阳极电流与阳极电压之间的关系叫作伏安特性。当阳极电压比较低时，阴极所发射的电子只有一部分到达阳极，其余部分受光电子在真空中运动时所形成的负电场作用回到光电阴极。随着阳极电压的增高，光电流随之增大。当阴极发射的电子全部到达阳极时，阳极电流便很稳定，称为饱和状态。当达到饱和状态时，阳极电压再升高，光电流也不会增加。

如图 8-2 所示为真空光电管的伏安特性曲线。光电管的工作点应选在光电流与阳极电压无关的区域内，即曲线平坦部分。

充气光电管的构造与真空光电管基本相同。不同之处在于在玻璃壳内充以少量的惰性气体，如氩、氖等。当光电阴极被光照射而发射电子时，光电子在趋向阳极的途中撞击惰性气体的原子，使其电离而使阳极电流急速增加，提高了光电管的灵敏度。另外，充气光电管灵敏度高，但灵敏度随电压显著变化的稳定性、频率特性都比真空光电管的要差。如图 8-3 为充气光电管的伏安特性曲线。

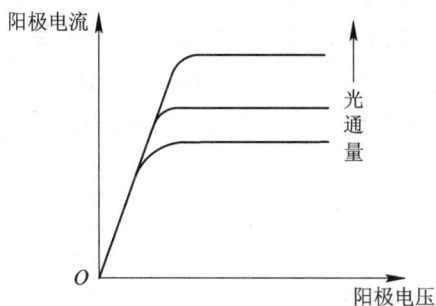

图 8-2　真空光电管的伏安特性

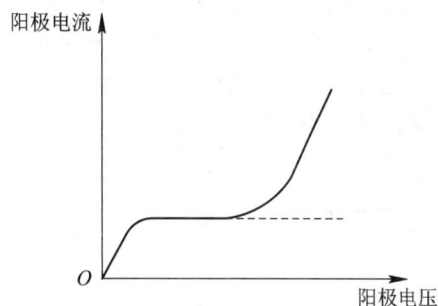

图 8-3　充气光电管的伏安特性

3）光谱特性

光电管的光谱特性通常是指阳极和阴极之间所加电压不变时，入射光的波长与其绝对灵敏度的关系。它主要取决于阴极材料，因为不同阴极材料的光电管适用于不同的光谱范围，另一方面，不同光电管对于不同频率的入射光，其灵敏度也不同。

此外，光电管还有疲劳特性、惯性特性、暗电流、衰老特性等，使用时应根据产品说明书和有关手册合理选用。

8.2.2　光电倍增管

1. 光电倍增管结构与工作原理

光电倍增管是指把微弱的光输入转换成光电子，并使光电子获得倍增的光电真空器件，如图 8-4 所示。它有放大光电流的作用，灵敏度非常高，信噪比大，线性好，多用于微光测量。光电倍增管是由一个

光电倍增管

阴极室和若干光电倍增级组成的二次发射倍增系统，也有一个阴极 K、一个阳极 A。光电倍增管与光电管不同的是，在它的阴极与阳极之间设置有许多二次倍增级D_1、D_2、D_3……，它们又称为第一倍增极，第二倍增极……，相邻电极之间通常加上 100 V 左右的电压，其电位逐级提高，阴极电位最低，阳极电位最高，两者之差一般在 600~1200 V。

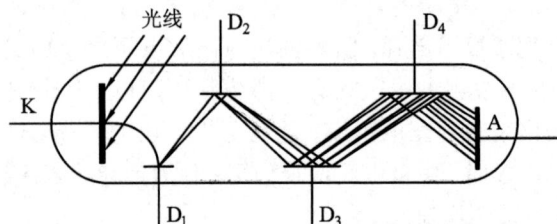

图 8-4　光电倍增管

当微弱的光照射阴极 K 时，从阴极 K 上逸出的光电子在D_1的电场作用下，以高速向倍增极D_1射去，产生二次发射，于是更多的二次发射的光电子又在D_2电场作用下，射向第二倍增极，激发更多的二次发射光电子，如此下去，一个光电子将激发更多的二次发射光电子，最后被阳极所收集。若每级的二次发射倍增率为m，共有n级（通常可达 9~11 级），则光电倍增管阳极得到的光电流比普通光电管的光电流大m^n倍，因此光电倍增管的灵敏度极高。

图 8-5 给出了光电倍增管的基本电路。各倍增级的电压是用分压电阻获得的。当用于测量稳定的辐射通量时，电路将电源正端接地，并且输出可以直接与放大器输入端连接。当入射光通量为脉冲量时，则应将电源的负端接地，因为光电倍增管的阴极接地比阳极接地有更低的噪声，此时输出端应接入隔离电容，同时各倍增极的并联电容亦应接入，以稳定各倍增极的工作电压，稳定增益并防止饱和。

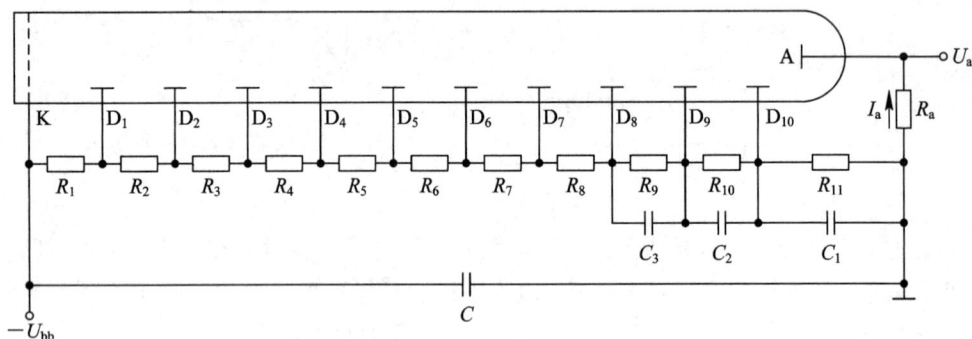

图 8-5　光电倍增管的基本电路

2. 光电倍增管的应用

光电倍增管是一种将微弱光信号转换为电信号的光电转换器件，因此，它主要应用于微弱光照的场合。目前已广泛地用于微弱荧光光谱探测、大气污染监测、生物及医学病理检测、地球地理分析、宇宙观测与航空航天工程等领域，并发挥着越来越大的作用。

📖 **读一读**

光"百折不回，勇往直前"的反射属性给我们的启示为：青年学生正处于学习知识、增

长才干的美好年华,奋斗的青春,是"长风破浪会有时,直挂云帆济沧海"的豪情壮志,是
"千磨万击还坚劲,任尔东西南北风"的坚韧顽强,是"仰天大笑出门去,我辈岂是蓬蒿人"
的自信担当,是"雄关漫道真如铁,而今迈步从头越"的昂首向前。青春是用来奋斗的,奋斗
的青春最美丽,青年学生应志存高远,紧跟时代,不畏艰险,脚踏实地,以蓬勃朝气投身实
现国家富强、民族复兴的伟大事业中。

8.2.3 光敏电阻

1. 光敏电阻的结构及工作原理

光敏电阻是纯电阻器件,具有很高的光电灵敏度,常作为光电控制
用。光敏电阻的工作原理是基于内光电效应。光敏电阻的结构如图 8-6

光敏电阻

所示。在坚固的金属外壳上安置绝缘陶瓷基板,基板上蒸镀或烧结上一
层 CdS 光电导体材料,形成光导电层,为了增大受光面积,可将光导电层做成梳状。这种梳状
电极,由于在很近的电极之间可以采用大的极板面积,因此提高了光敏电阻的灵敏度。

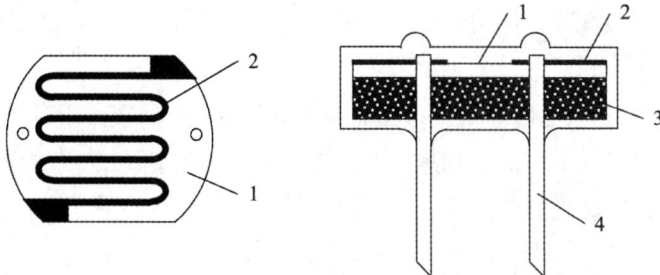

1—光导电层(CdS层);2—电极;3—陶瓷基板;4—引出线。

图 8-6 光敏电阻的结构图

构成光敏电阻的材料有金属的硫化物、硒化物、锑化物等半导体。光敏电阻的工作原
理如图 8-7 所示,当光照射到光电导体上时,若这个光电导体为本征半导体材料,而且光
辐射能量又足够强,光导材料价带上的电子将激发到导带上去,从而使导带的电子和价带
的空穴增加,致使光导体的电导率变大。为实现能级的跃迁,入射光的能量必须大于光导
材料的禁带宽度。光照愈强,阻值愈低。入射光消失,电子-空穴对逐渐复合,电阻也逐渐
恢复原值。为了避免外来光线干扰,可用一种能透过所要求光谱范围的透明保护窗作为光
敏电阻壳的入射孔,有时也用专门的滤光片作为保护窗。为了避免光敏电阻灵敏度受潮湿
的影响,应将光电导体严密封装在壳体中。

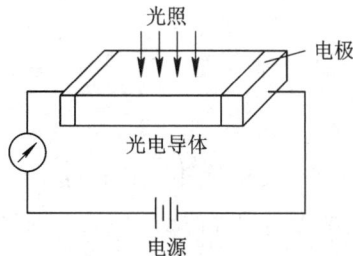

图 8-7 光敏电阻的工作原理

2. 光敏电阻的主要参数

暗电阻：光敏电阻在室温条件下，无光照时具有的电阻值称为暗电阻（>1 MΩ）。此时流过的电流称为暗电流。

亮电阻：光敏电阻在一定光照下所具有的电阻称其为在该光照下的亮电阻（<1 kΩ）。此时流过的电流称为亮电流。

光电流与亮电流和暗电流的关系为：光电流＝亮电流－暗电流。

光敏电阻的暗电阻愈大愈好，而亮电阻越小越好。实际光敏电阻暗阻值一般为兆欧数量级，亮阻值一般在几千欧以下。

3. 光敏电阻的基本特性

1）伏安特性

在一定光照度下，光敏电阻两端所加的电压与其光电流之间的关系称为伏安特性。图 8-8 所示是硫化镉光敏电阻的伏安特性曲线。光敏电阻是线性电阻，服从欧姆定律，但在不同照度下具有不同的斜率。使用时要注意光敏电阻的功耗，并保持适当的工作电压和工作电流。

由图 8-8 可知：光敏电阻的伏安特性曲线近似为直线，但在使用时应限制光敏电阻两端的电压，以免超过虚线所示的功耗区。因为光敏电阻都有最大额定功率、最高工作电压和最大额定电流，所以超过额定值可能会导致光敏电阻的永久性破坏。

2）光照特性

光电流 I 和光通量 F 的关系曲线称光照特性。图 8-9 给出了光敏电阻的光照特性曲线。不同的光敏电阻的光照特性是不同的，但在大多数情况下，曲线的形状类似。

因为光敏电阻的光照特性是非线性的，因而光敏电阻不适宜做成线性的敏感器件。

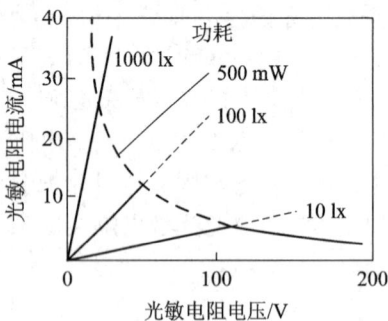

图 8-8　硫化镉光敏电阻的伏安特性曲线

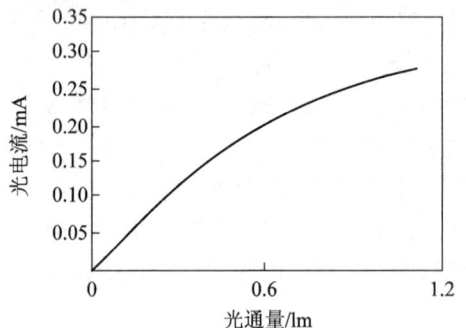

图 8-9　光敏电阻的光照特性曲线

3）光谱特性

光敏电阻对不同波长的入射光，其相对灵敏度不同，各种不同材料的光谱特性曲线也不同，图 8-10 给出了光敏电阻的光谱特性曲线。因为不同材料的灵敏度峰值不同，所以在焊光敏电阻时，应当把光敏电阻和光源电路结合起来考虑，才能得到比较满意的效果。

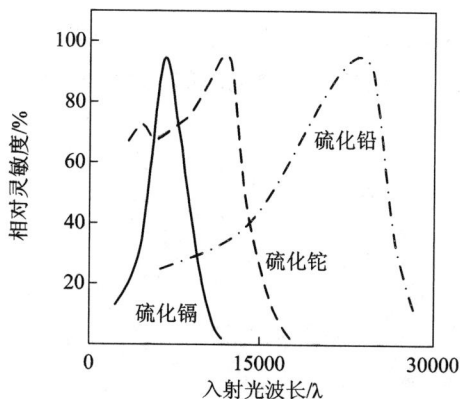

图 8-10 光敏电阻的光谱特性曲线

4) 响应时间和频率特性

光敏电阻受光照后,光电流并不是立刻升到最大值,而是要经过一段时间(上升时间)才能达到最大值。同样,光照停止后,光电流也需要经过一段时间(下降时间)才能恢复到暗电流值,这段时间被称为响应时间。光敏电阻的上升响应时间和下降响应时间约为 $10^{-1} \sim 10^{-3}$ s,故光敏电阻不能用于要求快速响应的场合。图 8-11 给出了光敏电阻的时间响应曲线。

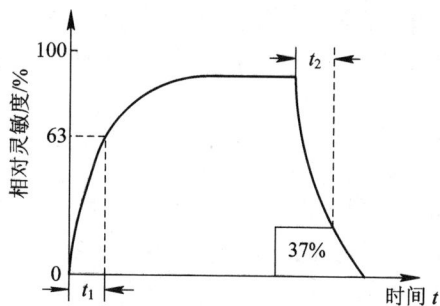

图 8-11 光敏电阻的时间响应曲线

对于不同材料的光敏电阻,其频率特性则不一样。光敏电阻的相对灵敏度 K_r 与频率 f 之间的关系曲线以及硫化镉光敏电阻的光谱温度特性曲线分别如图 8-12、图 8-13 所示。

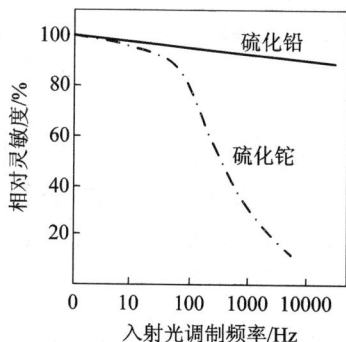

图 8-12 光敏电阻的频率特性曲线

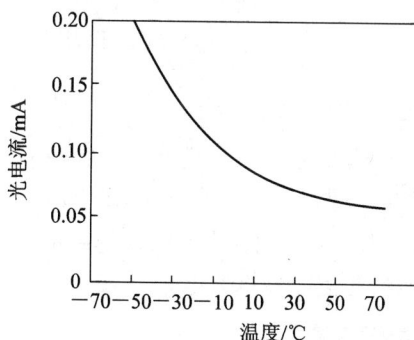

图 8-13 硫化镉光敏电阻的光谱温度特性曲线

5）温度特性

光敏电阻和其他半导体器件一样，受温度影响较大。随着温度上升，它的暗电阻和灵敏度则都下降。图 8-14 给出了硫化铅光敏电阻的光谱温度特性曲线。

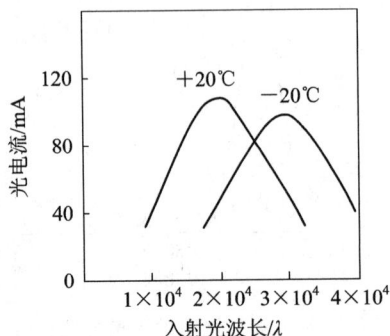

图 8-14　硫化铅光敏电阻的光谱温度特性曲线

8.2.4　光敏晶体管

光敏晶体管包括光敏二极管、光敏三极管、光敏晶闸管，它们的工作原理都基于内光电效应。光敏三极管的灵敏度比光敏二极管高，但频率特性较差，目前广泛应用于光纤通信、红外线遥控器、光电耦合器控制伺服电动机转速的检测及光电读出装置等场合。光敏晶闸管主要应用于光控开关电路。

光敏二极管、光敏
三极管

1. 光敏二极管

光敏二极管结构和普通二极管结构相似，都有一个 PN 结，两根电极引线，而且都是非线性器件，具有单向导电性。不同之处在于光敏二极管的 PN 结装在管的顶部，可以直接受到光照射。如图 8-15 所示为光敏二极管的符号及接法。

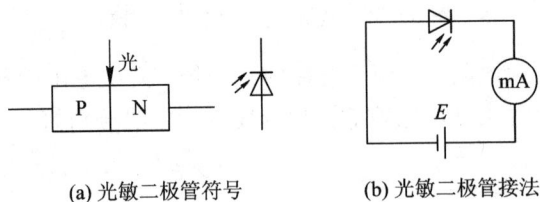

(a) 光敏二极管符号　　　　(b) 光敏二极管接法

图 8-15　光敏二极管的符号及接法

光敏二极管在电路中一般处于反向偏置状态，当无光照射时，反向电阻很大，反向电流（也叫暗电流）很小。当光照射光敏二极管时，光子打在 PN 结附近，使 PN 结附近产生光生电子-空穴对时，它们在 PN 结处的内电场作用下进行定向运动，形成光电流。可见，光敏二极管能将光信号转换为电信号。

2. 光敏三极管

光敏三极管有两个 PN 结，从而可以获得电流增益，有 PNP、NPN 两种类型，与普通三极管很相似。如图 8-16 所示为光敏三极管的结构与符号。光敏三极管与普通三极管不同之处是光敏三极管的基极往往不接引线。实际上许多光敏三极管仅集电极和发射集两端有引线，尤其是硅平面光敏三极管因为其泄漏电流很小，所以一般没有基极外接点。

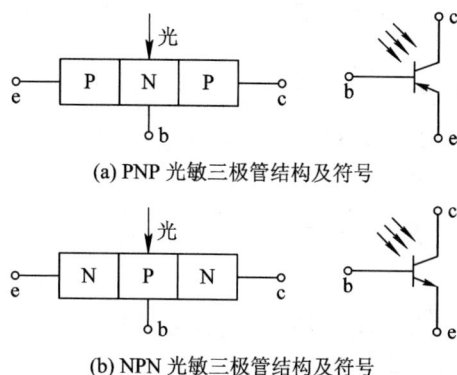

(a) PNP 光敏三极管结构及符号

(b) NPN 光敏三极管结构及符号

图 8 - 16 光敏三极管结构及符号

当入射光使光敏三极管集电结附近产生光生电子-空穴对，它们在 PN 结处于内电场的作用下做定向运动形成光电流，因此，PN 结的反向电流大大增加。由于光照射，集电结产生的光电流相当于三极管的基极电流，因此集电极电流是光电流的 β 倍。因此，光敏三极管比光敏二极管具有更高的灵敏度。

3. 光敏晶体管的基本特性

1) 光谱特性

光敏晶体管的光谱特性是指在一定照度下，光敏晶体管输出的相对灵敏度与入射波长之间的关系曲线。硅和锗光敏晶体管的光谱特性曲线如图 8 - 17 所示。一种晶体管只对一定波长的入射光敏感，这就是它的光谱特性。从图 8 - 17 可以看出：不管是硅管还是锗管，当入射光波长超过一定值时，波长增加，相对灵敏度下降。不同材料的光敏晶体管，其光谱响应峰值波长也不相同，硅管峰值波长为 $1.0~\mu m$ 左右，锗管峰值波长为 $1.5~\mu m$ 左右。由于锗管的暗电流大于硅管的暗电流，所以锗管的性能比硅管性能差。故在探测可见光或赤热物体时，都用硅管；而在探测红外光时，采用锗管较为硅管合适。

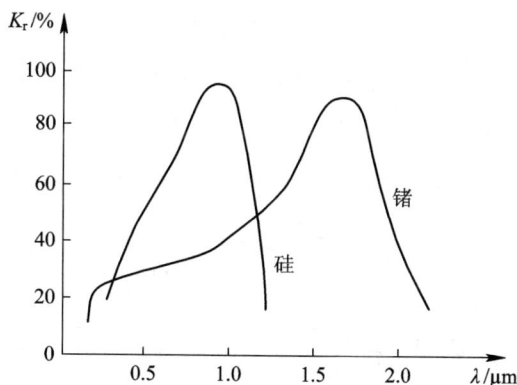

图 8 - 17 光敏晶体管的光谱特性

2）伏安特性

图 8-18 所示为硅光敏晶体管在不同照度下的伏安特性曲线。就像普通三极管在不同基极电流下的输出特性一样，改变光照就相当于改变普通三极管的基极电流，从而得到这样一簇曲线。由图可见，光敏晶体管的光电流比相同管型的普通三极管大上百倍。

3）光照特性

图 8-19 给出了光敏晶体管的光照特性曲线。光照特性曲线是指输出电流与照度之间的关系曲线。从图 8-19 中可以看出它们输出电流与照度近似为线性关系。

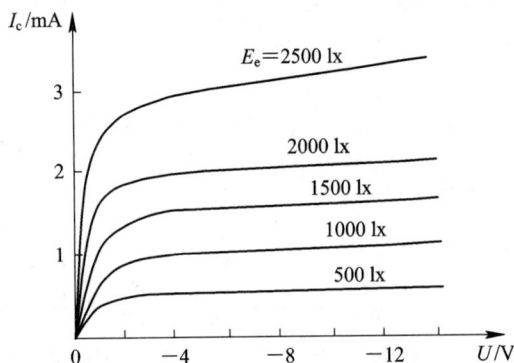

图 8-18　光敏晶体管的伏安特性

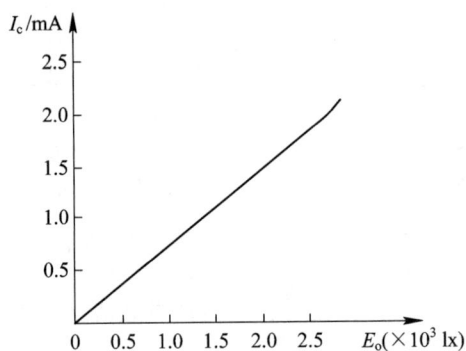

图 8-19　光敏晶体管的光照特性

4）温度特性

光敏晶体管的温度特性是指其暗电流及光电流与温度的关系，图 8-20 所示为锗光敏晶体管的温度特性曲线。由曲线可知，温度变化对亮电流影响较小，对暗电流的影响很大，所以在应用时应在电路上采取措施进行温度补偿。如果采用调制光信号进行放大，由于隔直电容的作用，可使暗电流隔断，消除温度影响。

5）频率特性

光敏晶体管的频率响应是指具有一定频率的调制光照射光敏晶体管时，光敏晶体管输出的光电流随频率的变化情况，如图 8-21 所示。减少负载电阻能提高响应频率，但降低了输出。一般来说，光敏三极管的频率响应要比光敏二极管差很多，锗光敏三极管的频率响应比硅管小一个数量级。

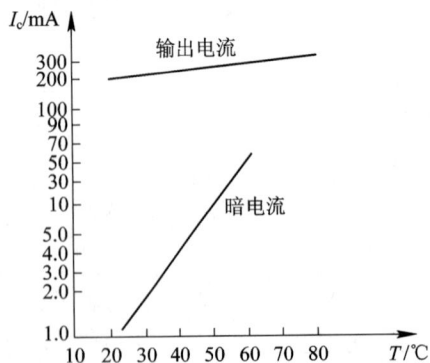

图 8-20　锗光敏晶体管的温度特性

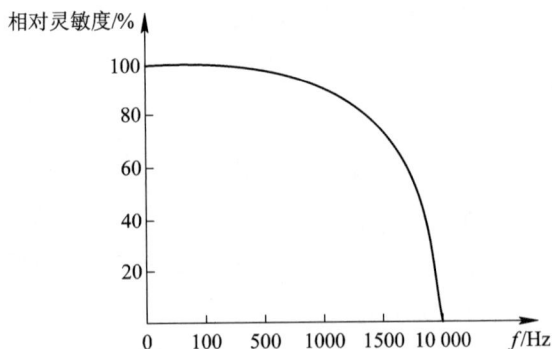

图 8-21　光敏晶体管频率响应曲线

6）响应时间

工业用的硅光敏二极管的响应时间为 $10^{-7} \sim 10^{-5}s$ 左右。光敏三极管的频率响应时间比相应的二极管慢一个数量级。由此可知，要求快速响应或入射光调制频率比较高的时候，应选择时间常数较小的光敏二极管。

8.2.5　光电池

光电池的种类很多，如有硅光电池、硒光电池、硫化镉光电池、砷化镓光电池等。其中硅光电池最受重视，因为它有一系列优点，如性能稳定、光谱范围宽、频率特性好、换能效率高、能耐高能辐射等。硒光电池比硅光电池价廉，它的光谱峰值位置在人的视觉范围内，因而应用在不少测量仪器上。下面着重介绍硅光电池和硒光电池。

光电池

1. 光电池的结构及工作原理

图 8-22 为光电池的结构示意图。它通常是在 N 型衬底上制造一薄层 P 型层作为光照敏感面。光电池的工作原理基于光生伏特效应，当光照射到光电池上时，可以直接输出光电流。当入射光子的能量足够大时，P 型区每吸收一个光子就产生一对光生电子—空穴对，光生电子-空穴对的浓度从表面向内部迅速下降，形成由表及里扩散的自然趋势。PN 结又称空间电荷区，它的内电场（N 区带正电、P 区带负电）使扩散到 PN 结附近的电子—空穴对分离，电子通过漂移运动被拉到 N 型区，空穴留在 P 型区，所以 N 型区带负电，P 型区带正电。如果光照是连续的，经短暂的时间（μs 数量级），新的平衡状态建立后，PN 结两侧就有一个稳定的光生电动势输出。光电池的连接电路及等效电路如图 8-23 所示。

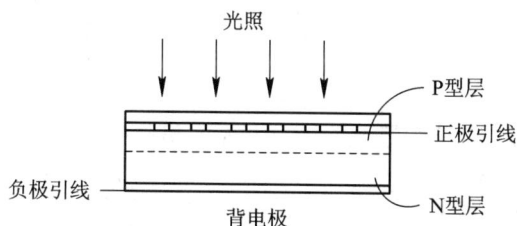

图 8-22　光电池的结构示意图

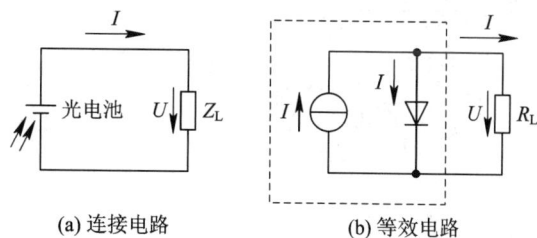

(a) 连接电路　　(b) 等效电路

图 8-23　光电池的连接电路及等效电路

2. 光电池的基本特性

1）光照特性

图 8-24(a)、图 8-24(b) 分别表示硅光电池和硒光电池的光照特性曲线，曲线显示了光生电动势和光生电流与光照度之间的关系。由图可以看出，光生电动势即开路电压 U_{oc} 与照度 E 呈非线性关系，在照度为 2000 lx 的照射下就趋向饱和了。光电池的短路电流 I_{sc} 与照度 E 也呈线性关系，而且受照面积越大，短路电流也越大（可把光电池看成是由许多小光电池组成的）。当光电池作为探测元件时，应以电流源的形式来使用。

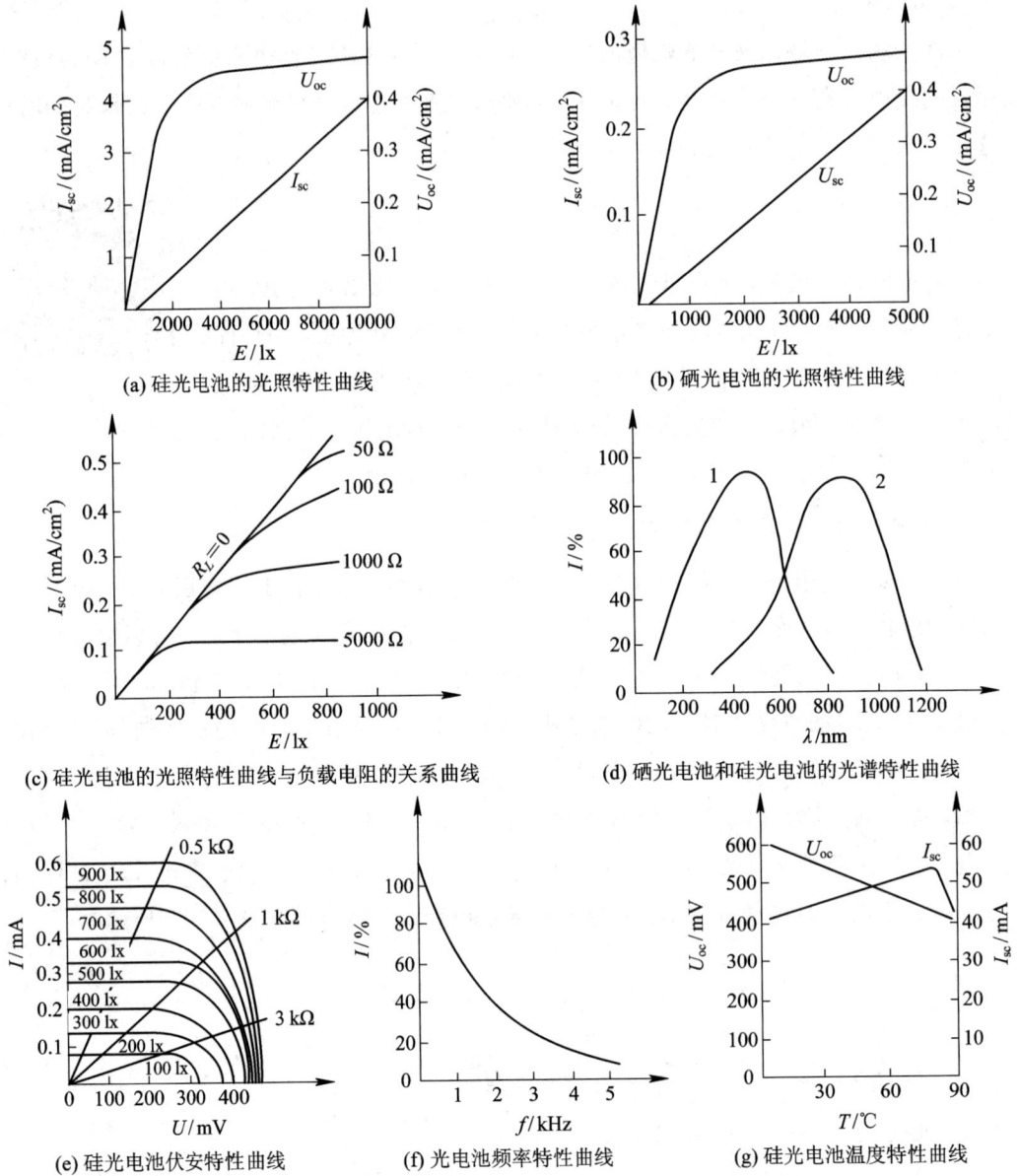

(a) 硅光电池的光照特性曲线

(b) 硒光电池的光照特性曲线

(c) 硅光电池的光照特性曲线与负载电阻的关系曲线

(d) 硒光电池和硅光电池的光谱特性曲线

(e) 硅光电池伏安特性曲线

(f) 光电池频率特性曲线

(g) 硅光电池温度特性曲线

图 8-24　光电池的光照特性曲线

　　所谓光电池的短路电流，是指外接负载电阻相对于光电池的内阻来讲很小，而光电池在不同照度时，其内阻也不同，所以在不同的照度时可用不同大小的外接负载近似地满足"短路"条件。

　　图 8-24(c)所示为硅光电池的光照特性与负载电阻的关系曲线。硒光电池也有相似类型的关系。从图 8-24(c)可看出，负载电阻 R_L 越小，光电流与照度的线性关系越好，线性范围也越广。所以光电池作为探测元件时，所用负载电阻的大小应根据照度或光强而定，当照度较大时，为保证测量数据之间有线性关系，负载电阻应较小。

2）光谱特性

光电池的光谱特性决定于其所用的材料。图 8-24(d)所示的曲线 1 和曲线 2 分别表示硒与硅光电池的光谱特性。从曲线可以看出，硒光电池在可见光谱范围内有较高的灵敏度，峰值波长在 540 nm 附近，适宜于探测可见光。如果硒光电池与适当的滤光片配合，它的光谱灵敏度与人的眼睛很接近，可用它客观地决定照度。硅光电池可以应用的光的波长范围为 400~1100 nm，峰值波长在 850 nm 附近，因此，对色温为 2854 K 的钨丝灯光源，能得到很好的光谱响应。光电池的光谱峰值位置不仅与制造光电池的材料有关，而且随使用温度的不同而有所移动。

3）伏安特性

受光面积为 1 cm² 的硅光电池的伏安特性如图 8-24(e)所示。另外图中还画出了负载电阻 R_L 分别为 0.5 kΩ、1 kΩ、3 kΩ 的负载线。

图 8-24(c)所示的光照特性与负载电阻的关系亦可用图 8-24(e)解释。负载电阻短接或很小时，负载线垂直或接近垂直，它与伏安特性的交点为等距离，电流正比于照度，数值也较大。负载电阻增大时，交点的距离不再相等，例如 3 kΩ 这条负载线与伏安特性的交点相互间距离不等，即电流不与照度呈正比。

光电池的积分灵敏度由光通量为 1 lm 所能产生的短路电流决定。硅光电池的灵敏度为 6~8 mA/m，硒光电池的灵敏度为 0.5 mA/m，因而硅光电池的灵敏度比硒光电池高。硅光电池的开路电压在 0.45~0.6 V 之间，硒光电池比硅略微高一些。

4）频率特性

频率特性是指输出电流和入射光的调制频率之间的关系，如图 8-24(f)所示。当光电池受到入射光照射时，产生电子-空穴对需要一定的时间，入射光消失，电子-空穴对的复合也需要一定的时间，因此，当入射光的调制频率太高时，光电池的输出光电流将下降。硅光电池的频率特性要好一些，工作调制频率可达数十千赫至数兆赫。而硒光电池的频率特性较差，目前已经很少使用。

5）温度特性

图 8-24(g)所示为硅光电池的开路电压 U_{oc} 和短路电流 I_{sc} 与温度 T 的关系。由图可以看出，光电池的光电压随温度变化较大，温度越高，电压越低，温度每升高 1℃，电压下降 2~3 mV，而光电流随温度变化很小。当仪器设备中的光电池作为检测元件时，应该考虑温度漂移的影响，需要采用各种温度补偿措施。

光电池在强光光照下性能比较稳定，但使用时还应该考虑光电池的工作温度和散热措施。如果硒光电池的结温超过 50℃，硅光电池的结温超过 200℃，它们的晶体结构就被破坏，造成损坏。通常硅光电池使用的结温不允许超过 125℃。

系列光电池的开路电压、短路电流、输出电流以及转换效率等参数如表 8-1 所示。

表 8-1　系列光电池的参数

型号	参量数值				
	开路电压/mV	短路电流/mA	输出电流/mA	转换效率/%	面积/mm²
IRC11	450～600	2～4	—	＞6	205×5
IRC21	−450～600	4～8	—	＞6	5×5
IRC31	450～600	9～15	6.5～8.5	6～8	5×10
IRC32	450～600	9～15	8.6～11.3	8～10	5×10
IRC33	450～600	12～15	11.4～15	10～12	5×10
IRC34	450～600	12～15	15～17.5	12 以上	5×10
IRC41	450～600	18～30	17.6～22.5	6～8	10×10
IRC42	500～600	18～30	22.5～27	8～10	10×10
IRC43	550～600	23～30	27～30	10～12	10×10
IRC44	550～600	27～30	27～35	12 以上	10×10
IRC51	450～600	36～60	35～45	6～8	10×20
IRC52	500～600	36～60	45～54	8～10	10×20
IRC53	550～600	45～60	54～60	10～12	10×20
IRC54	550～600	54～60	54～60	12 以上	10×20
IRC61	450～600	40～65	30～40	6～8	Ø17
IRC62	500～600	40～65	40～51	8～10	Ø17
IRC63	550～600	51～65	51～61	10～12	Ø17
IRC64	550～600	61～65	61～65	12 以上	Ø17
IRC76	450～600	72～120	54～120	＞6	20×20
IRC81	450～600	88～140	66～85	6～8	Ø25
IRC82	500～600	88～140	86～110	8～10	Ø25
IRC83	550～600	110～140	110～132	10～12	Ø25
IRC84	550～600	132～140	132～140	12 以上	Ø25
IRC91	450～600	18～30	13.5～40	＞6	5×20
IRC101	450～600	173～188	130～288	＞6	Ø35

注：① 测试条件：在室温 30℃，入射光辐照度 $E_e = 100$ mW/cm²，输出电压为 400 mV 下测得。

② 范围：$0.4 \sim 1.1$ μm；峰值波长：$0.8 \sim 0.9$ μm；响应时间：$10^{-6} \sim 10^{-3}$ s；使用温度 $-55 \sim 125$℃。

③ 2DR 型参量分类均与 ICR 型相同。

8.2.6 半导体光电位置敏感器件

半导体光电位置敏感器件(Position Sensitive Detector,简称 PSD)是一种对其感光平面上入射点位置敏感的器件,即当入射光点落在器件感光面的不同位置时,将对应输出不同的电信号,通过对此输出信号进行处理,即可确定入射光点在器件感光面上的位置。

1. PSD 的结构及工作原理

PSD 的基本结构仍为一 PN 结结构,其工作原理是基于横向光电效应。横向光电效应是由肯特基(Schottky)在 1930 年首先发现的。

若有一轻掺杂的 N 型半导体和一重掺杂的 P^+ 型半导体构成 P^+N 结,当内部载流子扩散和漂移达到平衡位置时,就建立了一个方向由 N 区指向 P 区的结电场。当有光照射 P^+N 结时,半导体吸收光子后激发出电子 空穴对,在结电场的作用下使空穴进入 P^+ 区,而使电子进入 N 区,从而产生了结电容,也就是一般所说的内光电效应。但是,如果入射光仅集中照射在 P^+N 结光敏面上的某一点 A 点,如图 8-25 所示,则光生电子和空穴亦将集中在 A 点。由于 P^+ 区的掺杂浓度远大于 N 区,因此,进入 P^+ 区的空穴由 A 点迅速扩散到整个 P^+ 区,即 P^+ 区可以近似地为等电位。而由于 N 区的电导率较低,进入 N 区的电子将仍集中在 A 点,从而在 P^+N 结的横向形成不平衡电势,该不平衡电势将空穴拉回了 N 区,从而在 P^+N 结横向建立了一个横向电场,这就是横向光电效应。

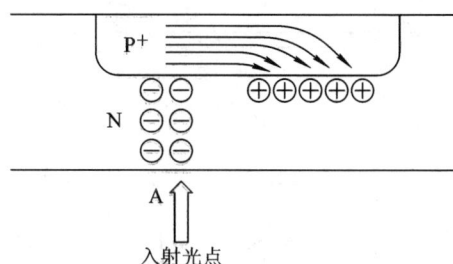

图 8-25 PSD 的横向光电效应

实用的 PSD 一般为 PIN 三层结构,其截面如图 8-26(a)所示。表面 P 层为感光层,两边各有一信号输出。底层的公共电极是用来加反偏电压的。当入射点照射到 PSD 光敏面上的某一点时,假设产生的光生电流为 I_0。由于在入射点到信号电极间存在横向电动势,若在两个信号电极上接上负载电阻,则光电流将分别流向两个信号电极,从而从信号电极上分别得到光电流 I_1 和 I_2。显然,I_1 和 I_2 之和等于总的光生电流 I_0,而 I_1 和 I_2 的分流关系取决于入射光点位置到两个信号电极间的等效电阻 R_1 和 R_2。如果 PSD 表面层的电阻是均匀的,则 PSD 的等效电路为图 8-26(b)所示的电路,由于 R_{sh} 很大,而 C_1 很小,故等效电路可简化为图 8-26(c)所示的形式,其中 R_1 和 R_2 的值取决于入射光点的位置。假设负载电阻 R_L 阻值相当于 R_1 或 R_2 的阻值,可以忽略,则

$$\frac{I_1}{I_2} = \frac{R_2}{R_1} = \frac{L-x}{L+x} \tag{8-1}$$

式中，L 为 PSD 中点到信号电极间的距离；x 为入射光点距 PSD 中点的距离。式(8-1)表明，两个信号电极的输出光电流之比为入射光点到该电极间距离之比的倒数。将 $I_0 = I_1 + I_2$ 与式(8-1)联立得

$$I_1 = I_0 \frac{L-x}{2L} \tag{8-2}$$

$$I_2 = I_0 \frac{L+x}{2L} \tag{8-3}$$

从以上两式可以看出，当入射光点位置固定时，PSD 的单个电极输出电流与入射光强度呈正比。而当入射光强度不变时，单个电极的输出电流与入射光点距 PSD 中心的距离 x 呈线性关系。若将两个信号电极的输出电流检出后作如下处理，即

$$P_x = \frac{I_2 - I_1}{I_2 + I_1} = \frac{x}{L} \tag{8-4}$$

则得到的结果只是与光点的位置坐标 x 有关，而与入射光强度无关，此时，PSD 就成为仅对入射光点位置敏感的器件。P_x 称为一维 PSD 的位置输出信号。

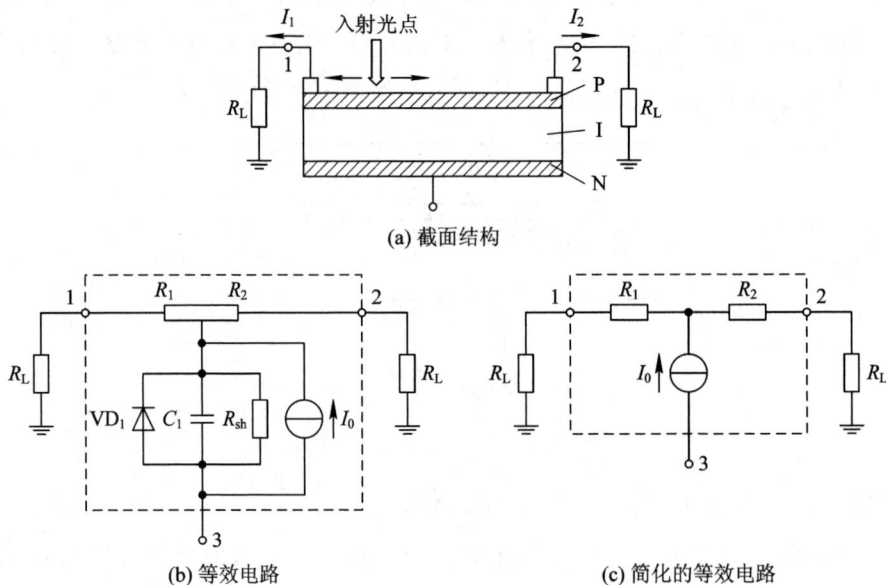

(a) 截面结构

(b) 等效电路　　　　　　　(c) 简化的等效电路

图 8-26　PSD 的结构及等效电路

2. PSD 的种类及特性

PSD 可分为一维 PSD 和二维 PSD。一维 PSD 可以测定光电的一维位置坐标，而二维 PSD 可以检测出光点的平面二维位置坐标。

1) 一维 PSD

一维 PSD 的结构及等效电路如图 8-27 所示，其中 VD_1 为理想的二极管，C_1 为结电容、

R_{sh}为并联电阻，R_P为感光层（P 层）的等效电阻。一维 PSD 的输出与入射光点位置之间的关系如图 8 - 28 所示，其中x_1、x_2分别表示两个信号电极的输出信号（光电流），x 为入射光点的位置坐标。

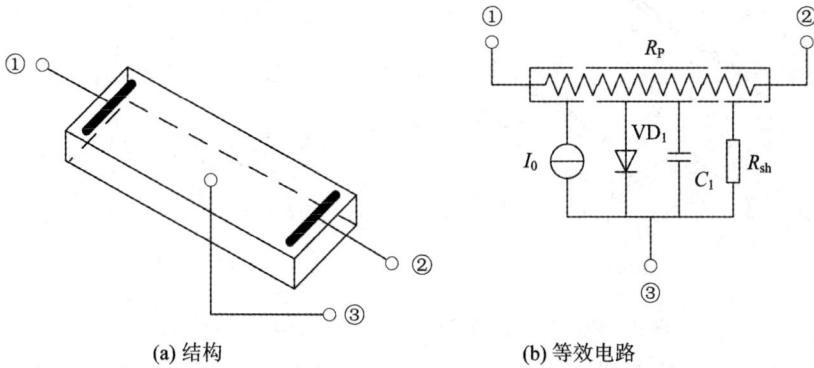

(a) 结构　　　　　　　　　　(b) 等效电路

图 8 - 27　一维 PSD 的结构及等效电路

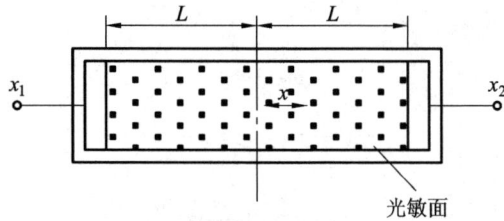

图 8 - 28　一维 PSD 输出与入射光点位置之间的关系

2）二维 PSD

二维 PSD 根据其电极结构的不同又可以分为表面分流型 PSD 和两面分流型 PSD。表面分流型二维 PSD 在感光层表面四周有两对相互垂直的电极，这两对电极在同一平面上，其结构及等效电路如图 8 - 29 所示。

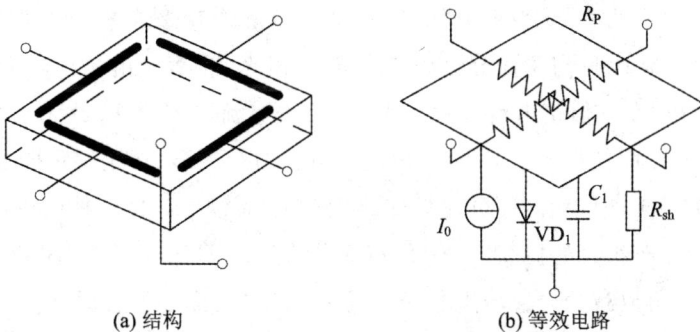

(a) 结构　　　　　　　　　　(b) 等效电路

图 8 - 29　表面分流型二维 PSD 的结构及等效电路

两面分流型 PSD 的两对相互垂直的电极分布在 PSD 的上下两侧，光电流分别在两侧分流流向两对信号电极，其结构及等效电路如图 8-30 所示。

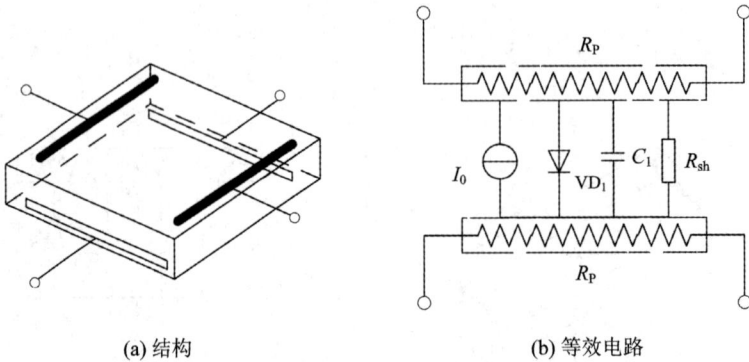

(a) 结构　　　　　(b) 等效电路

图 8-30　两面分流型二维 PSD 的结构及等效电路

图 8-31 给出了表面分流型和两面分流型二维 PSD 的输出与入射光点位置之间的关系，其中 x_1、x_2、y_1、y_2 分别为各信号电极的输出信号（光电流），(x, y) 为入射光点的位置坐标，即有

$$P_x = \frac{x_2 - x_1}{x_2 + x_1} = \frac{x}{L} \tag{8-5}$$

$$P_y = \frac{y_2 - y_1}{y_2 + y_1} = \frac{y}{L} \tag{8-6}$$

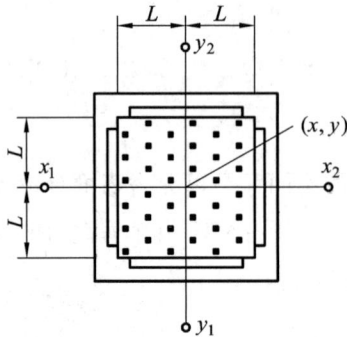

图 8-31　表面分流型和两面分流型二维 PSD 输出与入射光点位置间的关系

表面分流型二维 PSD 与两面分流型二维 PSD 相比，前者暗电流小，但位置输出非线性误差大，而后者线性好，但暗电流较大。另外，两面分流型二维 PSD 无法引出公共电极而较难加上反偏电压，而在很多情况下，PSD 工作时加以反偏电压是很重要的。

表面分流型二维 PSD 和两面分流型二维 PSD 各有缺点，另一种改进的表面分流型二维 PSD 的综合性能有很大的提高。改进的表面分流型 PSD 采用了弧形电极，信号在对角线上引出。这样不仅可以减少位置输出非线性误差，同时还保留了表面分流型二维 PSD 暗电流小、加反偏电压容易的优点。改进的表面分流型二维 PSD 的结构及等效电路如图 8-32 所示，其输出信号与光点位置之间的关系如图 8-33 所示。

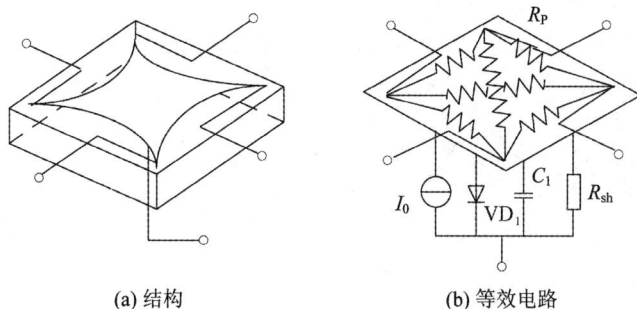

(a) 结构　　　　　　　(b) 等效电路

图 8-32　改进的表面分流型二维 PSD 的结构及等效电路

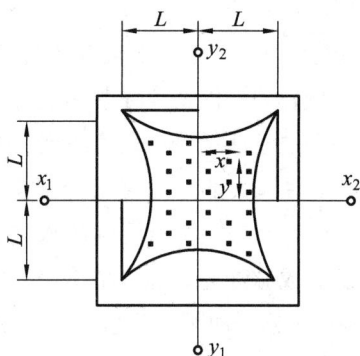

图 8-33　改进的表面分流型二维 PSD 输出信号与入射光点位置之间的关系

3. 使用情况对 PSD 性能的影响

PSD 除了固有的特性以外，使用情况及外加参数亦对其性能也有所影响。下面对这些因素做以简单的分析。

（1）入射光对 PSD 性能的影响。从理论上讲，入射光点的强度和尺寸大小对位置输出均无影响。但当入射光点强度增大时，信号电极的输出光电流亦增大，有利于提高信噪比，从而可提高 PSD 的位置分辨率。当然，入射光点强度也不能太大，以免引起 PSD 饱和。此外，在选择光源时，应尽量选用与 PSD 光谱响应有良好匹配的光源，以便充分利用光源发出的光能。

根据的 PSD 工作原理，PSD 的位置输出只与入射光点的"重心"位置有关，而与光点尺寸的大小无关，这给 PSD 的使用提供了很大的方便。但当光点位置接近有效感光面边缘时，一部分光就要落到感光面之外，使落在有效感光面内的光点的"重心"位置偏离实际光点的"重心"位置，从而会使输出产生误差。光点越靠近边缘，误差就越大。显然，入射光点的尺寸越大，边缘效应就越严重，从而缩小了 PSD 实际可使用的感光面范围。因此，尽管当入射光点全部落在 PSD 的有效感光面内时，位置输出与光点大小无关，但为了减少边缘效应，入射光点的直径应尽量小一些，尤其当 PSD 的有效感光尺寸较小时，更应注意。

（2）反偏电压对 PSD 性能的影响。与 PIN 光电二极管类似，加上反偏电压后，PSD 的感光灵敏度略有提高，并且结电容降低，这对提高 PSD 的动态频响是有利的。因此，PSD

在使用时均应加上 10 V 左右的反偏电压。

(3) 背景光的影响。通常，PSD 在使用时总存在一定强度的背景光，背景光的存在将会影响 PSD 的性能。假设背景光在两个信号电极上产生的光电流为 I'，则式(8-2)、式(8-3)就变为

$$I_1 = I_0 \frac{L-x}{2L} + I' \tag{8-7}$$

$$I_2 = I_0 \frac{L+x}{2L} + I' \tag{8-8}$$

经式(8-4)处理后得到的位置输出信号为

$$P_x = \frac{I_2 - I_1}{I_2 + I_1} = \frac{I_0}{2 I' + I_0} \frac{x}{L} \tag{8-9}$$

显然，当背景光光强发生变化时，将引起位置输出产生误差。并且，当背景光较强时，信号光电强度的变化也将影响位置输出。因此，背景光的存在对 PSD 的使用是很不利的。消除背景光影响的方法有光学法和电学法两种。光学法是在 PSD 感光面上加上一个透过波长与信号电源匹配的干涉滤波片，滤掉大部分的背景光。电学法是首先检测出信号光源灯灭时的背景光光强的大小，然后点亮光源，将检测到的输出信号减去背景光的成分，或者可以将光源以某一固定的频率调制成脉冲光，对输出信号用锁相放大器进行同步检波，滤去背景光成分，再进行式(8-4)的处理，便可得到位置输出信号。

(4) 使用环境温度的影响。环境温度上升会引起 PSD 的暗电流增大，温度每上升 1℃，暗电流就要增加 1.15 倍。暗电流的存在不仅要带来误差和噪声，而且具有类似背景光产生的不利效应。采用调制光源以及锁相放大解调的方式同样可以滤去暗电流的影响。

此外，环境温度变化对 PSD 的光谱灵敏度在长波长时亦有所影响，图 8-34 所示为光谱灵敏度随温度变化的曲线。

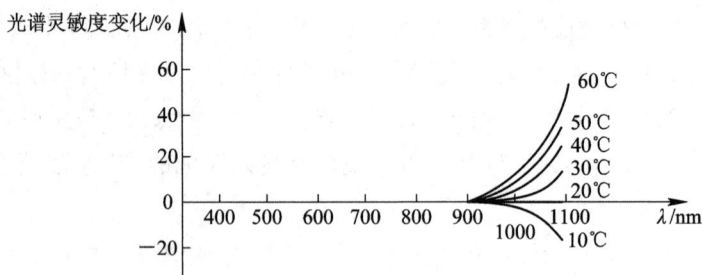

图 8-34 PSD 光谱灵敏度随温度变化曲线

4. PSD 的信号处理电路设计

图 8-35～图 8-38 给出了一维 PSD 及二维 PSD 的实用信号处理电路。每个电路都主要包括前置放大(光电流-电压转换)、加法器、减法器、除法器等几个部分。其中对于两面分流型二维 PSD，由于没有公共电极引出，反偏电压是通过底面信号电极加上去的，同时，由于两面分流型二维 PSD 暗电流较大，所以在处理电路中加入了调零电路。

如果采用脉冲调制光源，则在前置放大电路之后还需加入滤波、检波等电路。

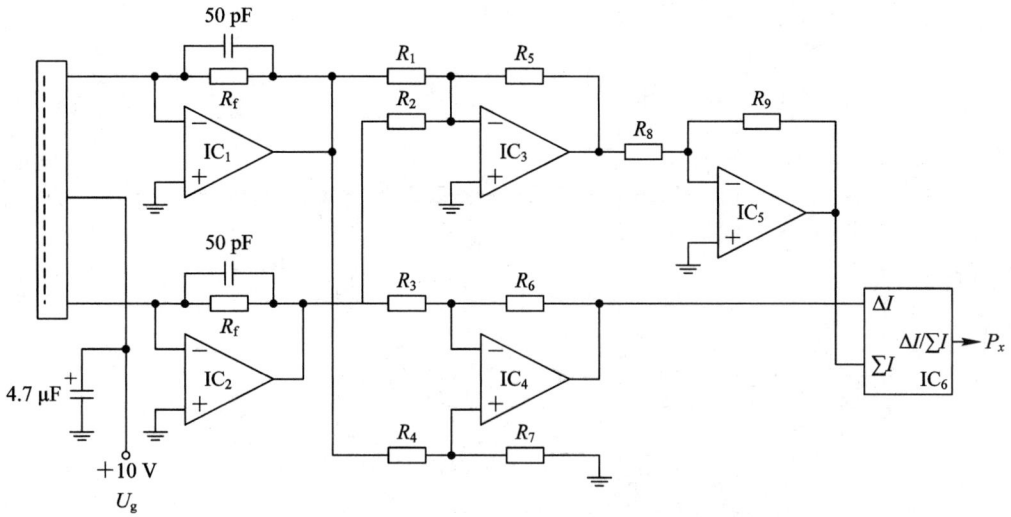

图 8 - 35 一维 PSD 的信号处理电路

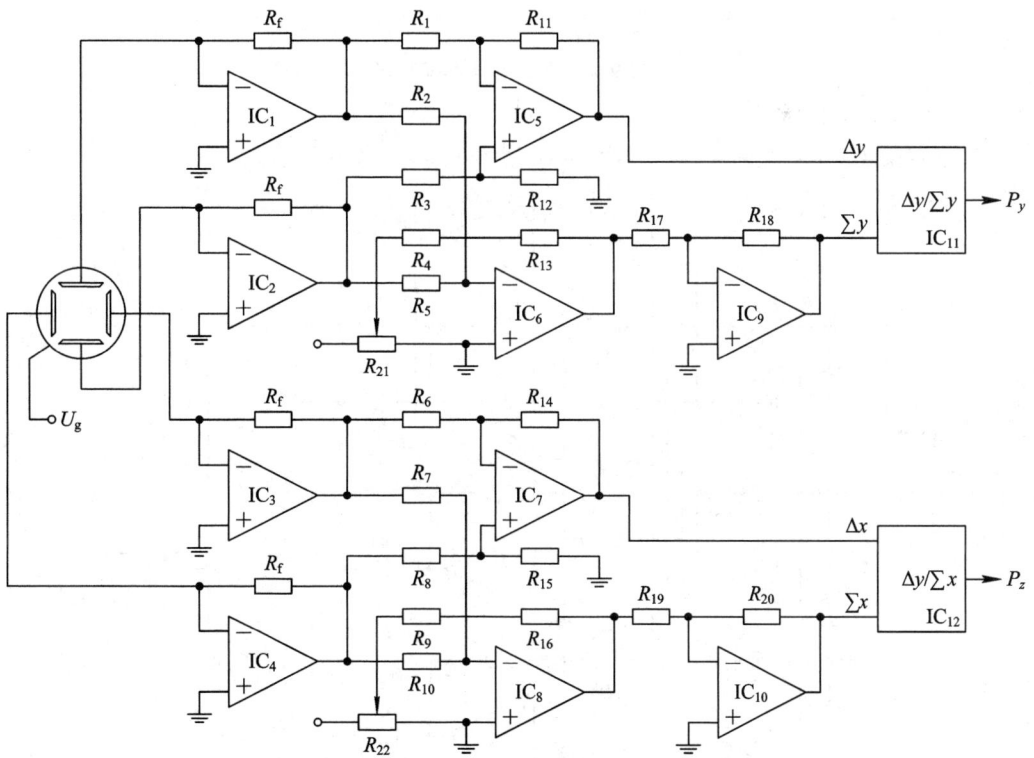

图 8 - 36 表面分流型二维 PSD 的信号处理电路

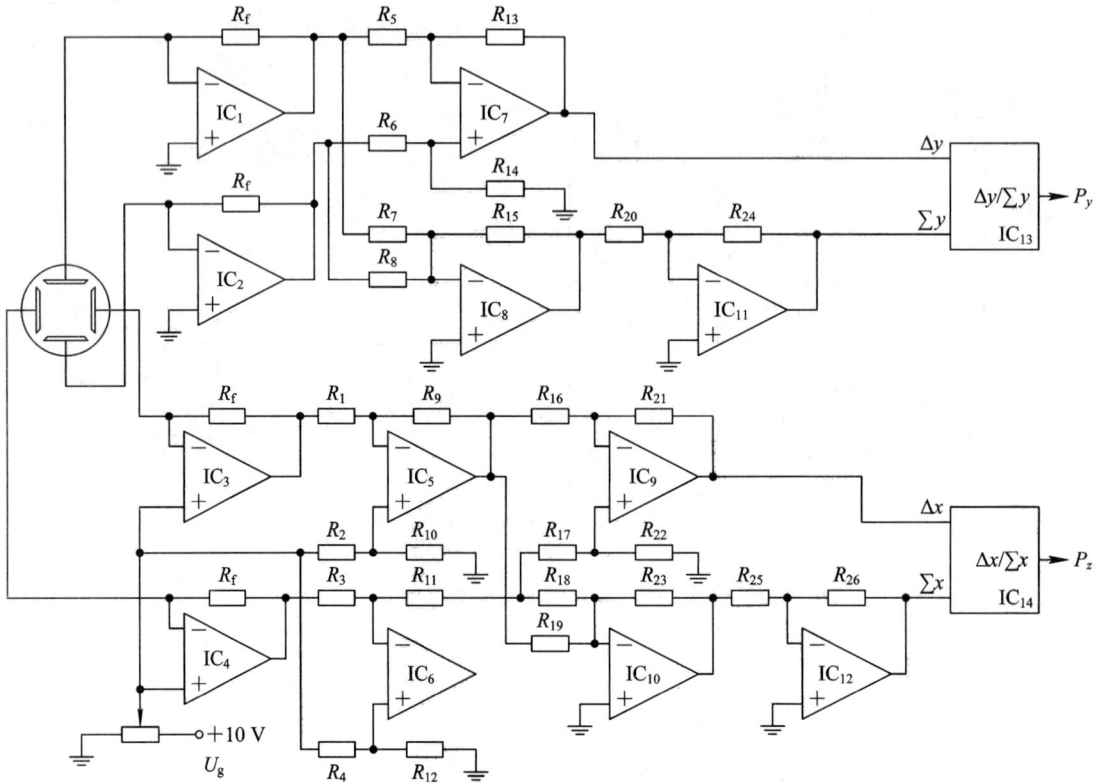

图 8-37 两面分流型二维 PSD 的信号处理电路

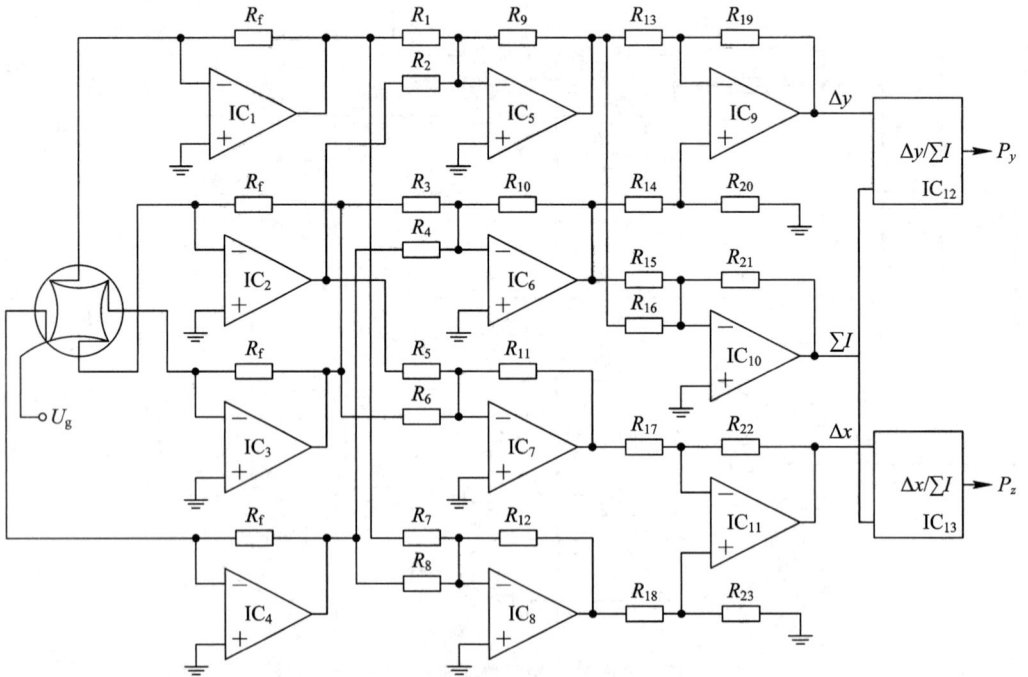

图 8-38 改进的表面分流型二维 PSD 的信号处理电路

5. PSD 的应用

由于 PSD 可以检测入射光点的位置，因此，再加上光学成像镜头后可以构成 PSD 摄像机，用于检测距离、角度等参数。尽管几乎所有的 PSD 应用场合均可由扫描型光电阵列器件如 CCD 光敏二极管阵列等取代，但与光电阵列器件相比较，PSD 具有以下特点：① 响应速度快。PSD 的响应速度一般只有几到几十微秒，比扫描型光电阵列器件的响应速度要快得多；② 位置分辨率高。扫描型光电阵列器件的分辨率受到像元尺寸的限制，而 PSD 为模拟输出，显然很容易达到更高的分辨率；③ 位置输出与光点强度及尺寸无关，只与其重心位置有关，这一特点使得在使用 PSD 时无需苛求复杂的光学聚焦系统；④ 可同时检测入射光点的强度及位置，将输出信号进行一定的运算处理后可获得位置输出信号，而将所有信号电极的输出相加后可得到与入射光强度呈正比的输出，当然光电阵列器件也可以同时完成这两个参数的检测；⑤ 信号检测方便，价格相对比光电阵列器件要便宜得多。

由于 PSD 具有上述特点，因此在许多场合得到应用。PSD 比光电阵列器件更有生命力，主要应用于以下几个方面。

1) 距离的检测

应用 PSD 进行距离的检测是利用了光学三角测距的原理。如图 8-39 所示，光源发出的光经透镜 L_1 聚焦后投射向待测物体，反射光由透镜聚 L_2 焦到一维 PSD 上。若透镜 L_1 和 L_2 的中心距离为 b，透镜 L_2 到 PSD 表面之间的距离（即透镜 L_2 的焦距）为 f，聚焦在 PSD 表面的光点距离透镜 L_2 中心的距离为 x，则根据相似三角形的性质，待测距离 D 为

$$D = \frac{bf}{x} \tag{8-10}$$

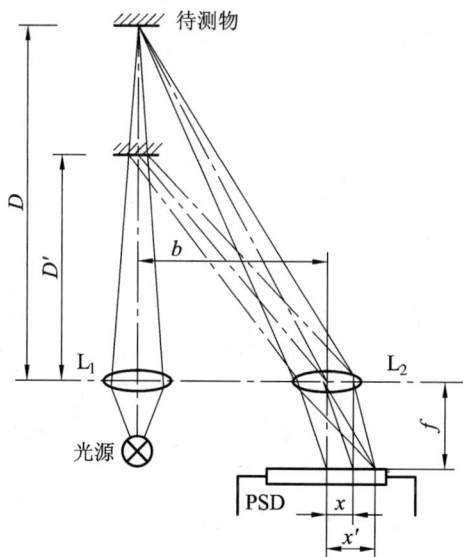

图 8-39　PSD 测距原理

因此，只要由 PSD 测出光点位置坐标 x 值，即可测出待测物体的距离。

通常，为了减少待测物体表面倾斜等因素引起的误差，实际的 PSD 测距系统往往在光源的两边对称放置两个一维 PSD。但这样的系统有一个缺点，即当待测距离变化范围很小时，x 的变化亦很小。为了保证系统的检测灵敏度和分辨率，必须加大 PSD 和光源之间的距离 b，这样会使探头结构尺寸加大。为了缩小探头的体积，可采用图 8-40 所示的结构。

即在透镜前加一圆筒形反射镜面，从待测物体表面反射回来的光经圆筒反射镜反射后仍由透镜成像到光源两侧的两个 PSD 上。如果没有圆筒反射镜，则反射光将成像在虚线所示的 PSD'_2 处。显然，加上圆筒形反射镜后，探头的尺寸大为减少。但这种结构有一个缺点，即光源发出的光有一部分经反射镜面和透镜散射后会直接射向 PSD，从而造成较大的背景光，影响了检测精度。

另一种小型化的探头结构是采用组合透镜系统，如图 8 - 41 所示。这种结构在尺寸上比图 8 - 40 的结构要大一些，但检测精度较之提高。

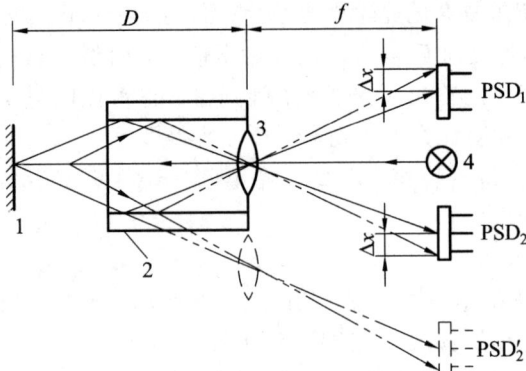

1—待侧体；2—圆筒反射镜；3—透镜；4—光源。

图 8 - 40　加上圆筒反射镜的小型 PSD 测距原理

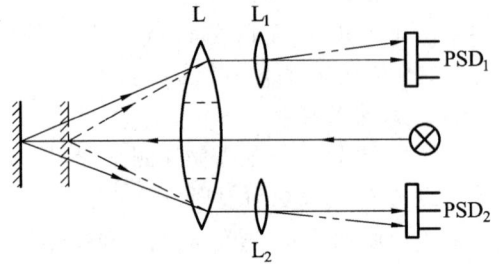

图 8 - 41　利用具有组合透镜的 PSD 测距原理

PSD 构成的距离测量系统具有非接触、测量范围较大、响应速度较快、精度高等优点，它可以广泛地应用于位移、物体表面移动、物体厚度等参数的检测。图 8 - 42 给出了几个典型的 PSD 应用例子。

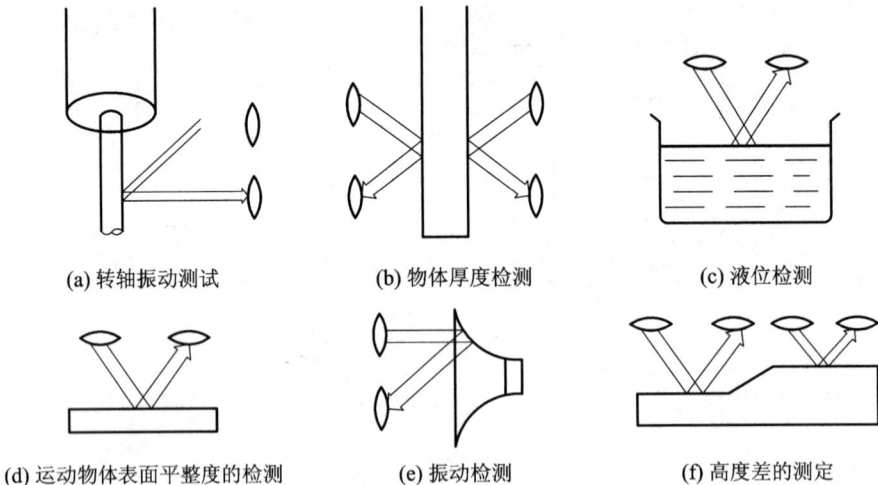

(a) 转轴振动测试　　　　　　　(b) 物体厚度检测　　　　　　　(c) 液位检测

(d) 运动物体表面平整度的检测　　(e) 振动检测　　　　　　(f) 高度差的测定

图 8 - 42　PSD 测距应用例子

2) 角位移的检测

利用一维 PSD 可以构成角位移传感器，图 8 - 43 所示为 PSD 角位移传感器的结构图。感受角位移的转轴与一不透光的圆柱形套筒相连，套筒内部装有垂直放置的长条形光源。套筒壁上开有螺旋形的狭槽，套筒外面装有垂直装置的 PSD。套筒内的光透过狭槽成为光点照射到 PSD 上，当转轴带动套筒旋转时，透过狭槽缝口射到 PSD 上的光点沿垂直方向移动，由 PSD 检测出光点的移动距离及方向即可检测出角位移的大小和方向。PSD 角位移传感器具有结构简单、响应速度高等优点。

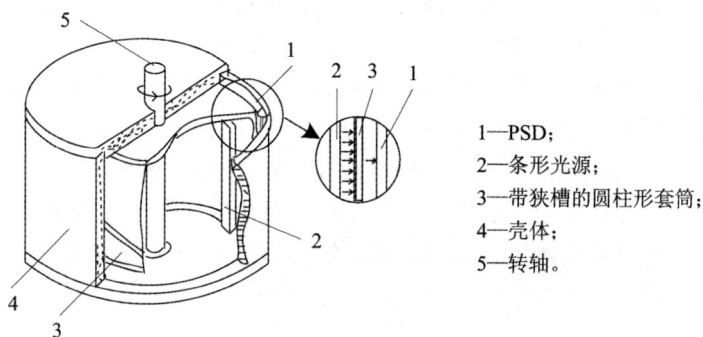

1—PSD；
2—条形光源；
3—带狭槽的圆柱形套筒；
4—壳体；
5—转轴。

图 8 - 43　PSD 角位移传感器的结构图

3）液体浓度的测量

不同浓度的液体具有不同的折射率，利用该原理可以制成液体浓度的测量系统。图 8 - 44 所示为采用 PSD 的海水盐分浓度检测系统。光源发出的 0.85 μm 的红外线经光纤导向观察室，再经过盛有标准参比溶液的光室后由反射镜、物镜聚焦到 PSD 表面。当待测海水盐分浓度发生变化时，其折射率与标准参比溶液的折射率差发生变化，从而使透过光室的光线发生偏转，用 PSD 测出这一偏移量，便可测出海水盐分的浓度。该系统测量范围为 0～0.4%，精度±0.2%。

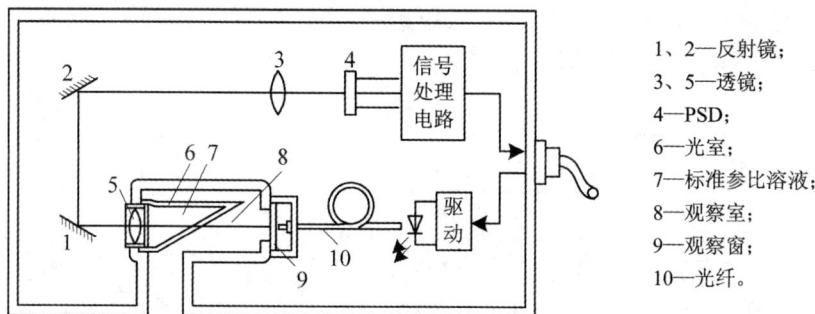

1、2—反射镜；
3、5—透镜；
4—PSD；
6—光室；
7—标准参比溶液；
8—观察室；
9—观察窗；
10—光纤。

图 8 - 44　海水盐分浓度检测系统

8.2.7　红外传感器

凡是存在于自然界的物体，例如人体、火焰，甚至于冰都会放射出红外线，只是它们发射的红外线的波长不同而已。人体的温度为 36～37℃，所放射的红外线波长为 9～10 μm（属于远红外线区）；加热到 400～700℃的物体，其放射出的红外线波长为 3～5 μm（属于中红外线区）。红外线传感器可以检测到物体发射出的红外线，可用于测量、成像或控制。

1. 红外光基础知识

任何物体在开氏温度零度以上都能产生热辐射。温度较低时，辐射的是不可见的红外光，随着温度的升高，波长短的光开始丰富起来。温度升高到 500℃时，开始辐射一部分暗红色的光。从 500℃到 1500℃，辐射光颜色逐次为红色→橙色→黄色→蓝色→白色。也就是说，在 1500℃时的热辐射中已包含了从几十微米到 0.4 μm 甚至更短波长的连续光谱。如果温度再升高，如达到 5500℃时，辐射光谱的上限已超过蓝色、紫色，进入紫外线区域。因此，测量光的颜色以及辐射强度，可粗略判定物体的温度。

红外光是比可见光波段中最长的红光的波长还要长，介于红光与无线电波微波之间的电磁波，其波长范围在 $7 \times 10^{-7} \sim 1$ mm 之间。太阳光和物体的热辐射都包括红外辐射。红外光的最大特点就是具有光热效应，能辐射热量，它是光谱中的最大光热效应区。红外光与所有电磁波一样，具有反射、折射、干涉、吸收等性质。红外光在介质中传播会产生衰减，红外光在金属中传播衰减很大，但红外光能透过大部分半导体和一些塑料，大部分液体对红外光吸收非常大。气体对它的吸收程度各不相同，大气层对不同波长的红外光存在不同的吸收带。

2. 红外传感器的应用

红外自动干手器是 1 个用 6 个反相器 CD4096 组成的红外控制电路，如图 8-45 所示。反相器 F_1、F_2，晶体管 VT_1 及红外发射二极管 VL_1 等组成红外光脉冲信号发射电路。红外光敏二极管 VD_2 及后续电路组成红外光脉冲的接收、放大、整形、滤波及开关电路。当将手放在干手器的下方 10~15 cm 处时，由红外发射二极管 VL_1 发射的红外光线经人手反射后被红外光敏二极管 VD_2 接收并转换成脉冲电压信号，经 VT_2、VT_3 放大，再经反相器 F_3、F_4 整形，并通过 VD_3 向 C_6 充电变为高电平，经反相器 F_5 变为低电平，使 VT_4 导通，继电器 KM 得电工作，触点 KM_1 闭合接通电热风机，让风吹向手部。与此同时，红外发射二极管 VL_5 也点亮，作为干手器工作显示。为防止人手晃动偏离红外光线而使电路不能连续工作，由 VD_3、R_{12}、C_6 组成延时关机电路。C_6 通过 R_{12} 放电需一段时间，在手晃动时仍保持高电平，使干手器吹热风工作状态不变，延迟时间为 3 s。

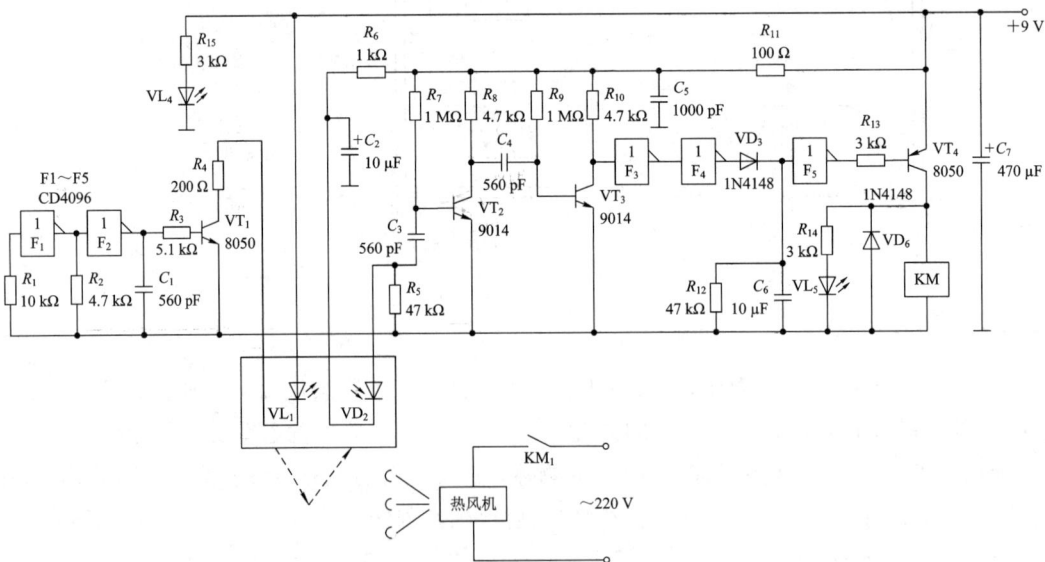

图 8-45　红外自动干手器电路

📖 **读一读**

国际顶级学术期刊《自然》发表了我国科学家在下一代光电芯片制造领域的重大突破。南京大学的科研团队，发明了一种新型"非互易飞秒激光极化铁电畴"技术，将飞秒脉冲激光聚焦于材料"铌酸锂"的晶体内部，通过控制激光移动的方向，在晶体内部形成有效电场，实现三维结构的直写和擦除。这一新技术，突破了传统飞秒激光的光衍射极限，把光雕刻铌酸锂三维结构的尺寸，从传统的 $1\ \mu m$ 量级（相当于头发丝的五十分之一），首次缩小到纳米级，达到 $30\ nm$，大大提高了加工精度。这一重大发明，未来或可开辟光电芯片制造新赛道，有望用于光电调制器、声学滤波器、非易失铁电存储器等关键光电器件芯片制备，在 5G/6G 通信、光计算、人工智能等领域有广泛的应用前景。

8.3　光源及光学元件

1. 白炽灯

白炽灯是利用电能将灯丝加热至白炽而发光，其辐射的光谱是连续的，除可见光外，同时还辐射大量的红外线和少量的紫外线。

2. 发光二极管

发光二极管(Light Emitting Diode，LED)是一种由半导体 PN 结构成的能将电能转换成光能的半导体器件。

特点：工作电压低($1\sim3\ V$)，工作电流小(小于 $40\ mA$)，响应快(一般为 $10^{-9}\sim10^{-6}\ s$)，体积小，重量轻，坚固，耐震，寿命长，比普通光源单色性好等，广泛用来作为微型光源和显示器件。

发光机理：由于载流子的扩散作用，在半导体 PN 结处形成势垒，从而抑制空穴和电子的继续扩散。当 PN 结上加有正向电压时，势垒降低，电子由 N 区迁移到 P 区，空穴由 P 区迁移到 N 区。迁移到 P 区的电子与 P 区的空穴复合，迁移到 N 区的空穴与 N 区的电子复合，这种复合同时伴随着以光子的形式释放能量，因而在 PN 结处有发光现象。

除以上两种光源外，还有气体放电灯、激光器等光源。

在光电式传感器中，必须采用一定数量的光学元件，并按照一些光学定律和原理构成各种各样的光路。常用的光学元件有各种反射镜、透镜等。

8.4　光电传感器的应用

光电传感器由光源、光学元件和光电元件组成。在设计应用中，要特别注意光电元件与光源的光谱特性匹配问题。

光电传感器的应用

1. 模拟光电传感器

模拟光电传感器将被测量转换成连续变化的电信号，这种电信号与被测量间呈单值对应关系。主要有以下 4 种基本应用形式，如图 8-46 所示。

（1）吸收式模拟光电传感器。被测物体置于光路中，恒光源发出的光穿过被测物，部分被吸收后剩余的透射光投射到光电元件上，如图 8-46(a)所示。透射光强度决定被测物对光的吸收程度，而吸收的光通量与被测物透明度有关，如用来测量液体、气体的透明度和浑浊度的光电比色计。

（2）反射式模拟光电传感器。恒光源发出的光投射到被测物上，再从被测物体表面反射后投射到光电元件上，如 8-46(b)所示。反射光通量取决于反射表面的性质、状态及其与光源间的距离。利用此原理可制成表面光洁度、粗糙度和位移测试仪等。

（3）遮光式模拟光电传感器。光源发出的光经被测物遮去其中一部分，使投射到光电元件上的光通量改变，其变化程度与被测物在光路中的位置有关，如图 8-46(c)所示。这种模拟光电传感器可用于测量物体的尺寸、位置、振动、位移等。

（4）辐射式模拟光电传感器。被测物本身就是光辐射源，所发射的光射向光电元件，也可经过一定光路后作用到光电元件上，如图 8-46(d)所示。这种模拟光电传感器可用于光电比色高温计中。

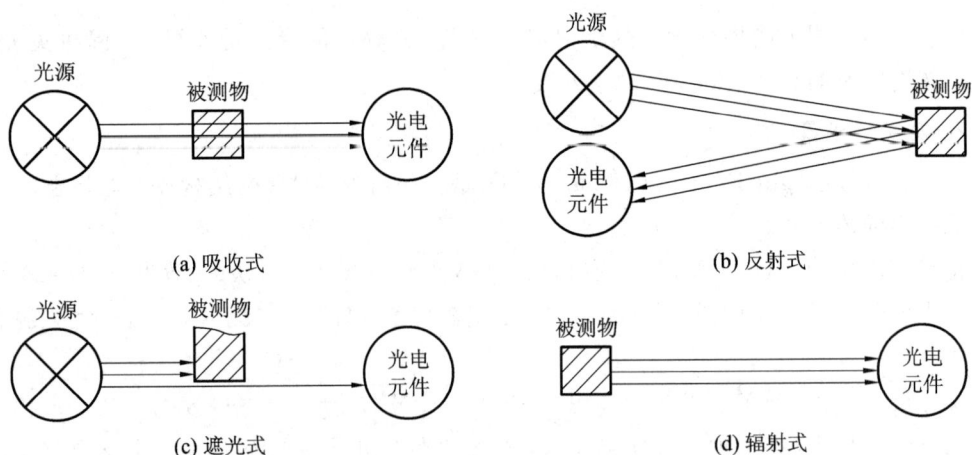

图 8-46 模拟光电传感器的应用方式

2. 脉冲式光电传感器

脉冲式光电传感器的应用方式是光电元件的输出仅有两种稳定状态，即"通"和"断"的开关状态，称为光电元件的开关应用状态。这种形式的光电传感器主要用于光电式转速表、光电计数器、光电继电器等。

3. 应用实例

1）光电式带材跑偏仪

图 8-47 所示是光电式带材跑偏仪的原理图及测量电路，其主要由边缘位置传感器、测量电路和放大器等组成。它是用于冷轧带钢生产过程中控制带钢运动途径的一种自动控制装置。

从图 8-47 可以看出，光源发出的光经过透镜 2 汇聚成平行光束后，再经透镜 3 汇聚入射到光敏电阻 R_1 上，透镜 2 和透镜 3 分别安置在带材相关位置的上方、下方，在平行光束到达透镜 3 的途中,将有部分光线被带材遮挡,从而使光敏电阻受照的光通量减少。R_1 和 R_2 是同型号的光敏电阻,R_1 作为测量元件安置在带材下方,R_2 作为温度补偿元件将其用遮光罩覆盖,$R_1 \sim R_4$ 组成一个电桥电路,当带材处于中间位置时,通过预调电桥平衡,使放大器输出电压U_o为零。如果带材在运送过程中出现左偏,则遮光面积减小,光敏电阻的光照增加,阻值变小,电桥失衡,放大器输出电压U_o为负值;若带材在运送过程中出现右偏,则遮光面积增大,光敏电阻的光照减弱,阻值变大,电桥失衡,放大器输出电压U_o为正值。输出电压U_o的正负及大小反映了带材走偏的方向及大小。另外,输出电压U_o由显示器显示,纠偏控制系统作为驱动执行机构产生纠偏动作控制信号,这里图 8-47 没有画出。

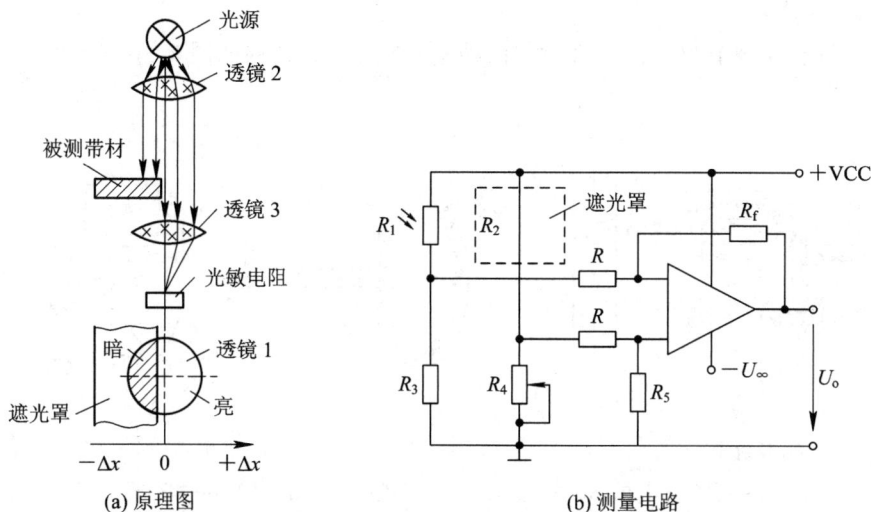

图 8-47　光电式带材跑偏仪的原理图及测量电路

带材边缘位置检测选用遮光式光电传感器,其测量电路如图 8-48 所示,光电三极管(3DU12)接在测量电桥的一个桥臂上。带材跑偏引起的光通量变化如图 8-39 所示。采用角矩阵反射器能满足在安装精度不高、工作环境有振动场合中使用,原理如图 8-50 所示。

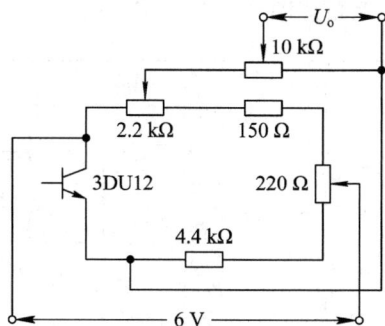

图 8-48　测量电路

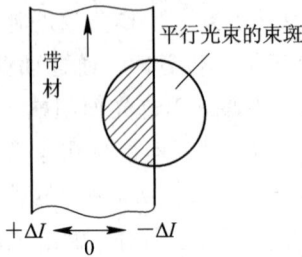

图 8 - 49 带材跑偏引起的光通量变化

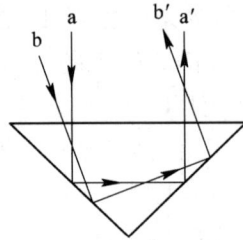

图 8 - 50 角矩阵反射器原理

2）光电转速计

光电转速计主要有反射式和直射式两种基本类型，其结构如图 8 - 51 所示。

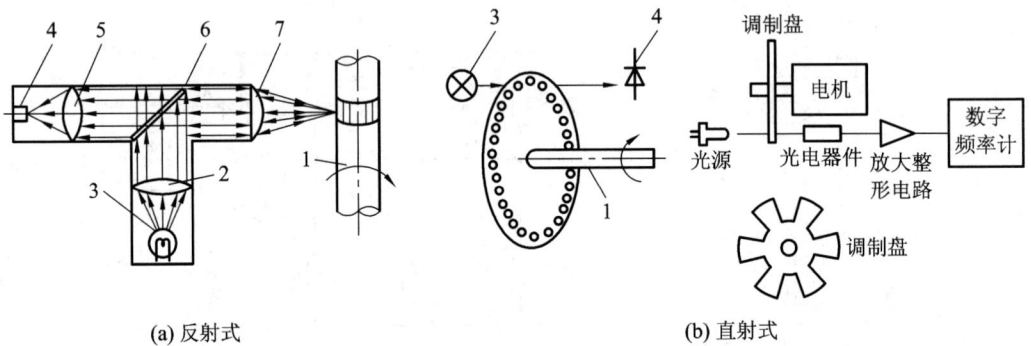

(a) 反射式

(b) 直射式

1—被测物体；2、5、7—透镜；3—半透膜片；4—光电管；6—半透膜。

图 8 - 51 光电转速计结构图

为了提高光电转速计转速测量的分辨率，可采用机械细分技术，使转动体每转动 1 周有多个(Z)反射光信号或透射光信号。

若直射式光电转速计调制盘上的孔（或齿）数为 Z（或反射型转轴上的反射体数为 Z），测量电路计数时间为 $T(\text{s})$，被测转速为 $n(\text{r/min})$，则计数值为 $N = nZT/60$。

为了使计数值 N 能直接读出转速 n 值，一般取 $ZT = 60 \times 10^m$ （$m = 0，1，2，\cdots$）。

光电转速计的光电脉转换电路如图 8 - 52 所示。

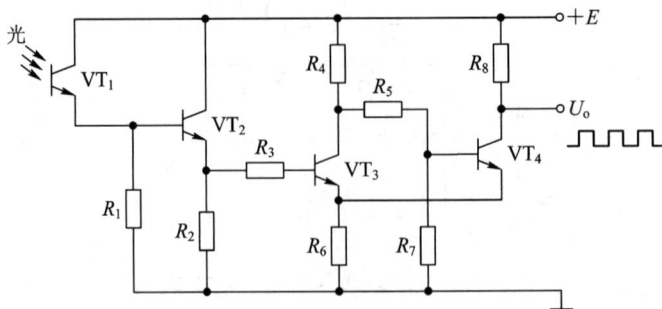

图 8 - 52 光电脉冲转换电路

3）光电池

利用光电池的光电特性、光谱特性、频率特性和温度特性等，通过基本光电转换电路与其他电子线路组合，可实现自动检测和自动控制的目的。光电池应用的几种基本电路及路灯自动控制器分别如图 8-53、8-54 所示。

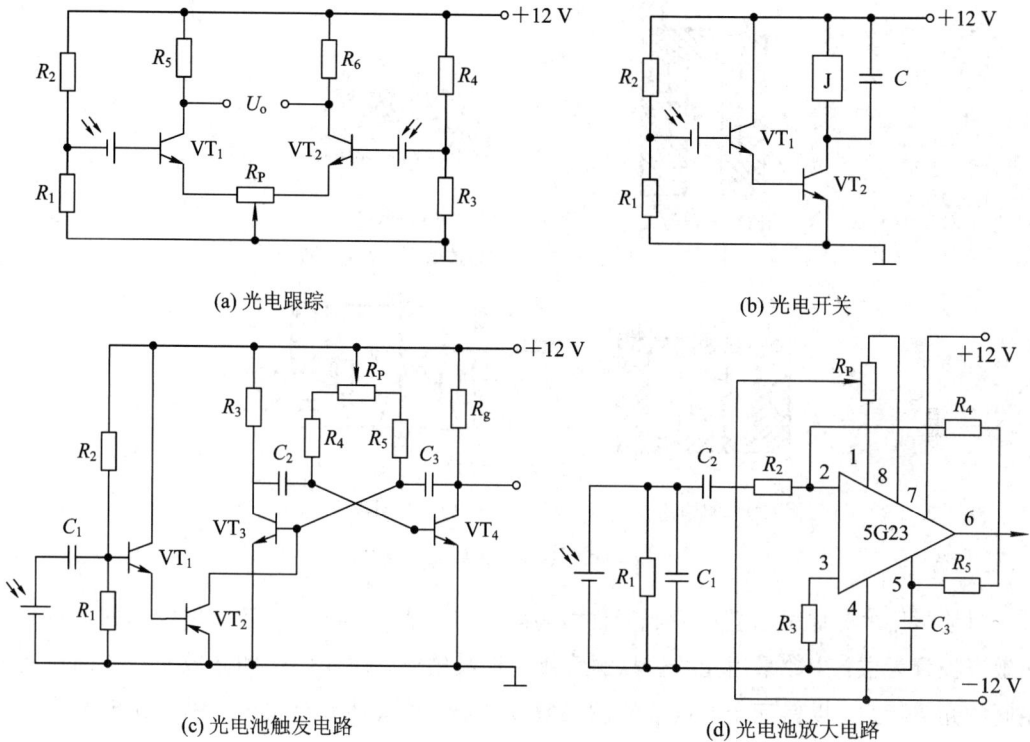

(a) 光电跟踪

(b) 光电开关

(c) 光电池触发电路

(d) 光电池放大电路

图 8-53　光电池应用的几种基本电路

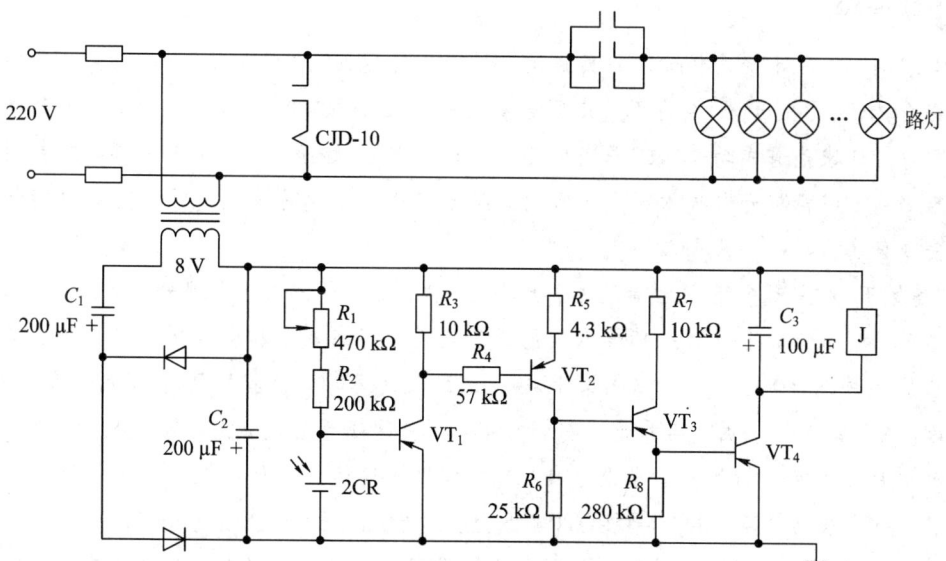

图 8-54　路灯自动控制器

4. 光电耦合器

将发光器件与光电元件集成在一起便构成光电耦合器,其结构如图 8 - 55 所示。

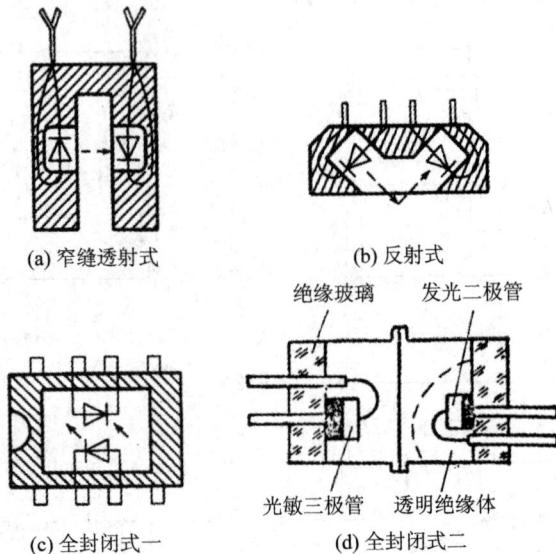

(a) 窄缝透射式　　　　　　　(b) 反射式

(c) 全封闭式一　　　　　　　(d) 全封闭式二

图 8 - 55　光电耦合器典型结构

目前常用的光电耦合器的发光元件多为发光二极管(LED),光敏元件以光敏二极管和光敏三极管为主,少数采用光敏达林顿管或光控晶闸管。发光元件和光敏元件之间应具有相同的光谱特性,以保证光电耦合器的灵敏度最高。若要防止环境光干扰,光电耦合器应选用红外波段发光元件和光敏元件。

📖 读一读

2020 年 12 月 6 日,中国首个实施无人月面取样返回的"嫦娥五号"月球探测器的着陆上升组合体(简称上升器)在月面选定区域着陆并完成了月球样品采集工作后,上升器经月面起飞,在月球轨道成功与轨道器实现交会对接,这是"嫦娥五号"月球探测器的首创性任务环节之一。中科院光电技术研究所研制的激光雷达在本次月球轨道无人交会对接任务中圆满完成任务。

"嫦娥五号"月球探测器由着陆器、上升器、轨道器、返回器 4 个部分组成。月球探测器在月球采样完成后,上升器携带样本经历垂直上升、姿态调整和轨道射入 3 个阶段,进入到相应的环月飞行轨道,采集的样本需要被送到轨道器中,这就需要与轨道器实现对接。在 38 万公里外的月球轨道实施无人交会对接,在我国属于首次,操控难度极大。另外,此次上升器月面返回发射的窗口期很短,上升器和轨道返回组合体(返回器)要精准考虑测控需求、光照需求以及姿态控制要求,以确保交会对接的顺利完成。

中科院光电技术研究所研制的激光雷达敏感器,在中近距离自动捕获上升器,实现对上升器的激光精密跟踪,完成上升器相对轨道器的位置和姿态高精度测量,并将轨道器和上升器的相对距离、距离变化率、相对姿态角度、角度变化率等信息实时地传送给轨道器控制器,帮助轨道器不断调整姿态,与上升器靠近并最终实现精准对接,圆满完成本次月球轨道无人交会对接任务。20余年来,我国致力于空间光电精密测量技术发展,让我国在空间交会对接测量激光雷达和天文导航等方面均具备了坚实的研究基础和优势。

任务实施

任务九　基于光电传感器的倒车雷达的设计与制作

(一)任务描述

本红外倒车雷达具有电路结构简单、成本低、电路工作稳定的特点,广泛应用于各种测距场合。电路使用红外发射管和红外接收管作为传感器件,电路的核心元件包括 NE555 和运放 LM324。NE555 构成多谐振振荡电路发射红外波信号,LM324 主要用来放大红外接收信号和构成电压比较器电路,发光二极管用来指示倒车距离范围。

(二)实施步骤

1. 电路核心元件介绍

红外发射管也称红外线发射二极管,属于二极管类。它是可以将电能直接转换成近红外光(不可见光)并能辐射出去的发光器件,主要应用于各种光电开关及遥控发射电路中。红外发射管的结构、原理与普通发光二极管相近,只是使用的半导体材料不同。

红外接收管实现将光信号(不可见光)转换成电信号,一般是接收、放大、解调一体完成。红外信号经接收管解调后,数据"0"和"1"的区别通常体现在高低电平的时间长短或信号周期上。单片机解码时,通常将红外接收管的输出脚连接到单片机的外部中断,结合定时器判断外部中断间隔的时间从而获取数据。红外接收管工作原理的重点是找到数据"0"与"1"间的波形差别。

集成电路 NE555 电路是一种模拟电路和数字电路相结合的中规模集成器件,它性能优良,适用范围很广,外部加接少量的阻容元件可以很方便地组成单稳态触发器和多谐振荡器,并且不需外接元器件就可组成施密特触发器。

2. 电路设计

红外倒车雷达由多谐振荡电路、红外信号发射与接收电路、红外信号放大及电压比较电路构成。红外倒车雷达原理图如图 8-56 所示。

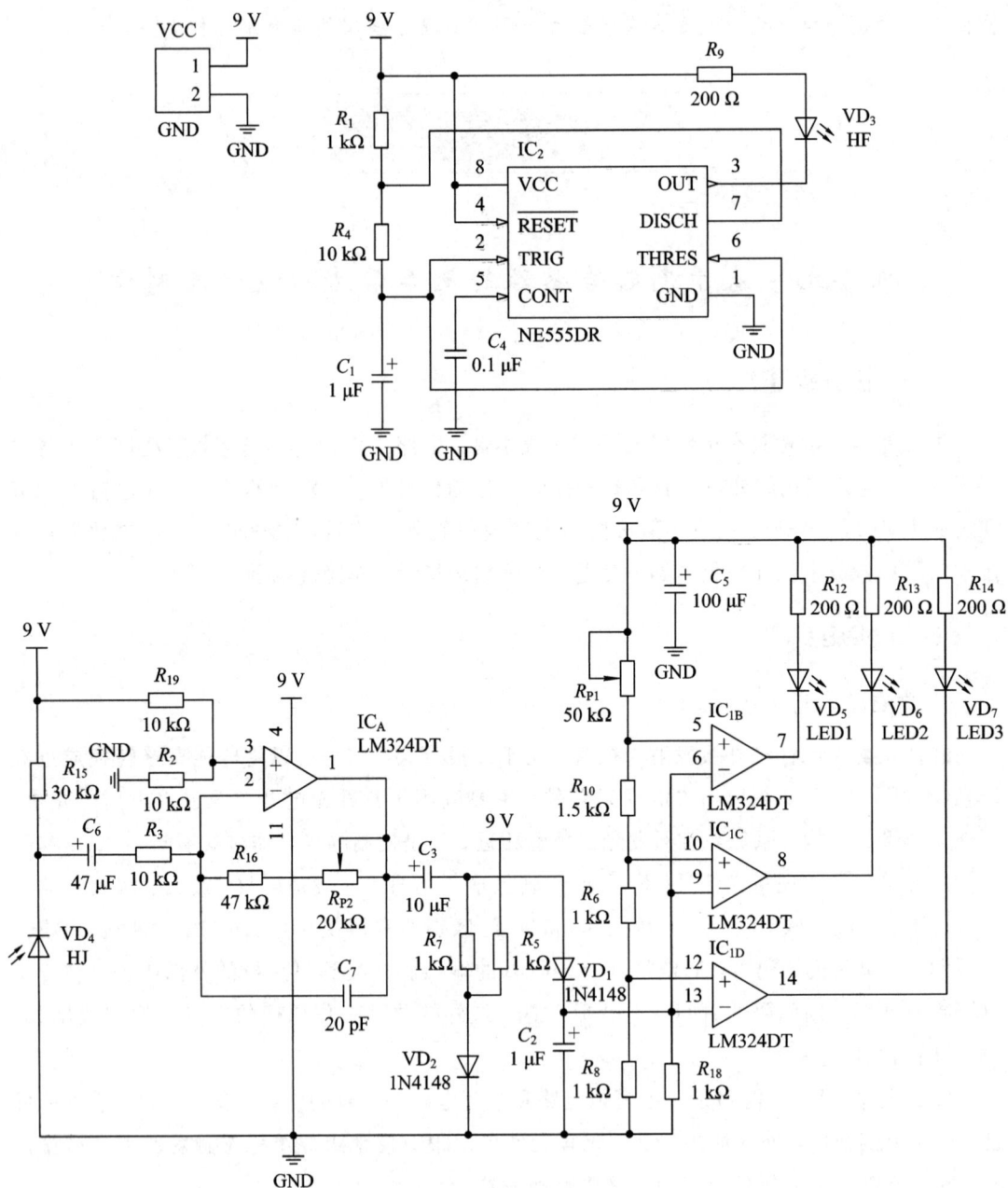

图 8-56 红外倒车雷达原理图

振荡电路NE555与周围元件组成多谐振荡器,产生红外信号,经IC_2第3脚输出并驱动红外发射管HF发射红外信号。该信号经前方遮挡物反射后由红外接收管HJ接收,并送至IC_A及周围元件组成的放大电路进行信号放大,放大后的信号经IC_A的第1脚输出,再经C_3耦合,VD_1和VD_2整流滤波后送至IC_{1B}、IC_{1C}、IC_{1D}的反相输入端,分别与相应的同相输入端电压进行比较,当反相输入端电压高于同相输入端电压时,其输出为低电平,从而使与输出连接的发光二极管LED点亮,实现LED1～LED3指示距离远近的效果。

3. 红外倒车雷达电路安装

1)电阻、电容元器件检测

电阻、电容元器件检测的主要目的是确保实际使用的元件的数值与所设计电路中元器件的数值保持一致,防止由于元器件的数值误差过大导致电路功能失效。元器件检测表如表8-2所示。

表8-2　电阻、电容元器件检测表

元件序号	元件名称	标称值(含误差)	测量值(测量挡位)
R_2			
R_3			
C_1			
C_2			

2)二极管元器件检测

所需二极管元器件及检测项目如表8-3所示。

表8-3　二极管元器件检测表

元器件名称	检测项目			
	画出原理图符号并标出引脚极性	正向电阻($R×1$ k)	反向电阻($R×1$ k)	性能判别(优/劣)
二极管 1N4148				
发光二极管				
红外发射管				

3）电路安装工艺要求

电路安装、元件焊接应严格按照元器件清单表进行。元件安装、焊接应遵照从小到大，从低到高的原则来进行。电阻元件较多，电阻插装焊接时，要注意区别不同阻值的电阻，不要相互混淆，色环朝向保持一致，紧贴电路板插装焊接。有极性元件（如电解电容）焊接前应先判断极性，确认无误后再焊接。红外发射管、红外接收管在焊接前应先判断其极性，确认无误后再焊接。双列直插式集成块应先焊接底座，再安装集成块。

4）电路调试测量

电路安装完成，检查电路安装无误后，接通 9 V 电源，观察电路有无异样（如元器件是否发热等）。电路完成的最终效果是当传感器上方遮挡物在不同距离时，点亮的发光二极管数量不同，距离越近时，发光二极管点亮的越多，无遮挡物时则不亮。电路各点电压测量数据记录在表 8−4 中，测量波形记录在表 8−5 中。

表 8−4　各点电压测量表

测量条件	测　量　点					
	IC1⒀脚	IC1⑸脚	IC1⑽脚	IC1⑺脚	IC1⑻脚	IC1⒁脚
LED 全灭						
LED3 亮						
LED2、LED3 亮						
LED 全亮						

表 8−5　波　形　测　量　表

发红发射信号（IC2 的③脚）	数　据	
	周期	测量挡位
	幅值	测量挡位

考核评价

完成本项目任务后，老师根据各个学生或小组制作的电路系统进行标准测试，按照表 8−6 所示项目考核评分细则进行打分。

表 8 - 6　项目考核评分细则

评 价 内 容		配分	考 核 标 准	得分
职业素养与 操作规范 （50分）	系统设计	50	（1）任务分析不正确，扣2分； （2）设计方案不准确，扣2分； （3）元器件选择不正确，扣2分； （4）电路原理分析不正确，扣5分	
作品 （50分）	工艺	20	（1）导线零乱，不规范，扣5分； （2）有脱焊、漏焊、裂纹、拉尖、多锡、少锡、针孔、吹孔、空洞、焊盘剥离等，扣0.5分/处； （3）有开路/短路、锡球、锡溅、锡桥，扣0.5分/处； （4）元器件有扭曲、倾斜、移位、管脚共面性差等，扣0.5分/处； （5）有元器件、焊盘或印制板损伤，扣0.5分/处	
	功能	20	产品基本功能应完好，每缺失一项功能，扣5分；功能项缺失超过80%，本小项记0分	
	指标	10	基本参数指标应符合任务规定的要求，以±5%为上下限，每超出10%扣5分，扣完为止；元器件参数选择不合理，扣3分，不规范，扣3分	
合计				

拓 展 训 练

（1）尝试将 NE555 芯片电路换为 KA555 芯片电路。

（2）按照任务描述，尝试自己设计 9 V 供电电源电路。

（3）尝试在图 8 - 56 所示电路中引入蜂鸣器，与 LED 协同工作，在 LED 灯全亮时蜂鸣器进行报警。

项目九
基于数字式传感器的位置检测仪的设计与制作

项目描述

在测量连续变化的参量时，传感器的输出信号可分为模拟信号和数字信号两大类。能够将被测模拟量转换为数字信号输出的传感器称为数字式传感器。由于数字信号便于处理和存储，便于和计算机连接实现智能化，便于电路集成化，以及数字化测量可以达到较高的分辨率和测量精度，因此数字式传感器是传感器的发展方向之一。

数字式传感器的特点有：具有高的测量精度和分辨率，测量范围大；抗干扰能力强，稳定性好；信号便于处理、传送和自动控制，便于和计算机连接，便于集成化；便于动态及多路测量；测量数据直观；安装方便，维护简单，工作可靠性高。

目前在测量和控制系统中广泛应用的数字式传感器有三类：一是直接以数字量形式输出的传感器，如绝对编码器；二是以脉冲形式输出的传感器，如增量编码器、感应同步器、光栅传感器和磁栅传感器；三是以频率形式输出的传感器。

本项目主要介绍角度-数字编码器、光栅传感器、感应同步器等。

项目目标

1. 知识目标

（1）掌握典型数字式传感器的组成。

（2）了解光栅的结构与光栅的莫尔条纹现象。

（3）掌握光栅传感器的组成。

（4）了解光栅传感器的具体应用。

（5）熟悉感应同步器的结构。

（6）掌握感应同步器的工作原理。

（7）了解感应同步器的具体应用。

（8）熟悉绝对编码器与增量编码器的工作原理。

2. 能力目标

（1）培养学生理论分析及理论联系实际的能力。

（2）在实际测量中会分析光电元件的基本应用电路。

3. 思政目标

（1）培养学生注重安全生产、遵守操作规程等良好职业素养。

（2）培养学生团结协作、交流协调的能力。

（3）培养学生具备在现代社会生活中的自主、自立、自强的能力和态度。

（4）培养学生爱国主义、集体主义思想。

（5）培养学生爱岗敬业、无私奉献的职业道德。

知 识 准 备

9.1　角度-数字编码器

角度-数字编码器结构比较简单，这种结构的传感器主要用于数控机械系统中，按工作原理可以分为脉冲盘式和码盘式两种。

9.1.1　脉冲盘式角度-数字编码器

1. 脉冲盘式角度-数字编码器的结构

脉冲盘式角度-数字编码器又称为增量式编码器，由检测头、脉冲编码器以及发光二极管的驱动电路和光敏三极管的光电检测电路组成。它在一个圆盘(称为编码盘)的边缘上开有相等角度的细缝(分透明和不透明两种)，并在开缝圆盘的两边安装有光源及光敏元件，其结构如图 9 - 1(a)所示。

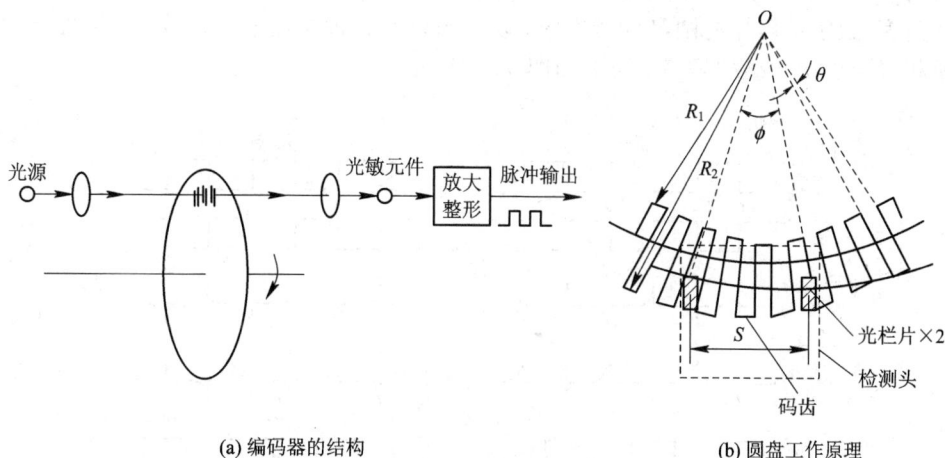

(a) 编码器的结构　　　　　　　　　　　　(b) 圆盘工作原理

图 9 - 1　脉冲盘式角度-数字编码器编码盘的结构图及原理图

2. 脉冲盘式角度-数字编码器的工作原理

当脉冲盘式角度-数字编码器的圆盘随工作轴一起转动时，每转过一个缝隙就发生一次光线的明暗变化，明暗变化的光经过光敏元件就产生一次电信号的变化，此电信号再经过整形放大，就可以得到一定幅度和功率的电脉冲输出信号（脉冲数＝转过的细缝数），如图 9-1(b)所示。将脉冲信号送到计数器中去进行计数，则计数码就能反映圆盘转过的转角。

3. 脉冲盘式角度-数字编码器圆盘旋转方向的判断

1）辨向环节逻辑电路框图

图 9-2 给出了辨向环节的逻辑电路框图，它采用两套光电转换装置。这两套光电转换装置在空间的相对位置有一定的相关性，保证了它增量式编码器

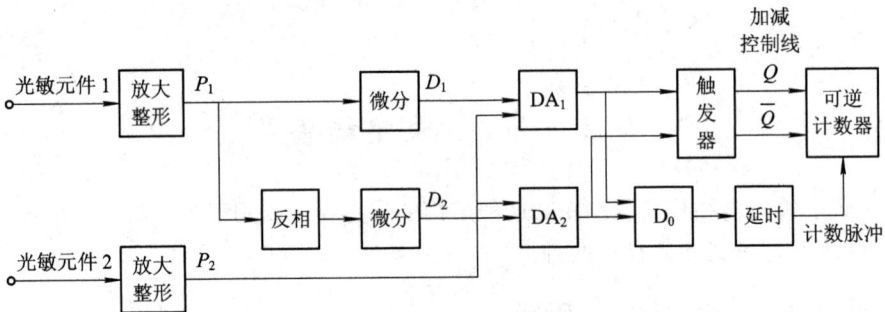

们产生的信号在相同位置上相差 1/4 周期。将得到的这两路信号（相位相差90°）经放大整形后，脉冲编码器就可输出两路方波信号。

图 9-2　辨向环节的逻辑电路框图

2）辨向原理

正转时，光敏元件 2 比光敏元件 1 先感光，此时与门 DA_1 有输出，触发器的 $Q=1$，$\overline{Q}=0$，使可逆计数器的加减控制线为高电位，同时，DA_1 的输出脉冲又经或门 D_0 和延时电路送到可逆计数器的输入端，计数器进行加法计数。

反转时，光敏元件 1 比光敏元件 2 先感光，计数器进行减法计数。这样就可以区别脉冲盘式角度-数字编码器的圆盘旋转方向，从而自动进行加法或减法计数。计数器每次反映的都是相对于上次角度的增量。波形如图 9-3 所示。

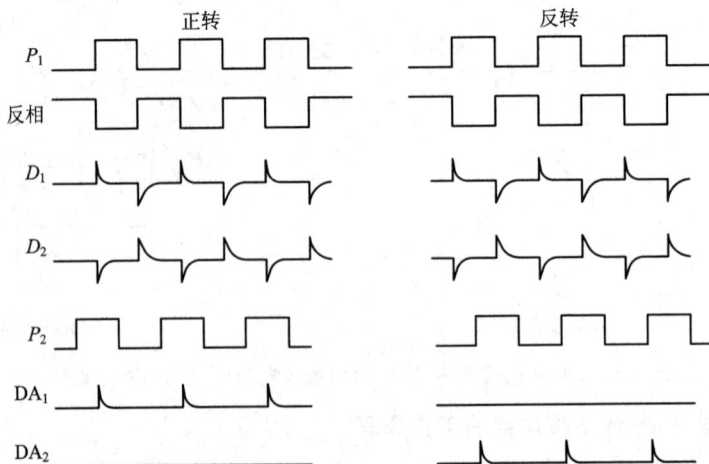

图 9-3　波形图

9.1.2　码盘式角度-数字编码器

1. 码盘式角度-数字编码器的工作原理

码盘式角度—数字编码器是按角度直接进行编码的传感器。这种传感器是把码盘装在检测轴上，按结构可分为接触式、充电式、电磁式等几种。它们的工作原理基本相同，差别仅在敏感元件的不同。这里介绍应用较多的光电式编码器，其工作原理如图 9-4 所示。图中 L.S.B 表示低数码道，1.S.B 表示 1 数码道，2.S.B 表示 2 数码道，以此类推。黑色部分表示高电平 1，使用时将这部分挖掉，让光源投射出去，以便通过接收元件转换为电脉冲；白色部分表示低电平 0，使用时这部分遮断光源，以便接收元件输出低电平脉冲。在 OM 直线上，每个数码道设置一个光源，如发光二极管。码盘的转轴 O 可直接利用待测物的转轴转动。待测的角位移可由各个码道上的二进制数表示，如 ON 直线上的 3 个数码道所代表的二进制数码为 010，但在直线 OM 位置上时，二进制数码可能产生较大误差。在低数码道 L.S.B 上时，这种误差仅为 1 和 0 之间的误差，如在数码道 2.S.B 上时，有可能出现 000、111 和 110 等误差，这种现象称为错码。设计码盘时可通过编码技术和扫描方法解决错码问题。

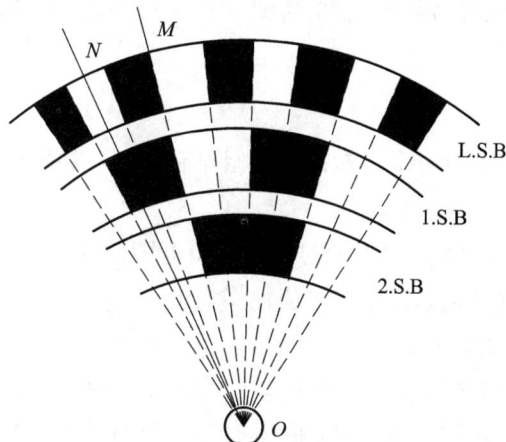

图 9-4　码盘式角度-数字编码器的工作原理

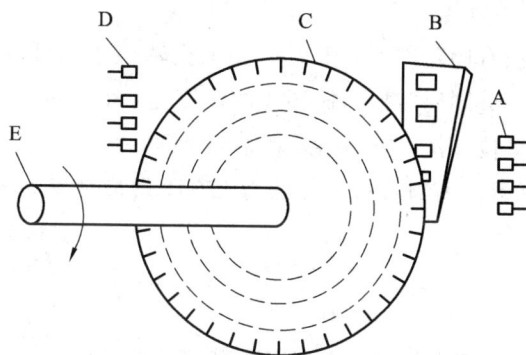

图 9-5　码盘式角度-数字编码器码盘的结构图

码盘式角度-数字编码器的码盘结构如图 9-5 所示，图中 A 是光敏元件，B 是可有窄缝的光阐，C 是码盘，D 是光源（发光二极管），E 是旋转轴。

码盘式编码器

码盘式角度-数字编码器的主要性能参数是分辨率，即可检测的最小角度值或 $360°$ 的等分数。若码盘的码道数为 n，则其左码盘上的等分数为 2^n，即其能分辨的角度为

$$\alpha = \frac{360°}{2^n} \tag{9-1}$$

位数 n 越大，能分辨的角度越小，测量精度也越高。当 $n = 20$ 时，则对应的最小角度单位为 $1.24''$。

2. 码盘式角度-数字编码器的几点说明

1）接触式 4 位二进制码盘

（1）涂黑部分是导电区，导电部分连在一起接高电位，空白部分代表绝缘区。

（2）每圈码边上都有一个电刷，电刷经电阻接地。当码盘与轴一起转动时，电刷上将出现相应的电压，对应一定的数码。

2）分辨角度

若采用 n 位码盘，则该编码器能分辨的角度 $\alpha = \frac{360°}{2^n}$，$n$ 越大，能分辨的角度越小，测量精度也越高。

3）特点

该码盘的结构虽然比较简单，但对码盘的制作和电刷（或光电元件）的安装要求十分严格，否则就会出错。

例如：当电刷由 $h(0111) \rightarrow i(1000)$ 过渡时，如电刷位置安装不准确，可能出现 8～15 之间的任一十进制数。这种误差属于非单值性误差。

4）清除非单值性误差的方法

方法一：采用双电刷，在工艺、电路上都比较复杂，故很少采用。

方法二：采用循环码代替二进制码，由于循环码的相邻的两个数码间只有一位是变化的，因此即使制作和安装不准，产生的误差最多也只是一位数。

5）循环码与二进制码的转换

由于循环码的各位没有固定的权，因此需要把它转换成二进制码。用 R 表示循环码，用 C 表示二进制码，则二进制码转换为循环码的法则是：将二进制码与其本身右移一位后并舍去末位的数码做不进位加法，所得结果就是循环码。

例如，二进制码 1000(8)所对应的循环码为 1100，转换过程为

$$
\begin{array}{lll}
& 1000 & \text{二进制码} \\
\oplus & \underline{100} & \text{右移一个并舍去末数} \\
& 1100 & \text{循环码}
\end{array}
$$

其中 $\oplus$ 表示不进位相加。二进制码变循环码的一般形式为

$$
\begin{array}{lll}
& C_1 C_2 C_3 \cdots\cdots C_n & \text{二进制码} \\
\oplus & \underline{C_1 C_2 \cdots\cdots C_{n-1}} & \text{右移一位，即二进制舍去} C_n \\
& R_1 R_2 R_3 \cdots\cdots R_4 & \text{循环码}
\end{array}
$$

由此得

$$\begin{cases} R_1 = C_1 \\ R_2 = C_2 \oplus C_1 \\ \vdots \\ R_i = C_i \oplus C_{i-1} \end{cases}$$

从上式也可以导出循环码转换为二进制码的关系式为

$$\begin{cases} C_1 = R_1 \\ C_i = R_i \oplus C_{i-1} \end{cases}$$

上式表示，把循环码 R 转换为二进制码 C 时，第一位（最高位）不变，以后从高位开始依次求出其余各位，即本位循环码 R_i 与已经求得的相邻高位二进制码 C_{i-1} 做不进位相加，结果就是本位二进制码。因此两个相同数码做不进位相加，其结果为 0，故 C_i 式还可写成

$$\begin{cases} C_1 = R_1 \\ C_i = R_i \overline{C}_{i-1} + \overline{R}_i C_{i-1} \end{cases}$$

表 9-1 给出了十进制数、二进制数及 4 位循环码对照表。用与非门可构成并行循环码-二进制码编码器。这种并行转换器的转换速度较快，缺点是所用元器件较多，n 位码就至少需用 $n-1$ 个单元。

表 9-1　十进制数、二进制数及 4 位循环码对照表

十进制数	二进制数	循环码
0	0000	0000
1	0001	0001
2	0010	0011
3	0011	0010
4	0100	0110
5	0101	0111
6	0110	0101
7	0111	0100
8	1000	1100
9	1001	1101
10	1010	1111
11	1011	1110
12	1100	1010
13	1101	1011
14	1110	1001
15	1111	1000

9.1.3　激光式角度传感器

激光式角度传感器的结构及原理如图 9-6 所示，这一装置是麦克尔逊干涉仪的变型。

图中 M 是反射镜，它置于参考光束 I 中，使光束 I 和 II 平行；F_1 和 F_2 是两个可逆反射器，二者距离为 d，设置在同一转台上；S 是分光镜，它将激光束投到 M、F_2 和聚光镜 D 上；P 是光电接收器，它将光的干涉条纹变为电信号。

角度传感器

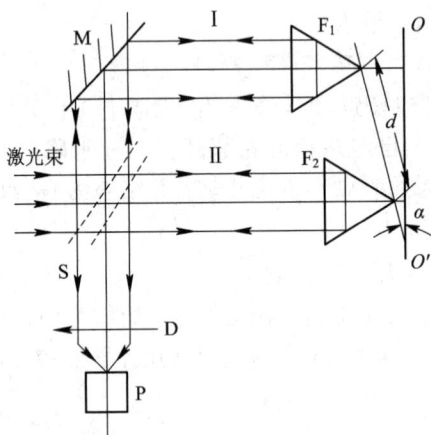

图 9 - 6　激光式角度传感器的结构及原理

光束 I、II 之间的光程差 l 和转角 α 的关系为

$$l = d\sin\alpha \tag{9-2}$$

l 还跟干涉条纹数目 k、激光波长 λ 和折射系数 n 有如下关系，即

$$l = \frac{k\lambda}{2n} \tag{9-3}$$

由式(9-2)、式(9-3)可得

$$\alpha = \arcsin\frac{k\lambda}{2nd} \tag{9-4}$$

式中 α 对应于光电探测器上接收的一条干涉条纹的变化角度。

激光式角度传感器的检测范围为 $\pm45°$，其特点是分辨率高，主要应用于角度仪的计量装置中。

📖 **读一读**

《孙子兵法》曰："凡战者，以正合，以奇胜"，"惟改革者进，惟创新者强，惟改革创新者胜"。创新是引领发展的第一动力，是一个国家兴旺发达的不竭动力。所谓守正出新，"正"者，大道也，既包含道德操守，又包含客观规律，还包含正确理论。守正就是要守住初心，保证方向不偏，完整地继承人类所创造和积累的文明成果；出新则是创新、变化，其要旨是以创新作为价值取向，避免落入越有经验(习惯性思维、想当然)越容易失去创造力的陷阱，秉持"好奇心＋追问"，要敢于挑战权威，善于探索新知，正确看待失败，尊重个性发展，于实践中提出概念、生产知识、建立理论，逐步形成超越前人的知识体系和技能体系，做到审时度势，推陈出新，与时俱进。创新的科学属性指明了行动方向：矢志探索，突出原创；聚焦前沿，独辟蹊径；需求牵引，突破瓶颈；共性导向，交叉融通。

9.2 光 栅 传 感 器

光栅传感器

光栅传感器是利用计量光栅的莫尔条纹现象来进行测量的,它广泛地用于长度和角度的精密测量,也可用来测量能转换成长度或角度的其他物理量。例如,位移、尺寸、转速、力、重量、扭矩、振动、速度和加速度等。光栅传感器按光栅的形状和用途不同可分为长光栅传感器和圆光栅传感器,分别用于线位移和角位移的测量。光栅传感器按光线走向的不同可分为透射光栅传感器和反射光栅传感器。

9.2.1 光栅传感器的结构与测量原理

狭义上来讲,平行等宽且有等间隔的多狭缝即为衍射光栅。广义上来讲,任何装置只要它能起等宽且又等间隔地分割波阵面的作用,则均为衍射光栅。简单地说,光栅就好似一把尺子,尺面上刻有排列规则和形状规则的刻线(也称为条纹)。

1. 光栅

图 9-7 给出的是直线光栅尺。图中,a 为透光的缝宽;b 为不透光的缝宽;$W = a + b$ 为光栅栅矩(或光栅常数),对于光栅尺来说它是一个重要参数。对于圆光栅盘来说,栅距角是重要参数,它指圆光栅盘上相邻两刻线所夹的角。

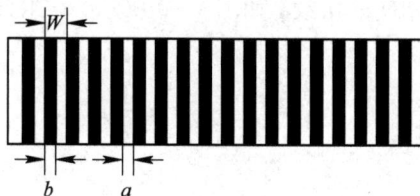

图 9-7 光栅尺

2. 光栅测量装置及莫尔条纹

1) 光栅测量的基本原理及测量装置

光栅测量系统一般由光源、主光栅、指示光栅、光学系统及光电探测器组成,如图 9-8 所示。主光栅为一长方形光学玻璃,上刻有明暗相间的条纹,明条纹(即透光线)宽度 a 与暗条纹(即遮光线)宽度 b 之比通常为 1∶1,两者之和称为光栅的栅距。栅距通常可以为 1/10~1/100 mm。

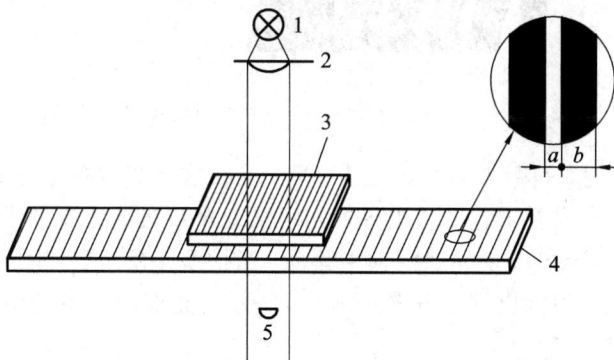

1—光源;2—透镜;3—指示光栅;4—主光栅;5—探测器。

图 9-8 光栅测量系统基本结构

指示光栅比主光栅要短得多，其结构与主光栅一样，为刻有相同栅距的明暗条纹。

当光栅栅距大于光波长时，可以用几何光学来分析光栅测量原理。若主光栅与指示光栅以线对相同方向重叠，则平行光通过光栅后形成的条纹即为莫尔条纹。若主光栅与指示光栅以线对相同方向重叠，且明条纹与暗条纹对齐，则透射光形成的条纹为与光栅栅距相同的明暗条纹，若在明条纹的中间放置一光电探测器，则探测器的输出最大。

当指示光栅相对于主光栅在垂直于刻线方向移动时，重叠后的透光区逐渐减小。当移过半个栅距时，两块光栅的明条纹和暗条纹对齐，光完全被遮住，探测器的输出也从最大值逐渐变小直到为零。当指示光栅继续移动时，重叠透光区又逐渐增大。因此，当指示光栅相对于主光栅连续移动时，从光电探测器的输出波形就可得到一周期变化的波形。

从理论上讲，光电探测器的输出波形应为三角波，但由于光栅的衍射作用及两块光栅间间隙的影响，其输出波形实际上是近似的正弦波。输出信号近似地可表示为

$$u_o = \frac{U_m}{2}\left[1 + \sin\left(\frac{\pi}{2} + \frac{2\pi x}{W}\right)\right] \tag{9-5}$$

式中：u_o 为光电探测器的输出电压；U_m 为输出信号的最大值；W 为光栅栅距；x 为位移量。

若将探测器的输出信号经整形后计数，即可测出指示光栅相对主光栅的位移量。显然，其位移分辨率取决于光栅的栅距。

若将指示光栅与主光栅的刻线以角度 θ 重叠，则形成的莫尔条纹与前面的情况有所不同，将在水平方向出现明暗相间的条纹，如图 9-9 所示。莫尔条纹的间距 B 与栅距 W 及夹角 θ 之间有如下关系：

$$B = \frac{W}{2\sin\dfrac{\theta}{2}} \approx \frac{W}{\theta}$$

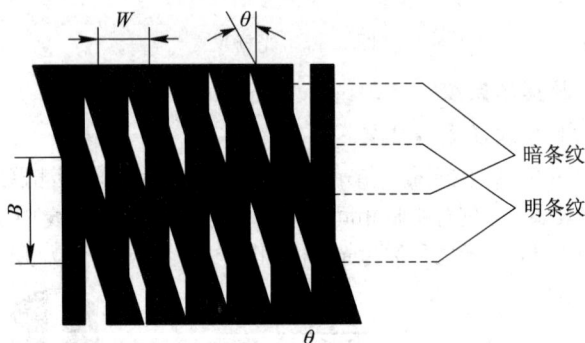

图 9-9　等距光栅以夹角 θ 重叠时的莫尔条纹

可见，当 θ 很小时，间距 B 将变得很大。因此，在这种结构的光栅测量系统中，莫尔条纹对光栅栅距有放大的作用，这样便于布置光路系统及放置光电探测器。并且，在图 9-9 中，当指示光栅向左移动时，莫尔条纹向上移动，当指示光栅向右移动时，莫尔条纹向下移动，这样便于在检测时识别出移动方向。因此，实际的光栅测量系统中一般均采用这种倾斜放置的结构。

当指示光栅相对于主光栅移过一个栅距时，莫尔条纹将在水平方向移过一个条纹。同样，在固定位置放置一光电探测器，当莫尔条纹连续移动时，探测器输出信号亦近似为正

弦波。对该信号进行整形、计数，即可测出指示光栅相对于主光栅的移动距离。

综上所述，光栅测量系统的基本原理为：一块光栅尺固定不动，另一块光栅尺随测量工作台一起移动，测量工作台每移动一个栅距，光电元件发出一个信号，计数器记取一个数，这样，根据光电元件发出的或计数器记取的信号数，便可知光栅尺移动过的栅距数，即测得了工作台移动过的位移量。

2）莫尔条纹

（1）莫尔条纹的形成。

将两块黑白型长光栅尺面对面相叠合，一块为主光栅，另一块为指示光栅。如果使主光栅相对于指示光栅运动，其运动方向垂直于指示光栅，则当两光栅的栅线重合时，光被挡住，形成暗带，所以每相对移动一个光栅栅距，就产生暗—亮—暗—亮的变化，这种暗—亮相间的变化就是莫尔条纹。莫尔条纹主要参数意义及光能布分规律如下：

① $\theta=0$：两块透射光栅的栅线相互平行。

② $\theta\neq0$：使两块光栅尺的栅线形成很小的夹角。

③ 莫尔条纹宽度 B：$B\approx W/\theta$。

④ 光能分布：莫尔条纹中心光能密度大，边缘小。

（2）莫尔条纹的主要特点。

① 对应关系：莫尔条纹的移动量、移动方向与光栅尺的位移量及位移方向具有对应关系。在光栅测量过程中，不仅可以根据莫尔条纹的移动量来判断光栅尺的位移量，而且可以根据莫尔条纹的移动方向来判断光栅尺的位移方向。

② 放大作用：在两光栅尺栅线夹角 θ 较小的情况下，莫尔条纹宽度 B 和光栅栅距 W、栅角 θ 之间有下列近似关系，即

$$B=\frac{W}{2\sin\frac{\theta}{2}}\approx\frac{W}{\theta}$$

若 $W=0.02$ mm，$\theta=0.00174532$ rad，则 $B=11.4592$ mm，这说明莫尔条纹间距对光栅栅距有放大作用。

③ 平均效应：因莫尔条纹是由光栅的大量刻线共同产生的，所以对光栅刻线误差有一定的平均作用，这有利于消除短周期误差的影响。

3. 光栅测量系统的应用

1）光栅测量系统的辨向电路

在实际应用中，为了辨别物体移动的正、反方向，往往采用辨向电路进行加、减计数，即可以在相隔 1/4 条纹间距（即 $B/4$）的位置放置两个光电探测器。当指示光栅（倾斜条纹）左移时，莫尔条纹将向下移动；当指示光栅右移时，莫尔条纹将向上移动。因此，两个探测器的输出信号将出现 $\pi/2$ 的相位差，且当指示光栅移动方向改变时，两者的相位差将产生 $180°(\pi)$ 的变化。光栅测量系统的辨向电路如图 9-10(a)所示。

辨向电路的原理分析：将两个光电探测器的输出信号 u_1 和 u_2 经比较器 IC_{1a} 和 IC_{1b} 整形后得到两个相位差为 $\pi/2$ 的方波信号 u_1' 和 u_2'；将 u_1' 信号分别送入上升沿触发的单稳态触发器 IC_{2a} 及下降沿触发的单稳态触发器 IC_{2b}，分别得到与 u_1' 上升沿及下降沿同步的脉冲信号 y_1 和 y_2；当指示光栅左移时，u_2' 超前 u_1' 相位 $\pi/2$。将 u_2' 分别与 y_1 和 y_2 相"与"后，y_1 仍有脉冲

输出，而 y_2 被屏蔽掉，各个测量点波形如图 9-10(b) 所示；当指示光栅右移时，u_2' 相位落后于 u_1' 相位 $\pi/2$，此时 y_1 被屏蔽掉，而 y_2 仍有脉冲输出，各个测量点波形如图 9-10(c) 所示；将两个与门的输出分别连到可逆计数器的加、减计数端，则计数器的输出就反映了待测位移量。

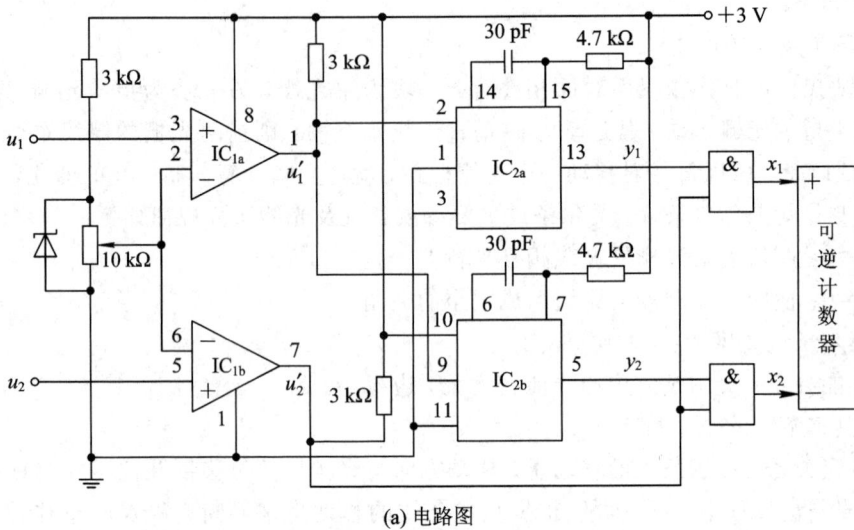

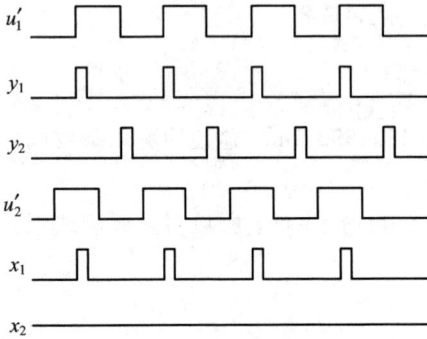

(a) 电路图

(b) 指示光栅左移时信号波形

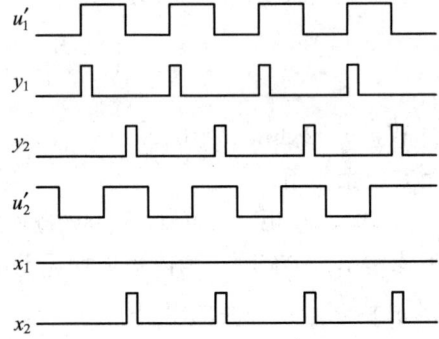

(c) 指示光栅右移时信号波形

图 9-10 光栅测量系统的辨向电路及波形

2) 投影反光式光栅测量系统

图 9-11 所示为两种投影反光式光栅测量系统的结构。在图 9-11(a) 所示结构中，光源发出的光经透镜系统及光栅 G_1 后成像在探测器 PD 所在平面上。当待测体在垂直方向产生位移或振动时，根据三角成像原理，莫尔条纹将产生移动，使探测器上接收到的光强产生明暗变化。

图 9-11(b) 所示的结构将投影光栅及鉴别光栅合二为一，这样使系统结构更为简单。

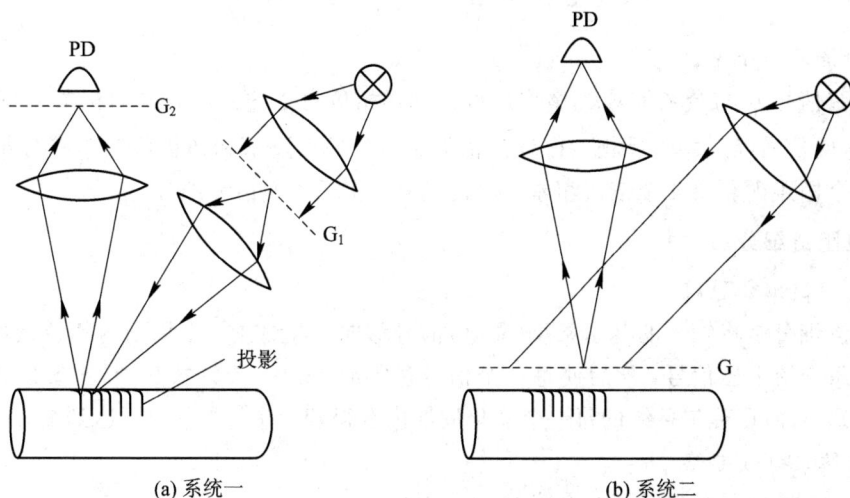

(a) 系统一　　　　　　　　　　　　　　(b) 系统二

图 9 - 11　投影反光式光栅测量系统

📖 **读一读**

在精密加工、工业测控(动态测量)领域，精密位移传感器是不可或缺的重要组成部分，被称为"智能制造之眼"，它的性能直接决定了加工制造环节的精度。定位精度高、可靠性好、使用方便的精密位移传感器在机床加工和检测仪表等行业中得到了广泛应用。然而，精密位移测量传感器作为核心功能部件，长期被国外巨头们严格战略性封锁，进口传感器存在价格高、货期长、售后服务难的问题。因此我国精密位移测量领域面临多重困境，亟待摆脱受制于人的局面，高端位移测量传感器的国产替代已到了刻不容缓的地步。

时栅技术作为我国自主研发的首创性成果，通过建立空间位移和时间基准之间的关系，发挥时间量是人类测量精度最高的物理量这一客观优势，利用时间上的时刻比较来实现位移测量，从而达到高精度测量的目的。这些可通俗理解为：在相对匀速运动的两个坐标系上互相观察对方，一方的位置之差(位移)表现为另一方观察到的时间之差。经过多年的沉淀和发展，时栅技术已发展成为我国智能制造领域的标志性成果。

9.2.2　细分技术

细分技术就是为了提高光栅测量系统的检测分辨率，在光栅测量系统的后续电路增加倍频电路，将莫尔条纹进一步细分的一种技术。对莫尔条纹进行细分的方法很多，以下主要介绍直接细分、电阻链细分、锁相细分、鉴相法细分技术。

1. 直接细分(位置细分)

1) 直接细分思路

直接细分是在莫尔条纹移动方向上安置两只光电元件，使它们之间的距离恰好等于 $1/4$ 条纹间距，这时两只光电元件输出的电压交流分量 u_{o1} 与 u_{o2} 相位差为 $\pi/2$，即有

$$u_{o1} = U_m \sin \frac{2\pi x}{W}$$

$$u_{o2} = U_m \sin\left(\frac{2\pi x}{W} + \frac{\pi}{2}\right) = U_m \cos\frac{2\pi x}{W}$$

2）四倍频细分原理

将正弦信号 u_{o1} 与余弦信号 u_{o2} 整形后可得到初相角为 0° 的方波 S 和初相角为 90° 的方波 C，再将这两信号经反相器反相后得到初相角为 180° 的方波 $\overline{S}$ 和初相角为 270° 的方波 $\overline{C}$。这样就在一个栅距内获得 4 个依次相差 $\pi/2$ 信号，实现了四倍频细分。

2. 电阻链细分

1）电阻链细分原理

电阻链细分是将输入的莫尔条纹（光电）信号移向，得到在一个周期内相位依次相差一定值的一组交流电压信号，然后使每一个信号过零时发出一个计数脉冲（用鉴定器鉴定取过零信号），从而在莫尔条纹的每一个变化周期内获得若干个计数脉冲，达到细分的目的。

2）电阻链细分电路

图 9-12 给出了电阻链细分电路的一个例子。

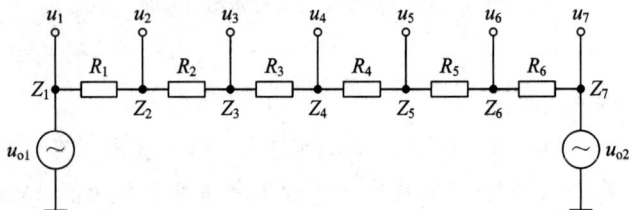

图 9-12　电阻链细分电路

在图 9-12 中，u_{o1} 和 u_{o2} 是由光电元件得到的两个莫尔条纹信号，Z_1，Z_2，…，Z_7 表示各个输出点。若各输出端的负载电流很小，可以忽略，则对于任一个输出点 Z_i 可列出下列方程组，即

Z_2 点：

$$i_1 = \frac{u_{o1} - u_2}{R_1}, \quad i_2 = \frac{u_{o2} - u_2}{R_1 + R_2 + R_3 + R_4 + R_5}$$

Z_3 点：

$$i_1 = \frac{u_{o1} - u_3}{R_1 + R_2}, \quad i_2 = \frac{u_{o2} - u_3}{R_3 + R_4 + R_5 + R_6}$$

Z_4 点：

$$i_1 = \frac{u_{o1} - u_4}{R_1 + R_2 + R_3 + }, \quad i_2 = \frac{u_{o2} - u_4}{R_4 + R_5 + R_6}$$

Z_5 点：

$$i_1 = \frac{u_{o1} - u_5}{R_1 + R_2 + R_3 + R_4}, \quad i_2 = \frac{u_{o2} - u_5}{R_5 + R_6}$$

Z_6 点：

$$i_1 = \frac{u_{o1} - u_6}{R_1 + R_2 + R_3 + R_4 + R_5}, \quad i_2 = \frac{u_{o2} - u_6}{R_6}$$

对于任意输出点 Z_i，可列出下列方程，即

$$\begin{cases} i_1 = \dfrac{u_{o1} - u_i}{\sum\limits_{j=1}^{i-1} R_i} \\[3mm] i_2 = \dfrac{u_{o2} - u_i}{\sum\limits_{j=i}^{6} R_j} \\[3mm] i_1 + i_2 = 0 \end{cases}$$

式中，i_1 为从 u_{o1} 流向 Z_i 点的电流。解以上方程，则 Z_i 点的输出电压为

$$u_i = \dfrac{\dfrac{u_{o1}}{\sum\limits_{j=1}^{i-1} R_j} + \dfrac{u_{o2}}{\sum\limits_{j=i}^{6} R_j}}{\dfrac{1}{\sum\limits_{j=1}^{i-1} R_j} + \dfrac{1}{\sum\limits_{j=i}^{6} R_j}}$$

如：

$$u_2 = \dfrac{\dfrac{u_{o1}}{R_1} + \dfrac{u_{o2}}{R_2 + R_3 + R_4 + R_5 + R_6}}{\dfrac{1}{R_1} + \dfrac{1}{R_2 + R_3 + R_4 + R_5 + R_6}}$$

$$u_3 = \dfrac{\dfrac{u_{o1}}{R_1 + R_2} + \dfrac{u_{o2}}{R_3 + R_4 + R_5 + R_6}}{\dfrac{1}{R_1 + R_2} + \dfrac{1}{R_3 + R_4 + R_5 + R_6}}$$

当 $u_3 = 0$ 时，有

$$\dfrac{u_{o1}}{R_2 + R_3} + \dfrac{u_{o2}}{R_3 + R_4 + R_5 + R_6} = 0$$

若 u_{o1} 与 u_{o2} 相位差 $\lambda/2$ ，则有

$$u_{o1} = U_m \sin \dfrac{2\lambda x}{W}$$

$$u_{o2} = U_m \cos \dfrac{2\lambda x}{W}$$

令 $\theta = \dfrac{2\lambda x}{W}$ ，则当 $u_3 = 0$ 时，对应的电相位 θ_3 可由下式求出，即

$$|\tan \theta_3| = \left| \dfrac{\sin \theta_3}{\cos \theta_3} \right| = \left| \dfrac{u_{o1}}{u_{o2}} \right| = \dfrac{R_1 + R_2}{R_3 + R_4 + R_5 + R_6}$$

同理，$u_i = 0$ 时，所对应的相角为 θ_i，θ_i 值完全由 R_1 与 R_2 决定，只要适当选取各电阻值就可以使输出的电压 u_i 依次具有相等的相位差。如果每个信号过零时发出一个计数脉冲，就可以达到细分的目的。

由于电阻链两端电压分别为

$$u_1 = u_{o1} = u_m \sin(\theta + 0) ，\quad u_7 = u_{o2} = u_m \cos\theta = u_m \sin\left(\theta + \dfrac{\pi}{2}\right)$$

因此中间各 u_i 的相角 θ_i 只能在 $0 \sim \pi/2$ 的范围内变化，亦即只能获得第 I 象限的移相信号。这也是电阻链细分的缺点。

可以用并联电阻链式细分电桥解决上述 $0 \sim \pi/2$ 相角变化范围小的问题，如图 9 - 13 所示。在该桥路中，在 4 个象限内进行细分，细分数由桥臂并联的支路数目决定，细分数 n 是 4 的整数倍。

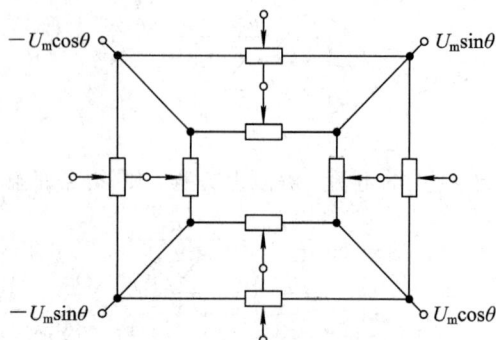

图 9 - 13　并联电阻链式细分电桥

3. 锁相细分

1）锁相细分的原理

图 9 - 14(a)所示为锁相细分的原理图。在一个鉴相器中，把输入信号与压控振荡器的输出信号的相位进行比较，产生对应两个信号相位差的输出电压 u_k 去控制压控振荡器，使其振荡频率 f 向输入信号频率 F_i 靠近，直至输入信号频率相等而锁定。

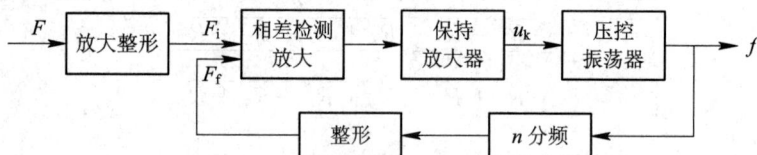

(a) 锁相细分原理图

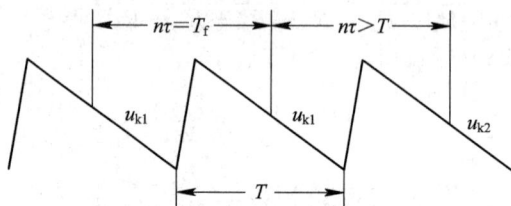

(b) u_k 与 F_i 和 F_f 的关系

图 9 - 14　锁相细分原理图及 u_k 与 F_i 和 F_f 的关系

锁相细分过程：首先，将压控振荡器的输出频率设置在 $f = nF_i$ 上，而且 f 跟随输入信号频率 F_i 变化而变化，同时将压控振荡器输出频率送到 n 分频率器将 f 分频后再整形；然后，将频率为 f/n 的反馈脉冲 F_f 送入相差检测放大器中与输入信号 F_i 进行相位比较，产生控制电压 u_k；最后，用 u_k 控制压控振荡器输出频率 f，使 f 向 F_i 靠近。相位检测放大器的输出电压 u_k 与 F_i 和 F_f 之间的相位差呈比例，它们之间的关系如图 9 - 14(b)所示。图中，T 为 F_i 的周期，$T_f = n\tau$ 为 F_f 的周期(其中，$\tau = 1/f$)。当 $n\tau = T$(即 $F_f = F_i$)时，u_k 保持为某一定值 u_{k1} 不变。但当 $n\tau > T$ 时，u_k 将减小。由于压控振动器受电压 u_k 的控制，当 $u_k \downarrow \rightarrow f \uparrow \rightarrow \tau \downarrow \rightarrow n\tau = T$ 时为止，亦即自动锁定 F_i 的相位，只要 $n\tau \neq T$ 即 $F_f = F_i$，就要使加在压控振荡器上的控制电压 u_k 发生变化，从而发生与上面类似的自动调节过程。当 $f = nF_i$ 并被锁定后，若压控振荡器输出的每一个周期均发出一个计数脉冲，则在莫尔条纹信号的一个变化

周期内可以发出 n 个计数脉冲，从而得到了 n 倍频的细分输出。

2) 锁相细分的优缺点

锁相细分的优点为：细分数大（细分数为 100～1000），莫尔条纹的信号波形无严格要求。缺点为：仅适合于主光栅已基本恒定的速度进行连续运动的场合，且细分误差大，若速度的相对不稳定度为 η，则造成的细分误差为 ηW（W 为光栅栅距）。

4. 鉴相法细分

鉴相法细分是一种调制信号细分法，它利用时钟脉冲来计量与光栅位移有关的电相角（$\theta = 2\pi x/\omega$）的大小。图 9 - 15 所示为鉴相法细分电路的原理图。在图中，将来自光电元件的两路相位差为 90°的莫尔条纹信号 $\cos\theta$ 与 $\sin\theta$ 分别送入乘法器 A 和 B，并分别与输入乘法器的辅助高频信号 $\sin(\omega t)$ 和 $\cos(\omega t)$ 相乘（这两个辅助高频信号是由时钟振荡器输出，并经分频分相得到的）。于是，乘法器的输出为

$$e_1 = U_m\cos\theta\sin(\omega t)$$
$$e_2 = U_m\sin\theta\cos(\omega t)$$

e_1 与 e_2 再输入到线性集成电路减法器，其输出为

$$e_o = U_m\sin(\omega t)\cos\theta - U_m\cos(\omega t)\sin\theta = U_m\sin(\omega t - \theta)$$

信号 e_o 的角频率为调制频率 ω，初相角 $\theta = 2\pi x/\omega$，它反映了光栅位移 x 的大小。

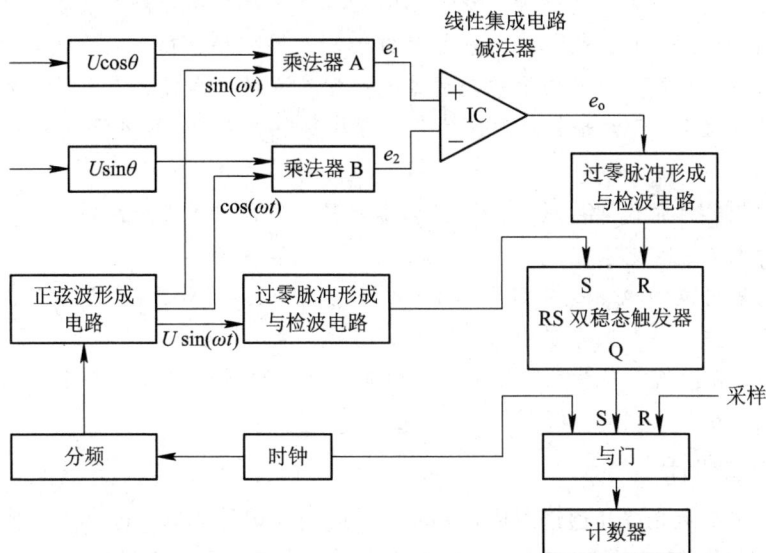

图 9 - 15　鉴相法细分原理图

将 e_o 输入到过零脉冲形成与检波电路，可得到位于方波上沿处的正尖脉冲并作用在 RS 双稳态触发器的 R 输入端；与此同时，从正弦波形成电路来的 $U\sin(\omega t)$ 信号也有一个位于方波上升沿处的正尖脉冲作用在 RS 双稳态触发器的 S 输入端。由于这两个尖脉冲出现的时差正好是 θ 角，所以 RS 触发器的 Q 端输出的正脉冲宽度等于 θ，它控制与门的开启延续时间。因此与门每一次开启时所输出的时钟脉冲个数（N），便是与 θ 值相对应的细分输出值。由此可见，时钟脉冲频率越高，细分数越高。一般细分数约为 200～1000。

图 9 - 15 中调制信号角频率 ω 是由时钟频率分频而来的，它要远高于莫尔条纹信号的频率。对于莫尔条纹信号 $U\sin\theta$ 与 $U\cos\theta$，则要求两者有严格的正交性。

9.2.3   光栅传感器的设计要点

光栅传感器由照明系统、光栅副（即光栅尺，包括主光栅和指示光栅）、光电接收元件等组成。设计光栅传感器时主要考虑的要点有结构的性能、选用何种元件，以及这些元件的材料和尺寸参数等。具体包括如下要点：

（1）能输出稳定的信号，对来自机械、光学及电路等方面的干扰不敏感。

（2）能方便地输出多信号（一般要求两相或四相）。

（3）工作寿命长，更换元件方便，调整方便、容易。

（4）在满足精度要求的前提下，尽量使结构简单。

（5）若要有光学倍频作用，可以减小电子细分倍频，从而简化电路。

在一个传感器中很难同时满足上述各项要求，应根据具体的设计要求来决定。

📖 **读一读**

在地震检测等地球动力学领域中，地表骤变及其危险性的估定和预测是非常复杂的，而火山区的应力和温度变化是目前为止能够揭示火山活动性及其关键活动范围演变的最有效手段。光纤光栅传感器在这一领域中的应用主要是在岩石变形、垂直震波的检测以及作为地形检波器和光学地震仪等方面。地球活动区的应变通常包含静态和动态两种，静态应变（包括由火山产生的静态变形等）一般都定位于与地质变形源很近的距离，而以震源的震波为代表的动态应变则能够在与震源较远的地球周边环境中检测到。为了得到相当准确的震源或火山源的位置，更好地描述源区的几何形状和演变情况，需要使用密集排列的应力-应变测量仪。

光纤光栅传感器是能实现远距离和密集排列复用传感的宽带、高网络化传感器，符合地震检测等的要求，因此它在地球动力学领域中无疑具有较大的潜在用途。有报道指出，光纤光栅传感器已成功检测了频率为 $0.1\sim2$ Hz、大小为 1.0×10^{-9} 的岩石和地表动态应变。1920 年 12 月 16 日我国宁夏海原发生 8.5 级特大地震，给震区人民带来了空前的灾难。此后一百年间，我国地震科学已经取得长足进展，地震预测研究经过半个多世纪的探索也取得大量成果。

1. 照明系统设计

照明系统主要由光源和透镜组成，有时需要适当地设计光阑，也有采用光导纤维来传输照明光束。照明系统的设计要求为：要求照明系统能提供足够而稳定的光能，光效率高；光源寿命长，更换光源时离散性小；光源发热量小；光源的安装位置合乎要求并能调整；光源电路简单并对其他电路干扰小，等等。

1）光源的选择

对于栅距较小的光栅副，要使用单色好的光源，且波长与探测器峰值波长匹配；对于栅距较大的黑白光栅，常使用普通白炽灯照明。

单色光源可用普通光源加滤光片获得。普通光源可用 6 V、5 W 白炽灯泡获得，但必须使用直流稳压电源供电。

砷化镓近红外固体发光二极管逸出热量小，动态响应快，使用寿命长，发光峰值波长为 $0.94~\mu m$，与硅光电池波长接近，对光电转换十分有利。

2）准透镜参数的确定

为了提高莫尔条纹的反差，减小光源发散的影响，一般都用平行光束垂直照射光栅面，为此照明系统必须有准直透镜。

（1）透镜的通光口径。

这里以硅光电池直接接收式光路为例。设透镜的通光尺寸在平行于栅线的方向上为 b_1，透镜的通光尺寸在垂直于栅线的方向上为 l_1，则

$$b_1 = b + L\frac{l_2}{f} + (1.5 \sim 4)\text{ mm}$$

$$l_1 = l + L\frac{b_2}{f} + (1 \sim 3)\text{ mm}$$

式中：l_2/f、b_2/f 为灯丝发散角；f 为准直透镜焦距；l_2、b_2 分别为灯丝的长度和宽度；L 为与传感器结构尺寸有关的值；l、b 分别为硅光电池的长度和宽度。

设标尺光栅栅距为 W_1，与指示光栅栅距 W_2 之间有

$$\beta = \frac{W_1}{W_2}$$

由以上 3 式可得通光孔径

$$d = \sqrt{b_1 + l_1^2} + (1 \sim 3)\text{ mm}$$

（2）透镜的形式和焦距。

栅距较大，两栅间间隙较小时，常采用单片平凸透镜，并使平面朝向灯丝以减小相差。

在大间隙时，为减小像差，特别是为减小色差，提高莫尔条纹的反差，应采用双片平凸透镜，并使两者的平面都朝向灯丝。

准直透镜的焦距与允许选用的最大相对孔径有关。单片平凸透镜相对孔径不宜大于 0.8 mm；双片平凸透镜相对孔径不宜大于 1 mm。

两栅间间隙较大时，可适当减小上述参数和缩短焦距，使传感器结构紧凑，并能提高硅光电池上的照度。

3）其他问题

利用光导体纤维传递照明光束可减小光源的热影响。

为提高莫尔条纹的反差和得到均匀的照明，应注意以下问题：使灯丝为细长形，且灯丝应与光栅栅线平行以便调整；使灯泡绕 x 轴和 y 轴可转动，以调整灯丝平行于栅线和光栅面；使灯泡沿 x 轴、y 轴和 z 轴方向可移动，使灯丝处在准直透镜的焦面且位于光轴上，以使照明均匀。

2. 光栅副

1）主光栅

（1）材料。机床上用的金属光栅是用不锈钢制作的，高精度的光栅是用光学玻璃制作的。玻璃光栅的长与厚之比取 10∶1～30∶1。圆光栅的直径常取 50～200 mm，直径与厚度之比取 10∶1～25∶1。

（2）栅距。栅距大，莫尔条纹反差大，信号强，光栅副间隙变化的影响小，而且刻划容易，成本低，光路简单；但分辨力低，要求电子细分度较大，电路复杂。栅距小，其结果则相反；由于莫尔条纹反差弱，光栅间隙变化的影响大，对光学和机械部件的装备要求严格。

目前，黑白光栅常取 $W=(0.008\sim0.005)$mm，圆光栅的光栅距角为 $1'\sim2'$。

（3）栅线线宽和长度。栅线的宽度可略大于缝宽，但不应大于 $0.55W$。

在采用 10 mm×10 mm 的四极硅光电池接收横向莫尔条纹信号时，栅线长度通常取 10～12 mm。在小型光栅传感器中，栅线长度只取几毫米。

2）指示光栅

指示光栅用光学玻璃制作而成，其栅距除少数特殊情况外，都和主光栅的栅距相等。指示光栅的直径同准直透镜的直径相等，栅线的刻划区域由光电接收元件的尺寸确定。

3）其他问题

（1）光栅间隙的选择。为使莫尔条纹反差强，指示光栅应位于主光栅的菲涅尔焦面上。对于一般的黑白光栅，光栅间隙 Z 可按照下式计算，即

$$Z=\frac{W^2}{8\lambda}$$

式中：W 为光栅栅距；λ 为光源的波长，用白光照明时按光电接收元件的峰值波长计算。

（2）莫尔条纹间距选择。莫尔条纹间距越大，则形成的亮带越宽，对比度越强，光带信号的幅度值也越大。但莫尔条纹间距 B 不能大于栅线的长度，以便能形成完整的莫尔条纹，输出四相信号。此外，两光光栅栅线的夹角 θ 越小（相当于 B 越大），则对栅线方向误差和导轨运动直线度的影响越大。

实际使用时经常用两种莫尔条纹间距：一种取 $B=(0.6\sim0.8)$ mm，栅线长约 6～10 mm；另一种取 $B\to\infty$，即光闸莫尔条纹，其亮暗对比度最强。

（3）主光栅刻划误差的减小与消除。为了消除长光栅的累积误差，安装光栅尺时，可将它调斜一个角度 α，但调斜角 α 不能太大，否则光栅尺从始端移到终端时莫尔条纹有可能消失。

3. 光电接收元件

选择光电接收元件时，需要考虑电流灵敏度、响应时间、光谱范围、稳定性以及体积等因素。光栅传感器常用的光电接收元件有硅光电池、光电二极管和光电三极管等。

（1）硅光电池。四极硅光电池感光面为 10 mm×10 mm，其特点是性能稳定，但响应时间长，约为 $10^{-4}\times10^{-3}$s。

（2）光电二极管。光电二极管的峰值波长为 $0.86\sim0.9$ μm，响应时间短，为 10^{-7}s，灵敏度较高，输出幅度为 100～200 mV，但在弱光下灵敏度低，需使用聚光镜。

（3）光电三极管。光电三极管输出幅度为 300～500 mV，响应时间为 $10^{-5}\sim10^{-4}$s，峰值波长为 $0.86\sim0.9$ μm。

4. 机械部件

在照明系统中，机械部件要能对光源在几个坐标方向上进行调整，使灯丝处于最佳位置。

9.3　感应同步器

感应同步器是以电磁感应为基础，利用平面线圈结构来检测转角位移与直线位移的数字式传感器。感应同步器分为直线式感应同步器和旋转式感应同步器两种类型，前者用于直线位移的测量，后者用于角位移的测量。

感应同步器

9.3.1　感应同步器的结构与工作原理

无论是直线式感应同步器还是旋转式感应同步器，工作原理是相同的，而且其结构都包括固定部分和运动部分两部分。这两部分对于直线式感应同步器分别称为定尺和滑尺，对于旋转式感应同步器分别称为定子和转子。

1. 感应同步器的结构

1) 直线式感应同步器的结构

如图 9 - 16 所示，直线式感应同步器主要由定尺和滑尺组成。而定尺和滑尺又由基板、绝缘层、绕组构成。屏蔽层覆盖在滑尺绕组上。基板采用铸铁或其他钢材制成。这些钢材的线膨胀系数应与安装直线式感应同步器的床身的线膨胀系数相近，以减小温度误差。考虑到安装的方便，可将定尺绕组制成连续式，见图 9 - 17(a)；而将滑尺绕组制成分段式的，见图 9 - 17(b)。分段绕组由 $2K$ 组导体组成，K 为一相组数。每组又由 M 根有效导体及相应端部串联而成。定尺远比滑尺长，其中被全部滑尺绕组所覆盖的 N 根有效导体称为直线式感应同步器的极数。

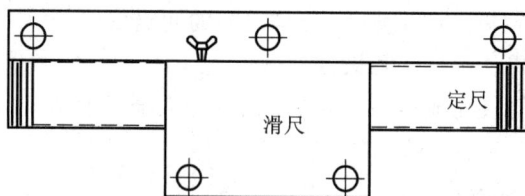

图 9 - 16　直线式感应同步器结构示意图

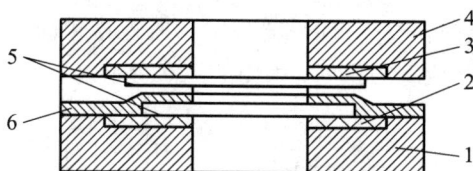

1—转子基板；2—转子绕组；3—定子绕组；
4—定子基板；5—绝缘层；6—屏蔽层。

图 9 - 17　定尺、滑尺绕组

组装好的直线式感应同步器的定尺应与导轨母线平行，且与滑尺保持均匀的狭小气隙。

2) 旋转式感应同步器的结构

旋转式感应同步器的结构如图 9 - 18 所示。定子、转子都是由转子基板 1、转子绕组 2、定子绕组 3、定子基板 4、绝缘层 5、屏蔽层 6 组成。基板呈环形，材料为硬铝、不锈钢或玻璃。绕组用铜制成。屏蔽层用锡箔或铅膜制成。

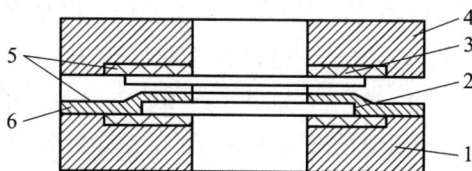

1—转子基板；2—转子绕组；3—定子绕组；
4—定子基板；5—绝缘层；6—屏蔽层。

图 9 - 18　旋转式感应同步器结构示意图

转子绕组制成连续式，如图 9-19(a)所示，称为连续绕组。它由有效导体、内部端和外部端构成。有效导体共有 N 根。N 也是旋转式感应同步器的极数。

定子绕组制成分段式，如图 9-19(b)所示，称为分段绕组。绕组由 $2K$ 组导体组成，它们分别属于 A 相和 B 相。每组由 M 根有效导体及相应的端部串联构成。属于同一组的各组，用连接线连成一相。

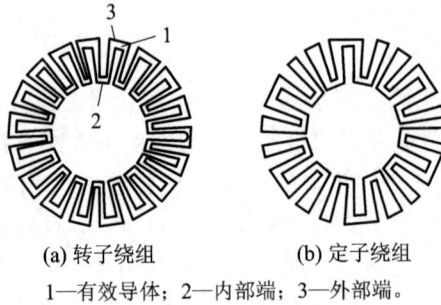

(a) 转子绕组　　　　　(b) 定子绕组

1—有效导体；2—内部端；3—外部端。

图 9-19　转子、定子绕组

定子、转子的有效导体都呈辐射状。导体之间的间隔可以是等宽的。根据要求不同，旋转式感应同步器可以制成各种尺寸和极数。

旋转式感应同步器绕装完成以后，定子、转子应与轴线保持同心和垂直，定子绕组与转子绕组相对，并保持一个狭小的气隙。

2. 感应同步器的工作原理

1）工作原理

直线式感应同步器与旋转式感应同步器的工作原理是相同的。为了分析方便，将旋转式感应同步器的绕组也展开成直线排列，如图 9-20 所示。

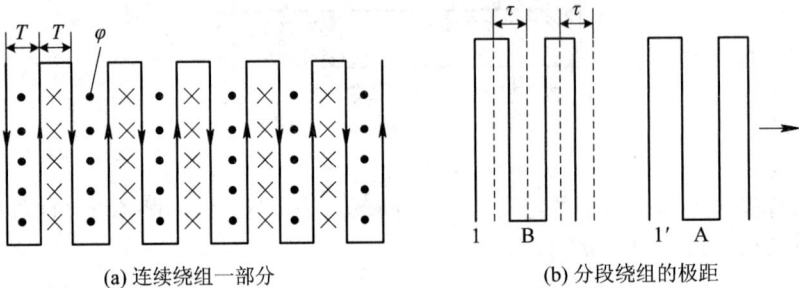

(a) 连续绕组一部分　　　　　(b) 分段绕组的极距

图 9-20　绕组展开示意图

图 9-20(a)所示是连续绕组的一部分；图 9-20(b)所示是分段绕组相邻的两相导体中心线之间的距离，称为极距，以符号 τ 表示。在旋转式感应同步器中，随半径的不同其极距也是变化的，分析时取其平均值。分段绕组相邻导体之间的距离称为节距，以符号 τ_1 表示。τ_1 可以等于 τ 或其他值，在此设 $\tau_1 = \tau$。如果在连续绕组中通以频率为 f、幅值恒定的交流电流 i，则将产生同频率的一定幅值的交变磁场。现在先分析 B 相导体组的交变磁通和感应电动势的情况。由图 9-20(b)可见，在所属位置下（实线所示），B 相导体组的交变磁通为零。可将 B 相导体组向一个方向移动，则交变磁通将增加，依次类推。每移动两个极距，便进行一周期变化，所以 B 相导体组将感应一交变电动势，其大小随着绕组间的相对移动，

以两倍极距(2τ)为周期进行变化。在理想的情况下，这个变化具有正弦或余弦的函数关系。如果移动的速度（角频率）远小于电流的频率，且给定适当的初始位置和移动方向，则 B 相导体组感应的交变电动势有效值可以表示为

$$e_{\mathrm{B}} = E_{\mathrm{m}} \sin \alpha_{\mathrm{D}} \qquad (9-6)$$

式中，E_{m} 为输出电动势幅值（即正向耦合时的最大值）；α_{D} 为连续绕组与分段绕组之间的偏离角度（电弧度）。式($9-6$)也可写成

$$e_{\mathrm{B}} = E_{\mathrm{m}} \sin \left(\frac{N}{2} \alpha \right) \qquad (9-7)$$

式中，$N/2$ 为极对数，α 为机械角度（rad）。

机械角度与电角度之间存在下述关系，即

$$\alpha_{\mathrm{D}} = \frac{N}{2} \alpha \qquad (9-8)$$

对直线式感应同步器，式($9-6$)可表示为

$$e_{\mathrm{B}} = E_{\mathrm{m}} \sin \left(\frac{\pi}{\tau} x \right) \qquad (9-9)$$

式中，τ 为极距（mm），x 为机械位移（mm）。这时

$$\alpha_{\mathrm{D}} = \frac{\pi}{\tau} \qquad (9-10)$$

式($9-9$)和式($9-10$)表明，B 相导体组输出的感应电动势以正弦函数关系反映了感应同步器的机械转角或位移的变化，如图 9-21 曲线 1 所示。每经过一个极距，便出现一个零电位点，简称零位。但这样的输出特性并不能用来检测任意角度或位移，因为它只在零位附近有明确的意义，当达到正弦曲线顶部时，就难以分辨角度或位移了。为此，在 B 相各导体组之间，又插入了 A 相导体组，则图 9-20(b)中第一根导体 1 与 $1'$ 相隔为

$$\frac{N\tau}{2k} = \left(\alpha \pm \frac{1}{2} \right) \tau \qquad (9-11)$$

式中，k 为相绕组中所含的导体组组数，α 为正整数。

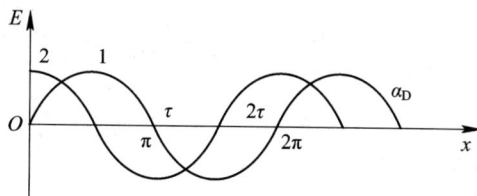

图 9-21　感应同步器输出曲线

如果使两相绕组的导体组在空间相位上相差 $\pi/2$，则称两绕组正交，如图 9-20(b)所示的 A、B 两绕组便是两绕组正交。这时，当一相绕组处于零位时，则另一相绕组输出的电动势将为最大值。用公式表示 A 相导体组的输出电动势为

$$e_{\mathrm{A}} = E_{\mathrm{m}} \sin \left(\frac{N\pi}{2k} + \alpha_{\mathrm{D}} \right) = E_{\mathrm{m}} \sin \left[\left(\alpha \pm \frac{1}{2} \right) \pi + \alpha_{\mathrm{D}} \right] = \pm E_{\mathrm{m}} \cos \alpha_{\mathrm{D}} \qquad (9-12)$$

式中的正负号视设计方案而定。为了讨论方便，不妨取正号。与 B 相绕组的电动势表示式($9-7$)和式($9-9$)相对应，A 相绕组的电动势表达式为

$$e_{\mathrm{A}} = E_{\mathrm{m}} \cos \left(\frac{N}{2} \alpha \right) \qquad (9-13)$$

$$e_{\mathrm{A}} = E_{\mathrm{m}} \cos \left(\frac{\pi}{\tau} x \right) \qquad (9-14)$$

其波形如图 9-21 中曲线 2 所示。在实际工作时，感应同步器其中一相的所有导体组是串联在一起的，所以 e_{A}、e_{B} 应是两相绕组的总输出电动势。

2) 工作方式

有了两相输出，便能确切反映一个空间周期内的任何角度或位移的变化。为了输出与角度或位移呈一定函数关系的电量，需要对输出信号进行处理，其方式有鉴相和鉴幅两种。图 9-22 所示是一种鉴相方式的连接图，连续绕组接电源，分段绕组输出，并接在移相电路 YX 上。YX 的作用是将 e_{B} 在时间上移相 $\pi/2$，然后与 e_{A} 相加，于是得出输出电压

$$u_{\mathrm{o}} = \mathrm{j} E_{\mathrm{B}} + E_{\mathrm{A}} = E_{\mathrm{m}} (\cos \alpha_{\mathrm{D}} + \mathrm{j} \sin \alpha_{\mathrm{D}}) = E_{\mathrm{m}} \, \mathrm{e}^{\mathrm{j}\alpha_{\mathrm{D}}} \qquad (9-15)$$

这样，转角或位移便转变为输出电压的相位了。如果测出了相位，也就测出了转角或位移。图 9-23 所示是一种鉴幅方式的连接图，连续绕组接电源，分段绕组接在函数变压器输出端。函数变压器的作用是使输入电压按可知变量 φ_{D} 做正余弦函数变化。其输出电压为

$$u_{\mathrm{o}} = E_{\mathrm{B}} \cos \varphi_{\mathrm{D}} - E_{\mathrm{A}} \sin \alpha_{\mathrm{D}}$$

将式(9-11)、式(9-12)代入，得

$$u_{\mathrm{o}} = E_{\mathrm{m}} \sin \alpha_{\mathrm{D}} \cos \varphi_{\mathrm{D}} - E_{\mathrm{m}} \cos \alpha_{\mathrm{D}} \sin \varphi_{\mathrm{D}} = E_{\mathrm{m}} \sin(\alpha_{\mathrm{D}} - \varphi_{\mathrm{D}}) \qquad (9-16)$$

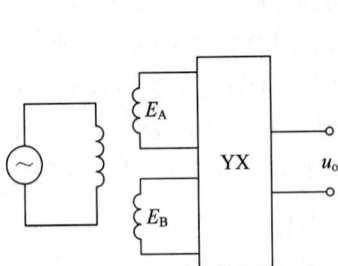

图 9-22　鉴相方式连接图　　　　图 9-23　鉴幅方式连接图

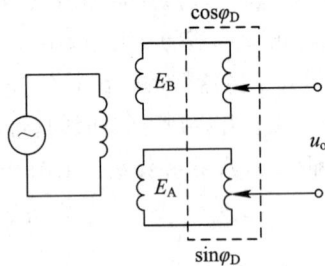

这样，只需要适当地改变变量 φ_{D} 的大小，使输出电压为零，此时的变量 φ_{D} 就等于转角或位移的值。

9.3.2　鉴相型测量系统

如图 9-17、图 9-18 所示，感应同步器的滑尺(或定子)上都有两组激磁绕组，两绕组装配呈正交性，即两绕组流过相同的电流时，它们在定尺绕组上感应出来的电动势 e_{o1} 与 e_{o2} 在振幅和 x 的关系上将有 $\pi/2$ 相位差。为此，两个绕组中心线的距离为定尺绕组周期 (T) 的整数倍再加(或减)1/4 周期。此两绕组一个称为正弦绕组 A，另一个称为余弦绕组 B。

当 B 绕组的激磁电源电压为 $u_{\mathrm{B}} = U_{\mathrm{m}} \cos(\omega t)$ 时，它的激磁电流为

$$i_{\mathrm{B}} \approx \frac{u_{\mathrm{B}}}{R} = \frac{U_{\mathrm{m}}}{R} \cos(\omega t)$$

式中，R 为 B 绕组的电阻，它可近似为整个 B 绕组的阻抗。i_{B} 在定尺绕组上感应的电动势为

$$e_{o1} = -M\frac{di_B}{dt} = \omega M'\frac{U_m}{R}\sin(\omega t)\cos\theta = k_1 U_m \sin(\omega t)\cos\theta$$

式中：$M = M'\cos\theta = M'\cos\left(\frac{\pi}{\tau}x\right)$，为与滑尺位置 x 有关的互感系数；$k_1 = \omega M'/R$，为比例常数。

当 A 绕组的激磁电源为 $u_A = U_m\sin(\omega t)$ 时，它的激磁电流为

$$i_A \approx \frac{u_A}{R} = \frac{U_m}{R}\sin(\omega t)$$

在定尺绕组上感应的电动势为

$$e_{o2} = -M\frac{di_A}{dt} = -k_2 U_m\cos(\omega t)\sin\theta$$

若同时在滑尺的正弦绕组及余弦绕组上供给频率相同、振幅相等但相位相差 $\pi/2$ 的激磁电压 u_A 和 u_B，则在定尺绕组上感应出来的总电动势为

$$e_o = e_{o1} + e_{o2} = k_1 U_m\sin(\omega t)\cos\theta - k_2 U_m\cos(\omega t)\sin\theta$$

当电路整定成 $k_1 = k_2 = k$ 时，上式可简化为

$$e_o = kU_m\sin(\omega t - \theta) = E_m\sin(\omega t - \theta)$$

该式说明定尺绕组上感应的总输出电势的初始相角 $\theta = \pi x/\tau$ 是滑尺位置 x 的函数。如果激磁电源电压的初始相位角 φ 也可调整，且使两绕组的激磁电压分别为

$$u_B = U_m\cos(\omega t + \varphi)$$
$$u_A = U_m\sin(\omega t + \varphi)$$

则定尺输入电压就变为

$$e_o = ku_m\sin(\omega t + \varphi - \theta) = E_m\sin(\omega t + \varphi - \theta)$$

采用某一鉴相电路自动鉴别 e_o 的初始相角（$\varphi - \theta$）是否等于零时，若不等于零，则应再按（$\varphi - \theta$）> 0 或（$\varphi - \theta$）< 0 的比较符号来自动地减小或增大 φ 值，直至（$\varphi - \theta$）$= 0$ 时为止。测出稳定后的 φ 值（即 θ 值），就能够确定滑尺的位移 x 大小。

因为

$$\varphi = \theta = \frac{\pi}{\tau}x$$

所以

$$x = \frac{\tau}{\pi}\varphi$$

当 φ 变化 π 时，x 移动一个定尺绕组的极距 τ；当 φ 变化 2π 时，x 移动定尺绕组的一个节距（也称周期），$T = 2\tau$。若 $\varphi < \pi$，则能获得滑尺在一个 τ 内的细分输出。这就是鉴相型测量系统的检测原理。在此要注意：一个细分脉冲信号代表的角度 δ_θ 称为分辨值，稳态时（$\varphi - \theta$）$< \delta_\theta$，而非绝对（$\varphi - \theta$）$= 0$。

图 9-24 所示是鉴相型测量系统电路（绝对相位基准）框图，从分频分相电路获得相位相差 S 信号与 C 信号，将它们分别送到励磁功率放大器后，获得 $U_m\sin(\omega t)$ 与 $U_m\cos(\omega t)$ 信号，并分别输入给滑尺的两个激磁绕组。这时，定尺绕组输出的感应电势 e_o 经前置放大电路，放大、滤波与整形电路后，变成方波（其相位为 θ）输入到鉴相器。与此同时，由脉冲移相电路（相对相位基准）输出的方波信号（其相位为 φ）也输入到鉴相器。鉴相器比较两个

输入信号的初相角 θ 和 φ，当两者之间有相位差存在时，输出一个指令脉冲 M。M 的脉冲正好等于两个输入信号的相位差。鉴相器还要输出一个表示两个信号相位差正负符号的信号 J。

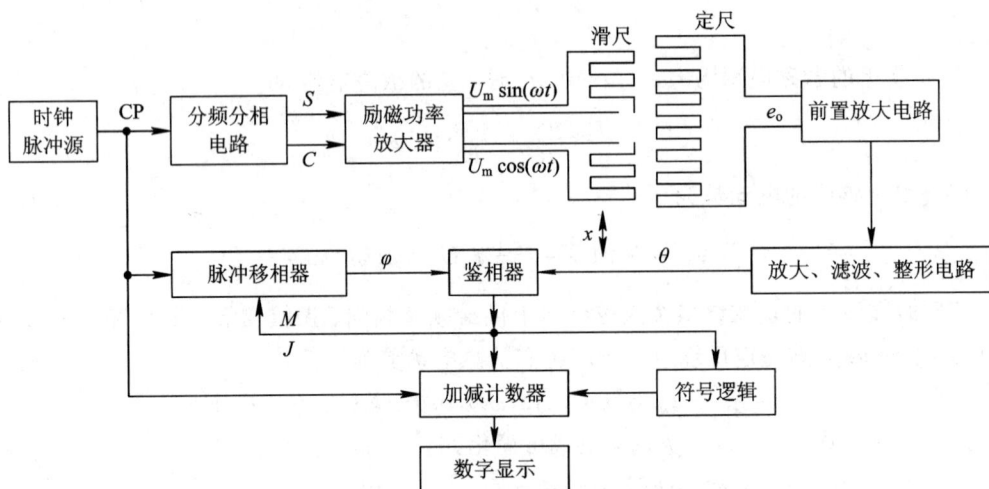

图 9-24 鉴相器测量系统电路框图

M 与 J 信号一方面控制加减计数器，将相位差（模拟）信号转换成数字信号，以数字形式显示输出；另一方面又控制脉冲移相器，令其输出信号移相，移相的方向是力图使相对相位基准信号的初相角 φ 在稳定后正好等于测量信号的初相角 θ。从而实现相位跟踪。

图 9-25 所示是分相电路及其波形图。分相电路由一只双稳态计数触发器及两只 JK 触发器组成，它可将 CP 输入脉冲转化成相位相差 $\pi/2$ 的信号 S 与 C 及其反相信号 $\overline{S}$ 与 $\overline{C}$ 输出。JK 触发器在 $J=K=0$ 时保持。触发器 FF-2 的 Q 端为 C 信号输出，$\overline{Q}$ 端为 $\overline{C}$ 信号输出，FF-2 的 J 与 K 输入端由 FF-1 的 $\overline{Q}$ 控制，计数触发输入端 CP 的下降沿触发 FF-2 翻转。根据波形图很容易分析出其工作情况。S 与 $\overline{S}$ 输出的工作原理与 C、$\overline{C}$ 输出的工作原理相同。

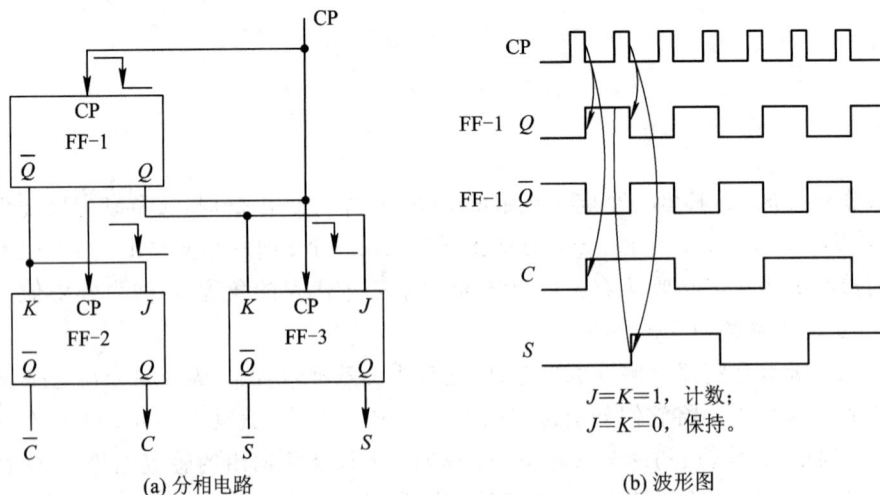

(a) 分相电路

(b) 波形图

图 9-25 分相电路及其波形图

9.3.3 鉴幅型测量系统

假如对滑尺余弦绕组供电的电源电压为

$$u_B = -U_m \sin\varphi \cos(\omega t)$$

正弦绕组的供电电源电压为

$$u_A = U_m \cos\varphi \cos(\omega t)$$

两绕组的激磁电流近似与其电压同相位，即有

$$i_B \approx -\frac{U_m}{R} \sin\varphi \cos(\omega t) , \quad i_A \approx -\frac{U_m}{R} \cos\varphi \cos(\omega t)$$

它们在定尺绕组上感应出来的电动势分别为

$$e_{o1} = -M' \cos\theta \frac{di_B}{dt} \approx -k U_m \cos\theta \sin\varphi \sin(\omega t)$$

$$e_{o2} \approx k U_m \sin\theta \cdot \cos\varphi \sin(\omega t)$$

定尺绕组输出的总电压 e_o 为

$$e_o = e_{o1} + e_{o2} = k U_m (\sin\theta \sin\varphi - \cos\theta \sin\varphi) \sin(\omega t)$$
$$= k U_m \sin(\theta - \varphi) \sin(\omega t)$$
$$= E_m \sin(\theta - \varphi) \sin(\omega t) \qquad (9-17)$$

此式说明：e_o 的幅值与 $\Delta\theta = \theta - \varphi$ 有关，若能够根据 $\Delta\theta$ 的大小和极性自动地调整 φ 角（亦即自动地修改励磁电压 u_A、u_B 的幅值），使 φ 角自动跟踪 θ 角变化，那么，当跟踪稳定后，可得

$$\theta - \varphi = 0 \quad \text{或} \quad \theta - \varphi < \delta_\theta$$

式中，δ_θ 为待测 θ 角微增量的最小分辨值。这时，定尺绕组的输出 e_o 便自动地稳定在零值或大于不能分辨的某一微小值处。由于 φ 角是已知量，根据 $\theta \approx \varphi$，便可求得 θ，进而求得滑尺的相对位置 x，即 $x = \frac{\tau}{\theta} \approx \frac{\delta}{\pi} \varphi$。这种通过检测感应电动势值来测量位移的方法称为鉴幅法。

图 9-26 所示为鉴幅型角度 φ 值自动跟踪系统示意图。图 9-27 所示则为鉴幅型测量系统的电路框图。在电路框图中，定尺输出信号经放大、检波、滤波后，输出的正弦波信号的电压的幅值大小由 $\Delta\theta = \theta - \varphi$ 决定。当滑尺与定尺的相对位移增大到某一规定值时，亦即当 $\Delta\theta$ 的数值达到一定值时，定尺输出的电压 e_o 的幅值也就达到门槛电压值，门槛打开，门槛电路便输出一个指令脉冲 M，并允许计数器脉冲通过。与此同时，移动方向辨别电路输出的 J 信号决定对通过符号、加减计数控制电路的计数脉冲进行加法计数或是减法计数，从而获得相应的数字输出。显示计数器中积累的指令脉冲数目，即表示滑尺（被测物体）的位移。同时，M 和 J 还要反馈回去控制函数电压发生器的电子开关动作，使函数电压发生器输出的 φ 角发生相应的变化，自动地跟踪 θ，直至 φ 与 θ 相对应为止（亦即使 $\varphi = \theta$，或 $\Delta\theta$ 小于一定值）。

图 9-26 鉴幅型角度 φ 值自动跟踪系统示意图

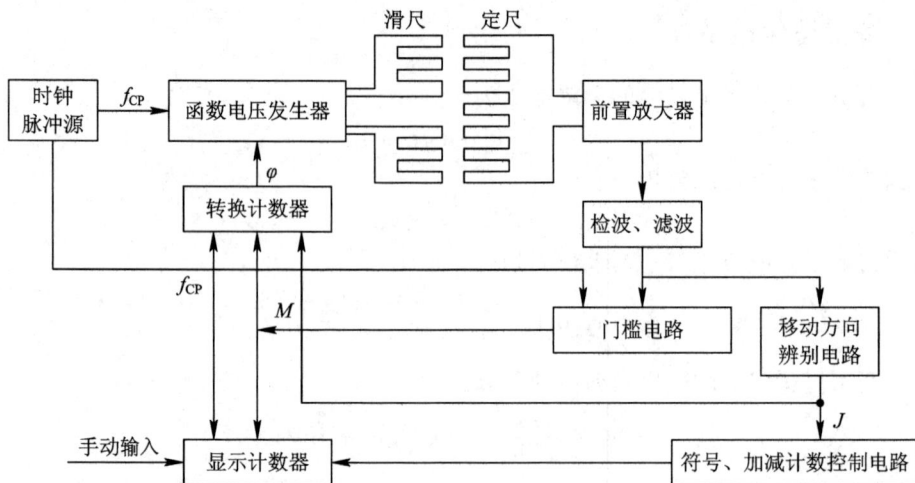

图 9－27　鉴幅型测量系统电路框图

读一读

　　感应同步器已被广泛应用于大位移静态与动态测量系统中，例如用于三坐标测量机、程控数控机床及高精度重型机床及加工中心测量装置等。感应同步器利用电磁耦合原理实现位移检测具有明显的优势：可靠性高，抗干扰能力强，对工作环境要求低，在没有恒温控制和环境不好的条件下能正常工作，适应于工业现场的恶劣环境。

　　我国"04 专项"对高档数控机床技术和产业发展发挥了重要推动作用：加快了高档数控机床、数控系统和功能部件的技术研发步伐，促进了机床企业与航空航天、汽车、船舶和发电等领域的用户企业的结合；一批高档数控机床实现了从"无"到"有"，并成功应用于重点领域和重点工程的实际生产；济南二机床集团有限公司已有 9 条用于大型快速、高效、全自动冲压生产线出口至福特汽车集团，并进一步拓展到日产汽车公司、标致雪铁龙集团，进入国际市场；5 轴联动数控机床精度测试"S 试件"标准列入了 ISO 标准，实现了我国在国际高档数控机床技术标准领域"零"的突破。2015 年，国家全面推进实施制造强国战略，高档数控机床和机器人等 10 大领域被列为重点。2016 年，我国机床工业的产出数控化率和机床市场的消费数控化率均接近 80％ 的水平，基本实现了机床产品的数控化升级。我国数控机床产业在高速发展的同时，企业创新能力不足、核心技术缺失、专业人才不足、技术基础薄弱和产业结构失衡等深层次问题也逐渐显现。2019 年国内机床行业两大巨头——大连机床集团有限责任公司和沈阳机床股份有限公司分别走向破产和重整，并被中国通用技术集团重组。与此同时，一批数控机床后起之秀异军突起，以东部沿海地区为主形成了面向市场的数控机床产业聚集地区。

9.3.4　鉴幅型测量系统的应用

　　函数电压发生器是一个副边具有很多中间抽头的变压器，因此也称为函数变压器，如图 9-28 所示。它是一个数/模转换器，可把数字输入量变为按比例的交流电压输出。因为它像自耦变压器一样，在不同的中间抽头上有不同的交流电压幅值，所以可以提取幅值按

$\sin\varphi$ 和 $\cos\varphi$ 变化的两个激励信号,即有

$$u_B = U_m \sin\varphi \cos(\omega t)$$
$$u_A = U_m \cos\varphi \cos(\omega t)$$

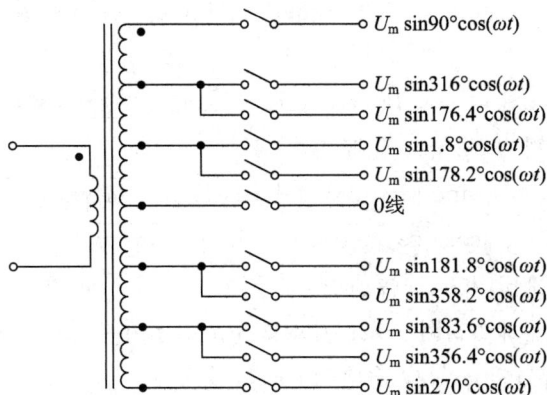

图 9-28 函数变压器

如前面所述,鉴幅型测量系统是用 φ 来跟踪 $\theta = \dfrac{\pi}{z}x$ 变化,不断自动地修改激励电压 u_A 和 u_B 的幅值,直至 $\varphi \approx \theta$ 时,脉冲通道关闭,停止计数。此时显示计数器显示的数值即为滑尺的移动距离。标准型长形感应同步器的周期(节距)为 2 mm。为使最小显示单位为 0.01 mm,需将一个周期细分为 2/0.01=200 个等份,亦即 φ 角在 0°~360° 范围内变化时要有 200 等份,即函数变压器的副边要有 200 个抽头,使 $\sin\varphi$ 分别为 sin1.8°、sin3.6°、…、sin358.2°、sin360° 和使 $\cos\varphi$ 分别为 cos1.8°、cos3.6°、…、cos358.2°、cos360° 等。这种函数变压器及其相应的电路相当复杂,难以实现。因此,必须寻求简化途径。

根据三角函数有

$$\sin\varphi = -\sin(\pi + \varphi)$$
$$\cos\varphi = -\cos(\pi + \varphi)$$

显然,φ 在 0~π 和 π~2π 区域内变化时,激磁电压的幅值具有相同的绝对值,只是极性相反。于是,可以将一个周期 T 分成两个极距 τ(即 $T = 2\tau$),0~π 称为前极距,π~2π 称为后极距。在前后两个极距中,激磁电压幅值变化规律是一致的,仅仅是极性相反。因此,为了简化电路,只将半节距(一个极距)细分为 100 等份就可以了。

由于变压器不易取 100 个抽头,因此为了进一步简化电路,实用的函数变压器还要想办法减少抽头数目。假设 φ 只在 0~π 的前极距 τ 内,则利用前极距的等份值加上一个负号来代替后等极距的等份值。这就有可能将 100 等份极距变为十进制的数,并视作十位数的 10 等份与个位数的 10 等份组合而成,则

$$\varphi = A\alpha + B\beta$$

式中:A 与 B 为 0~9 之间的任意一个整数;α=18°为十位数的权;β=1.8°是个位数的权。

例如 A 为 5,B 为 1,则

$$\varphi = 5 \times 18° + 1.8° = 91.8°$$

按三角函数的和差公式有

$$\sin\varphi = \sin(A\alpha + B\beta) = \sin(A\alpha)\cos(B\beta) + \cos(A\alpha)\sin(B\beta)$$
$$= \sin(A\alpha)\cos(B\beta) + \cos(A\alpha)\cos(B\beta)\tan(B\beta)$$
$$= \cos(B\beta)(\sin(A\alpha) + \cos(A\alpha)\tan(B\beta))$$

同理

$$\cos\varphi = \cos(B\beta)(\cos(A\alpha) - \sin(A\alpha)(\tan(B\beta))$$

由于 $B\beta$ 很小，可视为 $B\beta \approx 1$，化简得

$$\sin\varphi \approx \sin(A\alpha) + \cos(A\alpha)\tan(B\beta)$$
$$\cos\varphi \approx \cos(A\alpha) - \sin(A\alpha)\tan(B\beta)$$

由此可见，为了控制 u_A 和 u_B 的幅值（亦即控制 $\sin\varphi$ 和 $\cos\varphi$ 的值），只需要控制 3 只副边具有 10 个抽头的变压器即可。图 9 - 29 所示即为由电子开关和变压器组成的实用函数变压器电路，图中 AO 输出为 $\sin\varphi$，BO 输出为 $\cos\varphi$，分别为

$$AO = AS + SO = \cos(A\alpha)\tan(B\beta) + \sin(A\alpha) = \sin\varphi$$
$$BO = BC + CO = -\sin(A\alpha)\tan(B\beta) + \cos(A\alpha) = \cos\varphi$$

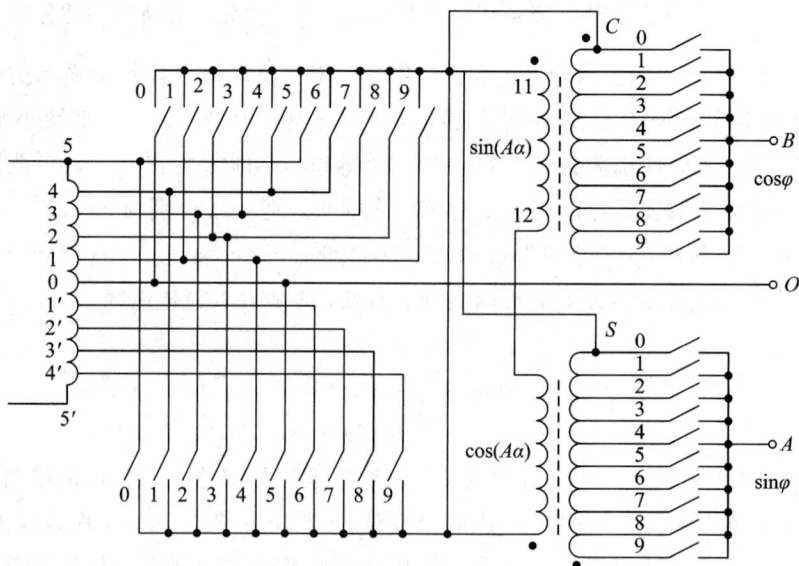

图 9 - 29　实用的函数变压器电路

移动方向辨别电路如图 9 - 30 所示。如前所述，在函数电压发生器中，用前极距内的 100 等份值加上负号来代替后极距内的等份值，这样，只要在 $0 \sim \pi$ 范围内变化均可满足前后极距测量的要求。因此感应同步器移动方向的辨别除了考虑定尺输出 e_o 的极性外，还要考虑极距的极性。一般规定前极距为正，用 $\overline{JF} = 1$ 表示；后极距为负，用 $\overline{JF} = 0$ 表示。若用 $FX = 1$ 表示向前运动，$FX = 0$ 表示向后运动，则可用运动方向辨别的真值表列出 FX、$\overline{JF}$ 和反映 e_o 极性的 $\overline{E_o}$ 之逻辑关系，见表 9 - 2。由此可知，三者之间为异或非关系，即

$$FX = \overline{\overline{JF} + \overline{E_o}}$$

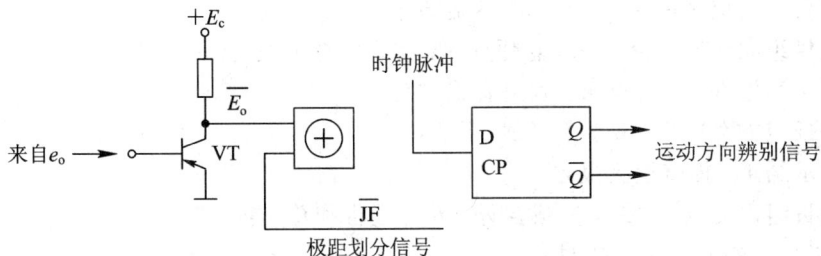

图 9-30　运动方向辨别电路

图 9-30 中 D 触发器由极距划分信号 $\overline{JF}$ 和反映 e。极性的信号 $\overline{E_o}$ 来控制，用时钟脉冲进行触发，D 触发器的输出即为运动方向辨别信号。

表 9-2　方向辨别真值表

信号名称 相位关系	JF	E_o	FX
$\theta > \varphi$	1	1	1
$\theta > \varphi$	0	0	1
$\theta < \varphi$	1	0	0
$\theta < \varphi$	0	1	0

任 务 实 施

任务十　机床用数字位移传感器的选型、安装与使用

（一）任务描述

利用本项目"知识准备"部分介绍的知识完成机床用数字位移传感器的选型、安装与使用。

（二）实施步骤

1. 材料准备

（1）机床资料：性能指标、使用说明等。

（2）数字传感器资料：光栅、磁栅、光电编码器的选型指南及安装使用说明书等。

（3）器材：机床、传感器、待加工材料、安装调试工具和仪器。

2. 操作流程

（1）接受任务（项目任务书）。

（2）搜集、阅读相关技术资料。

（3）实地考察，了解机器性能、使用方法及注意事项。

（4）项目组内交流讨论，拟订初步实施方案。

（5）项目组间交流讨论，听取老师点评，完善实施方案。

（6）提交实施方案，经审核，确定实施方案。

（7）按预定方案选型、安装、调试、检测。

（8）展示结果，提交检测报告。

（9）项目组内交流、总结，完成自评、互评报告和总结报告。

（10）资料、文件整理，并归档。

考 核 评 价

机床用数字位移传感器的选型、安装与使用项目考核应重点对学生在项目实施过程中操作是否规范、项目实施结果是否符合项目要求等进行考核。项目考核评分细则如表 9-3 所示。

表 9-3　项目考核评分细则

评价内容	考核标准	分值	评分
准备	任务分析	5	
	资料	5	
	工具	5	
系统安装	安装	5	
	连接	5	
	其他	5	
系统调试	检查	5	
	调试	5	
	校正	5	
6S 规范	文明操作	5	
	规范	5	
安装、调试、检测方案	结构要素	5	
	内容与排版	10	
检测结果	功能数据	10	
	精度	10	
项目报告	合理、正确	10	

拓 展 训 练

（1）如何判断脉冲盘式角度-数字编码器的旋转方向？要求：① 画出逻辑电路框图；② 画出正转反转的波形图；③ 叙述其工作过程。

（2）关于光栅及莫尔条纹，请回答以下问题：① 光栅测试系统由哪几部分构成？② 光栅用哪一个主要参数描述？写出表达式；③ 莫尔条纹是怎么形成的？④ 莫尔条纹的主要特性指什么？

（3）利用光栅怎么测试光栅移动的方向和位移量，要求：① 画出辨向原理图；② 画出纹号波形图；③ 叙述工作过程。

（4）脉冲盘式角度-数字编码器的组成是什么？变相的环节逻辑电路工作过程、反向的波形图各是什么？

（5）光栅测量系统的组成是什么？光栅栅距及范围各为多少？莫尔条纹间距 B 与栅距 W 及夹角 θ 的关系是什么？

（6）二进制码与循环码各有何特点？并说明它们的互换原理。

（7）光电码盘测位移有何特点？

（8）光栅传感器为什么具有较高的测量精度？

参 考 文 献

[1] 梁森，王侃夫，黄杭美. 自动检测与转换技术 [M]. 4 版. 北京：机械工业出版社，2021.

[2] 孙序文，李田泽，杨淑连，等. 传感器与检测技术 [M]. 济南：山东大学出版社，1996.

[3] 俞云强. 传感器与检测技术 [M]. 北京：高等教育出版社，2019.

[4] 程军. 传感器及实用检测技术 [M]. 西安：西安电子科技大学出版社，2008.

[5] 金篆芷，王明时. 现代传感器技术 [M]. 北京：电子工业出版社，1995.

[6] 刘迎春，叶湘滨. 传感器原理设计与应用 [M]. 4 版. 长沙：国防科技大学出版社，2004.

[7] 钱浚霞，郑坚立. 光电检测技术 [M]. 北京：机械工业出版社，1993.

[8] 王庆有. 光电技术 [M]. 北京：电子工业出版社，2005.

[9] 陶红艳，余成波. 传感器与现代检测技术 [M]. 北京：清华大学出版社，2009.

[10] 王化祥，张淑英. 传感器原理及应用 [M]. 3 版. 天津：天津大学出版社，2007.

[11] 费业泰. 误差理论与数据处理 [M]. 6 版. 北京：机械工业出版社，2010.

[12] 刘存，李晖. 现代检测技术 [M]. 北京：机械工业出版社，2005.

[13] 贾伯年，俞朴. 传感器技术 [M]. 南京：东南大学出版社，1996.

[14] 郁有文，常健，程继红. 传感器原理及工程应用 [M]. 西安：西安电子科技大学出版社，2003.

[15] 单成祥. 传感器的理论与设计基础及其应用 [M]. 北京：国防工业出版社，1999.

[16] 张靖，刘少强. 检测技术与系统设计 [M]. 北京：中国电力出版社，2002.

[17] 刘君华. 智能传感器系统 [M]. 2 版. 西安：西安电子科技大学出版社，2010.

[18] 姜平. 维修电工技师鉴定培训教材 [M]. 北京：机械工业出版社，2009.

[19] 徐科军. 传感器与检测技术 [M]. 3 版. 北京：电子工业出版社，2012.